普通高等教育"十一五"国家级规划教材

大学计算机

第 5 版

- 主　编　曹成志　宋长龙
- 副主编　张玉春　李艳丽　徐　昊
- 参　编　许志军　周　栩　邹　密　李慧君　刘　威

中国教育出版传媒集团

高等教育出版社·北京

内容提要

　　本书是普通高等教育"十一五"国家级规划教材，吉林省精品课程主讲教材，由长期从事计算机基础教学、具有丰富教材建设经验的省级优秀教学团队的教师编写。

　　本书涵盖了"发展数字经济"相关技术的大部分内容和知识点，许多知识点融合了党的二十大报告提出的"实施科教兴国战略，强化现代化建设人才支撑"和"加快发展数字经济"等思政元素，旨在为"着力培养担当民族复兴大任的时代新人"奠定基础。本书主要内容包括信息技术概述，计算机系统基础知识，Python 程序设计基础，数据结构、算法及程序设计，数据库技术及应用，软件设计基础，多媒体技术基础，计算机网络技术及信息安全和人工智能基础。

　　本书采用循序渐进的叙述方式、通俗易懂的语言、统一规范的技术术语，便于读者理解、记忆所学内容，也便于后续课程的学习。本书内容组织以"任务、案例、问题求解和计算机应用"为主线，侧重计算机上的设计和实现，以引发学生自主学习的积极性和兴趣，培养学生的计算机和数字技术的综合应用和创新能力。本书还配有《大学计算机实验指导及习题解答》（第 5 版），以强化实验教学环节。

　　本书可作为普通高等学校的"大学计算机"课程教材，也可作为广大学习者的自学参考书。

图书在版编目（ＣＩＰ）数据

　　大学计算机 / 曹成志，宋长龙主编；张玉春，李艳丽，徐昊副主编 . --5 版 . --北京：高等教育出版社，2023.9

　　ISBN 978-7-04-060757-4

　　Ⅰ . ①大… Ⅱ . ①曹… ②宋… ③张… ④李… ⑤徐… Ⅲ . ①电子计算机-高等学校-教材 Ⅳ . ①TP3

　　中国国家版本馆 CIP 数据核字（2023）第 123083 号

Daxue Jisuanji

策划编辑	唐德凯	责任编辑	唐德凯	封面设计	张申申 易斯翔		版式设计	徐艳妮
责任绘图	于 博	责任校对	张 薇	责任印制	赵 振			

出版发行	高等教育出版社		网　　址	http://www.hep.edu.cn
社　　址	北京市西城区德外大街 4 号			http://www.hep.com.cn
邮政编码	100120		网上订购	http://www.hepmall.com.cn
印　　刷	三河市宏图印务有限公司			http://www.hepmall.com
开　　本	787 mm×1092 mm　1/16			http://www.hepmall.cn
印　　张	18.25		版　　次	2008 年 2 月第 1 版
				2023 年 9 月第 5 版
字　　数	450 千字			
购书热线	010-58581118		印　　次	2023 年 9 月第 1 次印刷
咨询电话	400-810-0598		定　　价	37.60 元

前　　言

　　"大学计算机"是高等学校本科教学的第一门计算机基础课程。此课程开设成功与否，对大学生的计算机科学与技术知识的掌握、数字技术应用能力的培养以及计算机综合应用能力的提高有着重要的影响。因此，此课程的教学内容、教学方式和方法改革引起了各级教育主管部门和高等学校的高度重视。作为国家级规划教材和省级精品课程主讲教材，本书凝练了省级优秀教学团队多年的教学和计算机技术应用的经验，体现了各编者的专业特长和教学理念。本书自第1版问世以来，一直受到广大读者和计算机专业教师的关注，多次获得省级优秀教材奖。

　　将计算机基础课程中的相关知识点与"深入开展社会主义核心价值观宣传教育，深化爱国主义、集体主义、社会主义教育，着力培养担当民族复兴大任的时代新人"及"加快发展数字经济，促进数字经济和实体经济深度融合，打造具有国际竞争力的数字产业集群"的伟大部署有机融合，提升大学生数字技术素养、思政意识和计算机综合应用能力，推动以数字技术应用能力培养为重点的大学计算机课程思政改革，是此次改版的主要任务和出发点。

　　发展数字经济，能够推动5G网络、工业互联网、人工智能、大数据、基础软件等数字产业发展。这些产业都是以计算机技术和数字技术为基础的，充分开发和利用计算机和数字技术，可以推动各类资源要素快捷流动、各类市场主体加速融合，帮助市场主体重构组织模式，实现跨界发展，打破时空限制，延伸产业链条，畅通国内外经济循环。

　　本书涵盖了"发展数字经济"相关技术的大部分内容和知识点，并融合了相关的思政元素，旨在提升计算机基础课教师的总体业务能力和教学水平、强化思政意识；培养学生用计算机技术以及数字技术解决现实应用问题的能力；使学生能够在了解用计算机解决现实问题的过程原理和方法的基础上，突破现有的技术手段（软件），提升计算机技术及数字技术应用水平，并扩大计算机的应用领域和深度，增强与其他学科协作和创新的能力；使学生了解计算机的前沿技术，为后续进一步有的放矢地学习计算机技术和数字技术知识奠定基础。

　　全书共9章，由曹成志和宋长龙任主编并统稿，具体编写分工如下：

作　者	内　容
邹　密	第1章　信息技术概述
李艳丽	第2章　计算机系统基础知识
李慧君	第3章　Python 程序设计基础
张玉春	第4章　数据结构、算法及程序设计
宋长龙	第5章　数据库技术及应用
曹成志	第6章　软件设计基础
刘　威	第7章　多媒体技术基础
许志军	第8章　计算机网络技术及信息安全（1～4节）
周　栩	第8章　计算机网络技术及信息安全（5～8节）
徐　昊	第9章　人工智能基础

本书在编写过程中，得到吉林大学和闽南理工学院教务部门的大力支持和帮助，许多教师和学生提出了宝贵的改进建议，在此对他们表示衷心的感谢。由于编者水平有限，书中难免存在疏漏之处，恳请广大读者和同人提出宝贵意见。

编　者

2023 年 5 月

目　录

第 1 章　信息技术概述 ················· 1
1.1　信息及数字化 ··················· 1
　1.1.1　信息概述 ··················· 1
　1.1.2　数据及信息数字化 ········ 1
1.2　数制及其转换 ··················· 2
　1.2.1　进位计数制 ··············· 2
　1.2.2　各进制间数据的转换 ····· 3
1.3　文本数据编码 ··················· 5
　1.3.1　西文字符编码 ············· 5
　1.3.2　汉字编码 ··················· 6
1.4　文本信息数字化 ··············· 8
　1.4.1　机读卡信息采集 ··········· 8
　1.4.2　条形码的制作与识别 ····· 9
　1.4.3　磁卡的信息存储 ········· 10
　1.4.4　IC 卡的信息存储与识别 ···· 11
　1.4.5　二维码的制作与识别软件 ·· 11
　1.4.6　文本扫描与识别 ········· 12
　1.4.7　语音识别及文本转换软件 ·· 13
1.5　非文本信息数字化 ··········· 14
　1.5.1　图像信息数字化 ········· 14
　1.5.2　音频信息数字化 ········· 17
　1.5.3　视频信息数字化 ········· 19
1.6　互联网+及物联网 ··········· 22
　1.6.1　互联网+ ·················· 22
　1.6.2　物联网 ···················· 23
　1.6.3　电子商务 ················· 24
　1.6.4　电子政务 ················· 25
1.7　大数据、数据挖掘及其应用 ·· 25
1.8　人工智能及其应用 ··········· 26
1.9　云计算的基本概念 ··········· 27
习题 ································· 29
思考题 ······························ 32
第 2 章　计算机系统基础知识 ········ 33
2.1　计算机发展概述 ·············· 33

2.1.1　中外计算机界名人简介 ······ 33
2.1.2　计算机发展的四个阶段 ······ 36
2.1.3　计算机的类型 ··············· 37
2.2　计算机系统及其工作的基本原理 ·· 38
　2.2.1　计算机系统的构成 ········· 38
　2.2.2　计算机硬件系统的构成 ····· 39
　2.2.3　计算机软件系统 ··········· 39
　2.2.4　计算机系统工作基本原理 ··· 41
2.3　中央处理器 ··················· 41
　2.3.1　CPU 的主要组成部件 ······· 41
　2.3.2　CPU 的多核技术 ··········· 43
2.4　存储器及其分类 ·············· 43
　2.4.1　内存储器 ·················· 44
　2.4.2　外存储器 ·················· 45
　2.4.3　存储器间的信息交换 ······· 47
2.5　常见的输入输出设备 ········· 48
　2.5.1　输入设备 ·················· 48
　2.5.2　输出设备 ·················· 50
2.6　微型计算机系统主板及其作用 ·· 54
　2.6.1　系统主板 ·················· 54
　2.6.2　常见部件及其作用 ········· 54
　2.6.3　常见外部接口及其作用 ····· 56
　2.6.4　总线的性能及其分类 ······· 57
2.7　计算机的主要性能指标 ······· 59
2.8　数值型数据的存储及其运算 ··· 60
　2.8.1　机器数的概念 ·············· 60
　2.8.2　定点数的表示方法 ········· 61
　2.8.3　浮点数的表示方法 ········· 61
　2.8.4　原码、反码和补码 ········· 62
　2.8.5　二进制数的算术运算 ······· 63
　2.8.6　补码运算 ·················· 63
　2.8.7　逻辑运算 ·················· 64
2.9　常用软件简介 ················· 65
　2.9.1　Office 办公软件 ··········· 65

2.9.2 常用工具软件 ………… 66
习题 …………………………… 67
思考题 ………………………… 72

第3章 Python 程序设计基础 ……… 73
3.1 Python 程序设计语言简介 … 73
3.1.1 主要特点 …………… 73
3.1.2 Python 运行环境 …… 74
3.2 Python 程序结构 …………… 75
3.2.1 简单的 Python 程序 … 75
3.2.2 选择结构 …………… 78
3.2.3 循环结构 …………… 80
3.2.4 常用内置函数 ……… 81
3.2.5 自定义函数 ………… 81
3.2.6 main 函数 …………… 82
3.2.7 文件 ………………… 82
3.3 Python 的典型数据结构 …… 84
3.3.1 列表 ………………… 84
3.3.2 元组 ………………… 85
3.3.3 字典 ………………… 85
3.4 Python 常用标准库调用举例 … 86
3.4.1 math 模块 …………… 87
3.4.2 turtle 模块 …………… 87
3.4.3 tkinter 模块 ………… 88
3.5 Python 面向对象程序设计简介 …… 90
3.5.1 类的定义与使用 …… 91
3.5.2 构造函数与析构函数 … 91
3.5.3 类成员与实例成员 … 92
3.6 Python 第三方库简介及应用实例 … 92
3.6.1 Python 第三方库简介 … 92
3.6.2 Python 第三方应用实例 … 93
习题 …………………………… 96
思考题 ………………………… 98

第4章 数据结构、算法及程序设计 … 99
4.1 数据结构的基本概念 ……… 99
4.2 算法的基本概念 …………… 102
4.2.1 算法的定义 ………… 103
4.2.2 算法的描述方法 …… 103
4.2.3 算法的评价 ………… 106

4.2.4 算法复杂度 ………… 106
4.3 线性表结构 ………………… 107
4.3.1 线性表 ……………… 107
4.3.2 栈 …………………… 110
4.3.3 队列 ………………… 114
4.3.4 循环队列 …………… 117
4.4 树及二叉树 ………………… 118
4.4.1 树 …………………… 118
4.4.2 二叉树的特点及性质 … 119
4.4.3 二叉树的存储 ……… 122
4.4.4 二叉树遍历 ………… 123
4.5 数值计算方法及程序设计 … 124
4.5.1 迭代算法 …………… 124
4.5.2 递归算法 …………… 125
4.6 数据排序算法及程序设计 … 126
4.6.1 交换排序法 ………… 126
4.6.2 选择排序法 ………… 128
4.6.3 插入排序法 ………… 130
4.7 数据查找算法及程序设计 … 131
4.7.1 顺序查找法 ………… 131
4.7.2 二分查找法 ………… 132
习题 …………………………… 133
思考题 ………………………… 138

第5章 数据库技术及应用 ………… 139
5.1 实例数据库 ………………… 139
5.1.1 人工表格 …………… 139
5.1.2 关系数据库表 ……… 140
5.1.3 关系数据库 ………… 141
5.2 数据库系统概述 …………… 142
5.2.1 数据处理技术的发展历程 …… 142
5.2.2 数据库系统的组成 … 143
5.2.3 数据库管理系统的功能 … 145
5.2.4 数据库系统安全保护 … 145
5.3 3个世界与概念模型 ……… 147
5.3.1 从现实世界到数据世界 … 147
5.3.2 信息世界与概念模型 … 148
5.4 数据模型 …………………… 149

5.4.1 层次数据模型 ·············· 150
5.4.2 网状数据模型 ·············· 150
5.4.3 关系数据模型 ·············· 151
5.5 关系数据库中的基本概念 ······ 152
5.6 数据模型的要素 ·············· 154
5.7 关系的基本操作 ·············· 156
5.8 结构化查询语言简介 ·········· 159
5.8.1 Access 生成、编辑和执行
SQL 语句的环境 ·········· 159
5.8.2 数据定义语言 ·············· 162
5.8.3 SQL 语句中的表达式 ······ 165
5.8.4 Access 的标准函数 ········ 168
5.8.5 数据操纵语言 ·············· 170
5.8.6 数据查询语言 ·············· 171
5.9 常见的关系数据库管理系统
简介 ·························· 177
习题 ······························ 180
思考题 ···························· 188

第6章 软件设计基础 ············ 189
6.1 程序设计语言分类 ············ 189
6.1.1 机器语言 ················· 189
6.1.2 汇编语言 ················· 190
6.1.3 结构化程序设计语言 ······ 190
6.1.4 面向对象程序设计语言 ····· 191
6.1.5 网页设计语言 ·············· 193
6.2 程序的类型及其关联 ·········· 193
6.2.1 程序设计示例 ·············· 194
6.2.2 程序的类型 ················ 195
6.2.3 程序的关联 ················ 197
6.3 软件工程概述 ················ 198
6.4 软件生命周期 ················ 200
6.4.1 软件定义阶段 ·············· 200
6.4.2 软件开发阶段 ·············· 201
6.4.3 软件测试阶段 ·············· 202
6.4.4 使用与维护阶段 ·········· 203
6.5 我国软件发展 ················ 203
习题 ······························ 204
思考题 ···························· 209

第7章 多媒体技术基础 ·········· 210
7.1 多媒体技术概述 ·············· 210
7.2 数据压缩方法 ················ 213
7.2.1 无损压缩 ················· 213
7.2.2 有损压缩 ················· 215
7.3 音频技术 ···················· 216
7.3.1 声音的特性 ················ 216
7.3.2 音频信号的数字化 ·········· 217
7.4 图形与图像技术 ·············· 218
7.4.1 图像的特性 ················ 218
7.4.2 图像信息的数字化 ·········· 219
7.4.3 图形技术 ················· 220
7.5 视频与动画技术 ·············· 220
7.5.1 视频信息的特性 ············ 221
7.5.2 视频信息的表示 ············ 221
7.5.3 动画技术 ················· 221
习题 ······························ 222
思考题 ···························· 224

第8章 计算机网络技术及信息安全 ···· 226
8.1 网络概述 ···················· 226
8.1.1 网络的发展过程 ············ 226
8.1.2 网络的基本组成 ············ 226
8.1.3 网络的作用 ················ 227
8.1.4 通信协议 ················· 228
8.2 网络传输介质与互连设备 ······ 229
8.2.1 网络传输介质 ·············· 229
8.2.2 网络互连设备 ·············· 230
8.3 网络连接 ···················· 232
8.3.1 局域网的连接 ·············· 232
8.3.2 Internet 基础知识 ········· 233
8.3.3 IPv4 地址 ················ 234
8.3.4 IPv4 的子网掩码 ·········· 236
8.3.5 IPv6 地址 ················ 237
8.3.6 域名 ····················· 238
8.4 超文本标记语言 ·············· 239
8.4.1 HTML 的基本语法 ········· 239
8.4.2 常用的 HTML 标签 ········ 240
8.5 计算机信息安全 ·············· 243

8.5.1　计算机信息系统威胁………244
8.5.2　攻击的主要方式……………244
8.5.3　信息安全的目标……………245
8.6　信息加密及其算法……………246
8.6.1　加密技术的基本概念………246
8.6.2　数据加密算法………………246
8.6.3　Windows 系统中的文件
加密……………………………247
8.7　数字证书的作用及维护………248
8.8　数字签名………………………250
8.8.1　数字签名的作用……………250
8.8.2　Microsoft Office 2019
文档签名………………251
习题……………………………………252
思考题…………………………………258
第 9 章　人工智能基础……………259
9.1　概述……………………………259
9.1.1　人类智能与机器智能………259

9.1.2　人工智能发展简史…………260
9.2　人工智能的主要研究方法与
应用……………………………264
9.2.1　知识与知识工程……………264
9.2.2　机器学习与深度学习………267
9.2.3　计算机视觉…………………269
9.2.4　自然语言处理………………272
9.2.5　智能机器人…………………273
9.2.6　生成式人工智能……………276
9.3　人工智能安全、隐私和伦理
挑战……………………………278
9.3.1　安全挑战……………………278
9.3.2　隐私挑战……………………278
9.3.3　伦理挑战……………………279
习题……………………………………280
思考题…………………………………281
参考文献………………………………282

第 1 章

信息技术概述

电子教案

计算机系统是目前信息处理的主要平台，从社会发展和进步的趋势来看，它正朝着信息化、网络化和智能化方向发展，与之相应的信息数字化、互联网（＋）及物联网、大数据挖掘与分析、人工智能和云计算等技术的应用也逐渐拓展到各个领域，给人们的工作和生活带来更多的便利和无限的遐想空间。

1.1 信息及数字化

信息数字化是将字符、图像、语音和视频等表示为 0 和 1 的组合，进一步使用计算机进行存储、传输、处理和利用。

1.1.1 信息概述

1. 信息

信息是客观存在的事物及其运动状态的表征。信息通过物质载体以消息、情报、数据和信号等方式表达出来，并进行传递和交换。例如，航班和商品等信息。

2. 信息的基本特征

（1）普遍性。信息是事物状态及其变化的反映，只要有事物存在，就存在信息。

（2）寄载性。事物是信息存在的基础、产生的源泉，即信息必须寄载于一定的事物载体上，信息不可能独立于事物之外存在。

（3）共享性：信息是一种资源，只有为人类所共享才有意义。

（4）时效性：信息的价值会因时间或地点不同而发生变化。信息可能是此处有用，他处无用；此时有用，彼时无用。

（5）可识别性。可通过眼、耳、鼻、舌、身体或其他感官识别信息。

（6）可加工性。对信息可进行进一步加工处理，从中提炼出更有价值的信息，使人们能在更深层次上提取和利用信息。

1.1.2 数据及信息数字化

1. 数据

数据是信息的载体，是信息的具体表现形式。数据包括数值、字符（如英文字母、汉字、标点符号和运算符等）、图形、图像、声音和视频等。所谓数据处理通常是指对各种数据进行采集、存储、传送、转换、分类、排序、计算和输出等操作。在计算机内，任何形式的数据都用二进制数表示。

2．信息数字化

信息数字化是将事物的信息进一步抽象、提取和规范化，使之成为计算机能够处理的数据。计算机是信息（数据）处理机，处理信息时，必须将现实世界中的信息转换为计算机能识别、存储和处理的形式（二进制数 0 和 1），经加工处理，再将结果（新信息）提供给外界。例如，数字视频技术对摄像机捕获的动态影像进行处理，先转变为数字化视频，然后进行压缩，以便存储在磁盘、光盘等介质上，或通过网络进行传输。

1.2　数制及其转换

由于计算机的硬件系统是由具有两种不同稳定状态的材料构成的，所以计算机系统都采用二进制的形式存储和传输数据。为了方便书写和表示数据，人们常将二进制数转换为八进制数或十六进制数的形式。

1.2.1　进位计数制

进位计数制中有数码、位权和基数 3 个要素。位权是按所采用的基数和对应数位来表示一个数；基数是指在某种进位计数制中所使用的数码个数。

1．十进制计数制

十进制数的基数是 10。数码有 0、1、2、3、4、5、6、7、8 和 9 共 10 个数字符号。数码处于不同位置代表不同的数值。

例如，$301.6876 = 3 \times 10^2 + 0 \times 10^1 + 1 \times 10^0 + 6 \times 10^{-1} + 8 \times 10^{-2} + 7 \times 10^{-3} + 6 \times 10^{-4}$，将此式称为按权展开表达式。

2．R 进制计数制

从十进制计数制的分析得出，任意 R 进制计数制同样有基数 R、位权 R^i 和按权展开的表达式。R 可以是任意正整数。

（1）基数（radix）。一个计数制所采用基本符号的个数，用 R 表示。数列中各位数字的取值范围是 $0 \sim R-1$，计数规则为"逢 R 进一，借一顶 R"。例如，对于二进制，用 0 和 1 两个数码表示数字，其基数 R 为 2。

（2）位权。用基数 R 的 i 次幂 R^i 表示。假设一个 R 进制数具有 n 位整数，m 位小数，则位权为 R^i，其中 $i = -m \sim n-1$，i 为 0 表示个位，i 为 -1 表示小数点后第一位。

（3）数的权展开式。任何一种进位计数制表示的数都可以按权展开为多项式，R 进制数 N 可以展开为：

$$N = a_{n-1} \times R^{n-1} + a_{n-2} \times R^{n-2} + \cdots + a_1 \times R^1 + a_0 \times R^0 + a_{-1} \times R^{-1} + \cdots + a_{-m} \times R^{-m}$$
$$= \sum_{i=-m}^{n-1} a_i \times R^i$$

其中 a_i 是数码，R 是基数，R^i 是位权。

进位计数制的共同特点是：其一，每一种数制都有固定的基本符号（数码）；其二，处于不同位置的数码所代表的值不同，与它所在位置的"权"值有关。常用进位计数制如表 1-1 所示。

表 1-1　常用的进位计数制

进位制	二进制	八进制	十进制	十六进制
进位规则	逢二进一	逢八进一	逢十进一	逢十六进一
基数	$R = 2$	$R = 8$	$R = 10$	$R = 16$
基本符号	0, 1	0, 1, 2, …, 7	0, 1, 2, …, 9	0, 1, …, 9, A, B, …, F
位权	2^i	8^i	10^i	16^i
表示符号	B	O	D	H

1.2.2　各进制间数据的转换

任意数由一种进制转换到另一种进制，都不会改变其数据性质（正或负）和数据类型（整型或实型）。也就是说，一个数由一种进制转换到另一种进制后，正数仍然是正数，负数仍然是负数；整数部分仍然是整数，小数部分依旧是小数。因此，在各进制数进行转换过程中，负数按其绝对值进行转换，转换结果再加负号（−）；实数需要对整数和小数部分分别转换，然后再将转换结果用小数点（.）连接起来即可。

1．R 进制数转换为十进制数

利用权展开式的方法，可以将任意 R 进制数转换成十进制数。

【例 1-1】　将二进制数 $(1101.1011)_B$ 转换为十进制数。

$(1101.1011)_B = 1×2^3+1×2^2+0×2^1+1×2^0+1×2^{-1}+0×2^{-2}+1×2^{-3}+1×2^{-4}$

$\qquad = (13.6875)_D$

【例 1-2】　将八进制数 $(455.54)_O$ 转换为十进制数。

$(455.54)_O = 4×8^2+5×8^1+5×8^0+5×8^{-1}+4×8^{-2}$

$\qquad = 256+40+5+0.625+0.0625$

$\qquad = (301.6875)_D$

【例 1-3】　将十六进制数 $(12D.B)_H$ 转换为十进制数。

$(12D.B)_H = 1×16^2+2×16^1+13×16^0+11×16^{-1}$

$\qquad = (301.6875)_D$

2．十进制数转换为 R 进制数

将十进制数转换为 R 进制数时，需要整数与小数分别进行转换，然后再将结果用小数点（.）连接起来。

（1）整数部分转换：采用"除 R 取余法"。将十进制整数除以 R 得到一个整数商和一个余数，再将所得整数商除以 R，又得到一个整数商和余数，这样不断地用 R 去除所得整数商，直到整数商等于 0 为止。每次相除所得到的余数便是对应 R 进制整数的各位数码。第一次得到的余数为整数部分的最低位，最后一次得到的余数为最高位。

（2）小数部分转换：采用"乘 R 取整法"。将十进制小数部分不断乘以 R，直到积的小数部分为 0 或达到所求的精度为止（积的小数部分可能永远不为 0）；所得积的整数序列从小数点后自左向右排列，取有效精度。首次取得积的整数位于小数部分的最高位。

【例 1-4】　将 $(301.6876)_D$ 转换成二进制数（保留小数点后 4 位）。

① 整数部分　　　　　　　　　　　② 小数部分

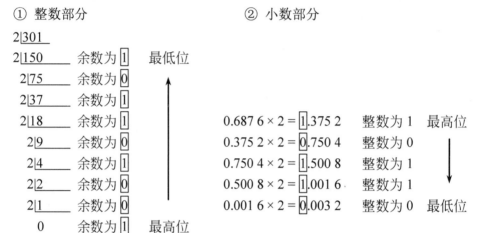

因此，$(301)_D = (100101101)_B$，$(0.6876)_D \approx (0.1011)_B$。

转换结果：$(301.6876)_D \approx (100101101.1011)_B$。

【例 1-5】　将 $(301.6876)_D$ 转换成八进制数（保留小数点后 2 位）。

① 整数部分　　　　　　　　　　　② 小数转换

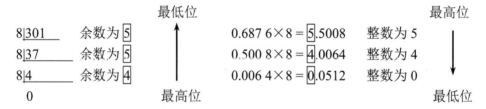

因此 $(301)_D = (455)_O$，$(0.6876)_D \approx (0.54)_O$。

转换结果：$(301.6876)_D \approx (455.54)_O$。若保留小数点后 1 位，则结果为 $(455.6)_O$。

将十进制小数转换成 R 进制数时，如果要求精度为小数点后 n 位，则应该计算到小数点后 $n+1$ 位，并在 $n+1$ 位上进行"舍入"，即小于 $R/2$ 时舍去，大于或等于 $R/2$ 时进位。

3．二进制、八进制、十六进制数间的相互转换

由于二进制、八进制和十六进制数之间存在特殊关系：一位八进制数最大为 7（二进制数 111）$=8^1-1=2^3-1$，占 3 位二进制数；一位十六进制数最大为 F（二进制数 1111）$=15=16^1-1=2^4-1$，占 4 位二进制数。即一位八进制数对应 3 位二进制数；一位十六进制数对应 4 位二进制数。因此转换方法比较简单，3 种进制的对应关系如表 1-2 所示。

表 1-2　八进制与二进制、十六进制与二进制之间关系

八进制	对应二进制	十六进制	对应二进制	十六进制	对应二进制
0	000	0	0000	8	1000
1	001	1	0001	9	1001
2	010	2	0010	A	1010
3	011	3	0011	B	1011
4	100	4	0100	C	1100
5	101	5	0101	D	1101
6	110	6	0110	E	1110
7	111	7	0111	F	1111

根据这种对应关系，二进制数转换成八进制数时，以小数点为中心向左右两边每 3 位为一组，两端不足 3 位时补 0，将每组 3 位二进制数转换成 1 位八进制数即可。同样二进制数转换成十六进制数时，只要 4 位为一组进行分组转换即可。

【例 1-6】　将二进制数 100101101.1011 转换成十六进制数。

$(0001\ 0010\ 1101.1011)_B = (12D.B)_H$（整数高位补零）

　　1　　2　　D . B

又如，将二进制数 100101101.1011 转换成八进制数。

$(100\ 101\ 101.101\ 100)_B = (455.54)_O$（小数低位补零）

　　4　5　5 . 5　4

将十六（八）进制数转换成二进制数的方法是，采用 1 位换 4（3）位，不足位数时，前端补 0。

【例 1-7】　将十六进制数 2C1D.A1 和八进制数 7123.14 分别转换成二进制数。

$(2C1D.A1)_H = (0010\ 1100\ 0001\ 1101.1010\ 0001)_B$

　　　　　　　2　　C　1　　D . A　1

$(7123.14)_O = (111\ 001\ 010\ 011.001\ 100)_B$

　　　　　7　1　2　3 . 1　4

1.3　文本数据编码

计算机不仅要处理数值数据，还要处理文本数据。文本数据是指文字、数字和符号（简称字符，也称半角符号）等数据。计算机内部只能识别二进制编码，所以各类字符必须按特定规则采取二进制编码后才能存储和传输。

1.3.1　西文字符编码

西文字符编码采用 ASCⅡ码，即美国国家信息交换标准字符码（American Standard Code for Information Interchanege，ASCⅡ），由国际化组织指定为国际标准。1967 年，ASCⅡ第一次以

规范标准发表，1986 年最后一次更新。

ASC II 码采用 7 位二进制数表示一个字符编码，其排列次序为 $d_6d_5d_4d_3d_2d_1d_0$，d_6 为最高位，d_0 为最低位。编码范围从 $(0000000)_B \sim (1111111)_B$，可以表示 2^7 即 128 个字符（见表 1-3）。其中包括控制符号、阿拉伯数字、英文大小写字母及专用符号。

表 1-3　ASCII 码字符表（7 位码）

$d_6d_5d_4$ $d_3d_2d_1d_0$	000	001	010	011	100	101	110	111
0000	NUL	DLE	SP	0	@	P	`	p
0001	SOH	DC1	!	1	A	Q	a	q
0010	STX	DC2	"	2	B	R	b	r
0011	ETX	DC3	#	3	C	S	c	s
0100	EOT	DC4	$	4	D	T	d	t
0101	ENQ	NAK	%	5	E	U	e	u
0110	ACK	SYN	&	6	F	V	f	v
0111	BEL	ETB	'	7	G	W	g	w
1000	BS	CAN	(	8	H	X	h	x
1001	HT	EM	)	9	I	Y	i	y
1010	LF	SUB	*	:	J	Z	j	z
1011	VT	ESC	+	;	K	[	k	{
1100	FF	FS	,	<	L	\	l	|
1101	CR	GS	—	=	M	]	m	}
1110	SO	RS	.	>	N	↑	n	~
1111	SI	US	/	?	O	←	o	DEL

在表 1-3 中，第 000 和 001 两列再加最后一个（DEL）共 33 个字符，在信息传输、打印或显示时起控制作用，因此，常称之为控制字符或不可打印字符。例如，在 000 列中，0111（BEL）为响铃；1010（LF）为换行；1101（CR）为回车；在 001 列中，1011（ESC）为取消键 ESC 等。

其余 95 个字符为可打印（显示）字符，也称为图形字符，可在显示器和打印机等输出设备上输出。其中，数字 0~9 和字母 A~Z 与 a~z 都是顺序排列的，且同一字母的小写比大写编码值大 32。这有利于大、小写字母之间的编码转换。例如，小写字母 a 字符的编码为 1100001，对应的十进制数是 97；A 字符的编码为 1000001，对应的十进制数是 65，之差恰是 32。

从西文字符的编码（ASC II 码）可以看出，要表示一个西文字符需要 7 位二进制数，而计算机内部通常以字节（二进制 8 位）为存储单位，因此，实际用一个字节存储一个 ASC II 字符时，最高一位空闲（实际填 0）。

1.3.2　汉字编码

汉字信息从输入到存储、处理，再到最后输出，整个过程需要输入码（外码）、机内码和字形码（字模）3 种形式。而汉字的机内码是在国标码的基础上演变而来的。

1．汉字输入码

汉字输入编码是指使用键盘输入汉字时的编码，也称外码。目前有数百种汉字输入编码，但用户使用较多的约为十几种。

（1）区位码。汉字区位码是 4 位十进制数，如汉字"啊"的区位码为 1601。这是一种无重码输入方法，即一个编码对应一个汉字。

（2）拼音输入编码。用汉语拼音符号作为输入编码，如汉字"学"的拼音输入编码是 xue。拼音输入方法是一种有重码的输入方法。

（3）字形输入编码。一种以汉字偏旁部首作为基本键位的输入编码，即将键盘上某一键位当作偏旁部首，多个键位组合就是汉字字形输入编码。五笔字型输入编码就属于这一类。

一般来说，字形输入法重码率小于拼音输入法，输入速度较快；拼音输入法易学，输入速度较慢。

2．国标码（汉字信息交换码）

ASCII 码是英文信息处理的标准编码，汉字信息处理也有统一的标准编码。汉字采用国家标准《信息交换用汉字字符集　基本集》（GB 2312—1980），规定了 7 445 个字符编码，其中有 6 763 个汉字和 682 个符号（如标点符号和特殊字符等）。有一级常用字 3 755 个，二级常用字 3 008 个。

国标码是 16 位二进制数，用两个字节存储一个汉字或符号，每个字节最高位为 0，通常用 4 位十六进制数表示，如"啊"字的国标码为 3021H（00110000 00100001B），"中"字的国标码为 5650H（0101011001010000B）。

3．汉字内码

汉字内码是计算机内部对汉字存储和处理所使用的编码。为了避免汉字内码与 ASCⅡ 码冲突，将国标码的每个字节加 80H（仅将每个字节的最高位变为 1，其余 7 位不变）即构成了汉字内码。例如，汉字"啊"的内码为 B0A1H（3021H+8080H=B0A1H），"中"字的内码为 D6D0H。

4．字形码

字形码也称字模或输出码，字形的基本编码方法是，在 $n×n$ 的表格（点阵）中书写每个符号或汉字，在笔画覆盖的单元格中填 1，其余单元格填 0，图 1-1 是描述"吉"字的 16×16 点阵。将点阵各行的二进制数接成一个二进制数（如 0000000110000000 0000000110000000 0011111111111100 … 0000111111110000，共 256 位）便形成了该字的字模，所有汉字和符号的字模构成字模库，即字库。

根据汉字点阵输出的要求不同，点阵的多少也不同。简易汉字为 16×16 点阵，提高型汉字为 24×24 点阵、32×32 点阵，甚至更高。因此字模点阵的信息量很大，需要大量的存储空间。

5．汉字的显示原理

键盘输入的"汉字输入码"变换成机内码，进行处理、存储和传输；输出汉字时，从字模库中检索出字形编码，将点阵中 1 的位置输出对应前景色，而 0 的位置输出对应背景色或不输出，由此在输出设备上（如显示器或打印机）形成字形。

0	0	0	0	0	0	0	1	1	0	0	0	0	0	0	0
0	0	0	0	0	0	0	1	1	0	0	0	0	0	0	0
0	0	1	1	1	1	1	1	1	1	1	1	1	1	0	0
0	0	1	1	1	1	1	1	1	1	1	1	1	1	0	0
0	0	0	0	0	0	1	1	0	0	0	0	0	0	0	0
0	0	0	0	0	0	1	1	0	0	0	0	0	0	0	0
0	0	0	0	1	1	1	1	1	1	1	1	0	0	0	0
0	0	0	0	1	1	1	1	1	1	1	1	0	0	0	0
0	0	0	0	0	0	0	0	0	0	1	1	0	0	0	0
0	0	0	0	1	1	1	1	1	1	1	1	0	0	0	0
0	0	0	0	1	1	1	1	1	1	1	1	0	0	0	0
0	0	0	0	1	1	0	0	0	0	1	1	0	0	0	0
0	0	0	0	0	0	0	0	0	0	1	1	0	0	0	0
0	0	0	0	0	0	0	0	0	0	1	1	0	0	0	0
0	0	0	0	1	1	1	1	1	1	1	1	0	0	0	0
0	0	0	0	1	1	1	1	1	1	1	1	0	0	0	0

图 1-1　16×16 点阵字模

1.4　文本信息数字化

文本信息包括汉字、英文和数字等符号，文本信息数字化是将这些符号以某种编码的形式转化为计算机能存储、处理和传输的数据。文本信息数字化是实现信息化和自动化的基础。

手工输入是通过终端设备向计算机传递信息的基本方式，常见的手工输入终端设备有键盘、触摸屏和手写板（如图 1-2 所示）等。手工输入方式效率较低，出错率较高。

一般软件都能实现手工输入文本数据，如网上注册、登录、网上购物、学生选课及无纸化考试等。在 Windows 操作系统中，典型的输入文本数据的软件有记事本和 Office 办公软件等。

目前，除手工输入数据外，还可以通过机读卡、条码、磁卡、IC 卡、二维码、文本扫描和语音识别等方式实现文本信息数字化。

图 1-2　手写板

1.4.1　机读卡信息采集

机读卡常用于标准化考试、问卷调查和选举投票等，是印制的纸介质规范卡，要求用铅笔涂写所需要的选项，常见有 8421 和普通机读卡两种类型。光标阅读机（也称光电阅卡机）是机读卡信息的数字化设备。

1．8421 机读卡

8421 机读卡采用 8421 编码，也称 BCD 编码（binary coded decimal，二进制编码的十进制数），或称 8421BCD 编码，即用二进制编码表示十进制数。图 1-3 是数据 130062 的 8421 机读卡的局部信息，每列印刷[8]、[4]、[2]和[1]4 个选项，涂写的选项之和表示要输入的本列数字，如涂写[2]和

[4]表示 6；涂写[1]和[2]表示 3 等。但涂写的选项之和大于 10 时无效，等于 10 时表示 0。

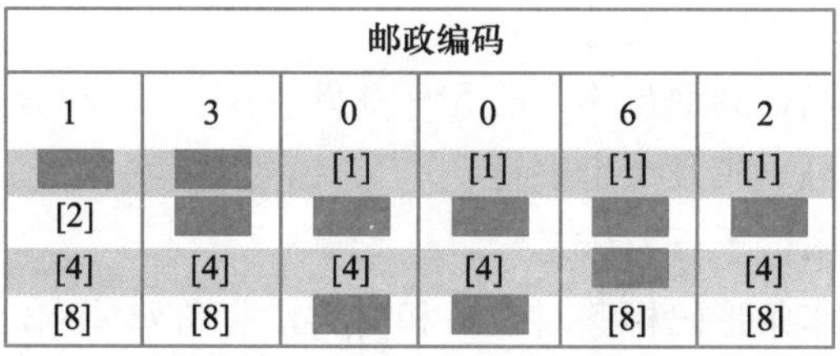

邮政编码					
1	3	0	0	6	2
▮	▮	[1]	[1]	[1]	[1]
[2]	▮	▮	▮	▮	▮
[4]	[4]	[4]	[4]	▮	[4]
[8]	[8]	▮	▮	[8]	[8]

图 1-3 8421 机读卡局部图

2. 普通机读卡

在普通机读卡上（如图 1-4 所示，涂有数据 220199038）印刷各类选项，直接涂写某项，表示输入该项数据，不涂写任何项时表示无数据。

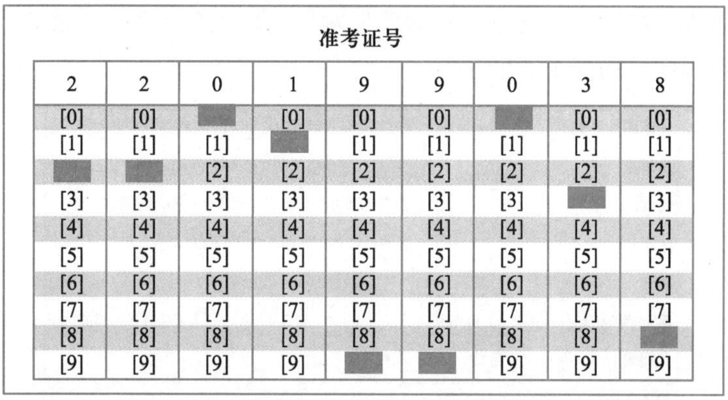

准考证号								
2	2	0	1	9	9	0	3	8
[0]	[0]	▮	[0]	[0]	[0]	▮	[0]	[0]
[1]	[1]	[1]	▮	[1]	[1]	[1]	[1]	[1]
▮	▮	[2]	[2]	[2]	[2]	[2]	[2]	[2]
[3]	[3]	[3]	[3]	[3]	[3]	[3]	▮	[3]
[4]	[4]	[4]	[4]	[4]	[4]	[4]	[4]	[4]
[5]	[5]	[5]	[5]	[5]	[5]	[5]	[5]	[5]
[6]	[6]	[6]	[6]	[6]	[6]	[6]	[6]	[6]
[7]	[7]	[7]	[7]	[7]	[7]	[7]	[7]	[7]
[8]	[8]	[8]	[8]	[8]	[8]	[8]	[8]	▮
[9]	[9]	[9]	[9]	▮	▮	[9]	[9]	[9]

图 1-4 普通机读卡局部图

普通机读卡与 8421 机读卡比较，同一个数据的选项更多，占用机读卡的版面空间更大，如果表达相同的信息量，则普通机读卡的尺寸要比 8421 机读卡大得多。但是，涂写信息时，普通机读卡更容易被人们理解和接受。

1.4.2 条形码的制作与识别

条形码是表示一串符号的黑白条形图形，常印制或粘贴在商品、固定资产、药品或图书上，用于表示物品的编码。

1. 条形码分类

根据应用领域的不同，条形码分类如下。

（1）EAN 码：常用于商品管理，印刷在商品包装上。

（2）Codebar 码：常用于医疗管理。

（3）ISBN 码：常用于出版物管理，印刷在图书封底。

（4）Code39 码：可以表示数字和字母，常用于通用信息管理。

2．条形码的特点

条形码信息具有以下几个方面的特点。

（1）采集速度快：可以达到键盘输入的 5～10 倍。

（2）信息量大：一次可采集几十个字符。

（3）可靠性高：误码率低于百万分之一。

（4）制作成本低：制作条形码标签对设备和材料没有特殊要求，用普通打印机和纸张即可制作条形码标签。

3．条形码标签的制作

需要通过专门软件制作条形码标签，在网上通常可以下载各种制作条形码标签的软件或在线制作。

【例 1-8】 制作信息内容为 JLU2018 的条形码标签。

在网络浏览器中，打开"免费条码生成器"网址，输入条码号 JLU2018，单击"生成"按钮，网页生成条形码图片如图 1-5 所示。

图 1-5　制作条形码标签

4．条形码信息数字化

条形码信息数字化需要计算机连接条形码扫描器（如图 1-6 所示），不需要专门的软件接收数据，凡是能接收键盘输入的软件都能接收条形码扫描器的数据，效果与键盘输入相同。

1.4.3　磁卡的信息存储

磁卡以液体磁性材料或磁条为信息载体，将磁性材料涂覆在纸卡片上（如存折）或将磁条压贴在塑料卡片上。磁卡

图 1-6　条形码扫描器

作为信息存储与识别的载体，磁材料的破损将导致无法读写磁卡中的信息。其特点是制作成本低、可靠性强、记录数据密度大、误读率低、信息存入和读出速度快，广泛应用于金融、邮电、通信、交通、旅游和医疗等领域。

磁卡信息存储遵循 ISO7811 系列标准，规定有 3 个磁道，第一磁道可以存储 76 个字母或数字，通常存储磁卡的类型信息；第二磁道可以存储 37 个数字，通常存储账户信息；第三磁道可以存储 104 个数字，通常存储余额等信息。第一、二磁道仅可以写入一次数据，写入后不能修改，第三磁道可以多次写入数据。

与 IC 卡比较，磁卡存在一些不足。例如，存储空间小；信息易读出和伪造，安全性差；磁材料外漏，容易被磁化或破损。

1.4.4　IC 卡的信息存储与识别

集成电路卡简称 IC 卡（integrated circuit card），是超大规模集成电路技术、计算机技术和信息安全技术的产物。它将集成电路芯片嵌入塑料基片指定位置，利用集成电路的存储特性，保存、读取和修改信息，广泛应用于金融、交通、通信、医疗和身份证明等领域。

IC 卡与磁卡比较，具有下列优点。

（1）存储容量是磁卡的几倍至几十倍；

（2）具有防伪造、防篡改的能力，安全性高。

但是，IC 卡存在成本高、抗静电和紫外线能力弱等缺点。

为了读写磁卡或 IC 卡中的信息，需要有对应的信息处理软件和读写器（如图 1-7 所示），有些读卡器比较通用，既能读写磁卡，也能读写 IC 卡。

图 1-7　IC 卡读写器

1.4.5　二维码的制作与识别软件

二维码，也称二维条码，通过特定几何形状按一定规律在平面上组合记录信息，使用图像输入设备或光电扫描设备读取信息。和一维条码相比较，二维码存储数据量更大，可以存储字符（汉字）、数字、网络地址（URL）和商品编码等信息。二维码有多种编码方式，常用编码有PDF417、QR Code 和 Code 49 等，其中 QR Code 使用较为广泛。

1. 二维码图区域的结构

不同编码的二维码各区域功能不同，QR Code 二维码图像区域结构如图 1-8 所示。

二维码图像区域按功能分为定位与校正、格式信息定义和版本信息定义等。

（1）定位与校正。定位与校正包括位置探测图形、定位图形和校正图形，用于二维码图像定位与校正，使得二维码从 360° 任一方向均可快速读取。

（2）格式信息定义。定义二维码的纠错级别，使得二维码具备纠错功能，即使部分图像变脏或破损也不影响读取完整信息，最多可以纠错约 30%。

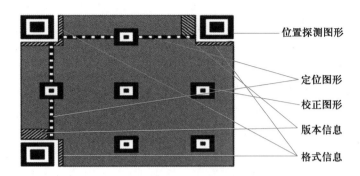

位置探测图形

定位图形

校正图形

版本信息

格式信息

图 1-8　QR Code 二维码图区域结构

（3）版本信息定义。定义二维码的规格，QR 码符号共有 40 种不同规格大小的矩阵，最小为 21×21（版本 1），最大为 177×177（版本 40），规格不同存储的信息量也不同。例如，版本 40、纠错级别 L 的二维码最多存储 7 089 个数字，4 296 个字母，1 817 个汉字。

2．制作二维码图

需要通过专用软件制作二维码图像，目前有许多这方面的软件。

【例 1-9】　制作 WWW.JLU.EUD.CN 网址的二维码。

在网络浏览器中，打开在线生成二维码网址，文本框中输入 WWW.JLU.EDU.CN，选择相关参数如图 1-9 所示，单击"生成 QR 码"按钮，便生成了二维码图片。

图 1-9　制作二维码

1.4.6　文本扫描与识别

字符识别或称光学字符识别（optical character recognition，OCR），是将数字图像中的符号转换为文本信息的技术，应用于银行票据、档案和卷宗处理等，以最终识别率、转换速度、版面理解正确率和版面还原满意度作为识别结果的评测依据。

1. 文本转换过程

传统 OCR 实现过程分为图像获取、预处理、特征提取、识别分类和后处理等步骤。

（1）图像获取：数码相机或手机拍摄的数字照片，扫描设备获取的数字图像都可以作为被转换的图像。

（2）预处理：预处理主要包括二值化、图像增强、干扰信息处理和图像滤波等，使得图像特征更显著。

（3）特征提取：根据数字、英文和汉字的书写特点，提取相关符号的特征。在常用的特征提取方法中，数字主要提取凹凸特征；英文主要提取水平和垂直方向的结构特征，如左右对称，左小右大等；汉字主要提取水平、竖直、45°角、反45°角方向上的矢量特征，用于识别笔画。

（4）识别分类：根据提取的特征与样本库进行比对，选择相似度最高的数字、英文或汉字。

（5）后处理：由于字体、字号或文档清晰度等因素，识别结果可能存在误差，利用语法和上下文信息等，对识别的结果进行修正。

最新的 OCR 技术在实现过程中还会使用人工神经网络和深度学习等技术，以便提高转换的准确率。目前，有许多从图像提取文本的软件，但转换的准确率存在差异。

2. 文本转换软件

【例 1-10】 识别照片中的文字。

在网络浏览器中，打开百度云中的通用文字识别网址，上传本地照片，单击"检测"按钮，网页显示识别结果如图 1-10 所示。

图 1-10　识别照片中文字

1.4.7　语音识别及文本转换软件

语音识别是将语音信号转为文本信息，基本原理是分析声波中各种频率组成和频率时变模式，结合语音数据库中的数据进行匹配运算，最后将语音转化为对应的文本信息。

1. 语音输入

语音输入又称声控输入，是将人们的语音转换成文字的输入方法。由于需要大量的计算和相关联的数据，语音输入分为在线识别和离线识别两种模式。

（1）在线识别：将语音内容传送到远端服务器，由服务器完成转换工作并返回文本信息，识别准确率较高，但是需要联网。

（2）离线识别：由本地设备完成识别工作，需要下载离线语音识别库文件，由于本地设备计算和存储能力的限制，识别准确率较低。

在安静环境中，标准语音的在线识别准确率可以达到 90%以上，在远场、方言、噪声和断句有误等情况下准确率会大大降低。

2．实时翻译

实时翻译又称同声传译，将语音转换为文本后，再将文本翻译为其他语言文本，并使用语音合成技术转化为语音。

【例 1-11】 将中文语音转换为文字。

在网络浏览器中，打开讯飞听见网址，上传本地音频，识别后网页显示识别结果如图 1-11所示。

图 1-11　语音转换为文字

1.5　非文本信息数字化

非文本信息主要指图像、音频和视频等信息，非文本信息数字化是将这些信息转化为计算机能存储、传输和编辑的数字信息。

1.5.1　图像信息数字化

计算机处理的图像是数字图像，可以通过数码相机、手机、扫描仪或绘图软件等生成。图像信息数字化过程主要分为采样、量化与编码 3 个步骤。

1．常见的图像文件格式

在数字图像处理中，由于存储结构和压缩算法有差异，采用不同文件格式保存的图像在色彩、清晰度和透明度等方面具有不同的效果。常用文件格式有以下几种。

（1）BMP 文件：Windows 中常用的一种位图文件格式，多种 Windows 应用程序都支持这种文件格式。其特点是文件保存每个像素的颜色信息，图像品质较高，可以用于印刷。缺点是占用存储空间较大，不适合在互联网上传输。

（2）GIF 文件：图像交换格式（graphics interchange format）的简称。其特点是可以同时存储若干幅静止图像，按照一定的顺序和时间间隔依次显示，进而形成动画，可以设置透明效果显示背景内容，使用压缩算法在保证图像质量的同时缩小文件大小，适合在互联网上传输。缺点是颜色只有 256 种。

（3）JPEG 文件：一种广泛使用的有损压缩图像文件格式，文件扩展名为 jpg 或 jpeg。其特点是压缩图像和原始图像的差异人眼不易分辨，允许用户以不同的比例压缩数据，适合在互联网上传输。缺点是因为压缩而丢失的图像细节无法还原。

（4）TIFF 文件：标签图像文件格式（tag image file format）的简称，文件扩展名为 tif 或 tiff。其特点是图像质量高，可以分图层保存信息，常用于图像扫描、印刷和出版业。缺点是文件比较大。

（5）PNG 文件：一种互联网上常用的图像格式。特点是采用无损压缩方法，失真率低，压缩比率较大，支持透明处理，输出速度快。在互联网上传输时，只要下载 1/64，就可以输出图像的基本轮廓。缺点是不支持动画效果。

（6）PSD 文件：Photoshop 默认的图像文件格式。特点是存储了图像编辑时的图层、通道和颜色模式等信息，方便再次编辑，常用于设计领域。

在 Windows 中，还有许多其他格式的图形和图像文件，例如，ICO 为程序的图标文件，CUR 为鼠标指针图形文件等。

2. 图像信息处理典型软件

Photoshop 是一款常用的图像处理软件，具有丰富的图像处理功能。

（1）图像编辑：包括各种选择、变换和修补工具，如缩放、旋转、裁剪和消除红眼等。

（2）图像合成：通过图层操作实现不同内容的组合。

（3）校色调色：调整和校正图像的亮度、对比度和曝光度等。

（4）特效制作：通过滤镜实现特效风格的制作，如油画、浮雕和素描等。

3. 图像信息采集典型设备

数字图像信息采集主要有纸质图片扫描、拍摄和计算机软件生成 3 种途径。

为了将其他介质的照片、图片以及实物场景转化为数字图像，需要借助扫描仪和数码照相机等设备。

（1）扫描仪：主要用于输入其他介质的照片和图片等资料，即对资料进行采样、量化、编码和压缩，最终形成数字图像。

（2）数码照相机：一种数字成像设备，对实物、场景进行照相，并转化为数字图像信息。数码照相机有两种，一种是通用数码照相机，可以脱离计算机单独使用；另一种是简易数码照相机，也称摄像头，如图 1-12 所示，只有与计算机相连才能使用。摄像头一般与计算机的 USB 接口连接，某些摄像头需要安装专用驱动程序。

4. 图像信息采集的常见软件

Windows 中的许多软件都可以通过摄像头获取图像信息。

图 1-12 摄像头

（1）"画图"软件：使用"文件"菜单中的"从扫描仪或照相机"选项。

（2）"Word"软件：使用"插入"选项卡中的"来自扫描仪或照相机"选项。

执行上述操作后，在"从视频捕获照片"对话框中，可以预览图像，如图 1–13 所示。单击"捕获"按钮，可以从视频中捕获图像；单击"获取图片"按钮，可以将图像插入到文档中。

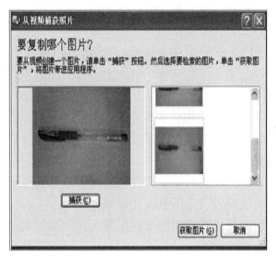

图 1–13　"从视频捕获照片"对话框

5．图像处理

图像处理软件有许多，如 Windows 的画图和 Photoshop 都是较常用的图像加工与处理软件。

【例 1-12】　使用 Photoshop 复制图片中的天鹅。

（1）启动 Photoshop，单击"文件"菜单中的"打开"选项，打开原始图像"清湖.jpg"。

（2）使用"磁性套索工具"，沿边缘选中图像中天鹅及其倒影，如图 1–14 所示。

图 1-14　创建选区

（3）单击"编辑"菜单中的"拷贝"选项。

（4）单击"图层"菜单中的"新建"子菜单中的"通过拷贝的图层"选项。

（5）使用"移动工具"，移动复制的天鹅，效果如图 1-15 所示。

图 1-15　复制选区内容

扩展阅读 1-1
时代楷模——黄大年

1.5.2　音频信息数字化

　　自然界中的声音是由物体振动发生的，是模拟信号。声音的传统处理方法是通过话筒将声音的振动转换成电流，经过放大和处理后存储，存储的仍然是模拟信号。使用计算机处理声音，需要通过采样、量化和编码将连续的模拟音频信号转换为离散的、用二进制表示的数字音频信息。

1. 常见的音频文件格式

　　在数字音频处理中，由于存储结构和压缩算法有差异，采用不同文件格式保存的音频有不同的特点。常用音频文件格式有以下几种。

　　（1）WAVE 文件：也称声波文件，文件扩展名为 wav，是无损压缩音频文件，也是 Windows 中常用的音频文件格式，多种 Windows 应用程序都支持这种文件格式。特点是音质好，支持多种采样频率。缺点是数据量比较大，不适合在互联网上传输。

　　（2）MIDI 文件：也称数字化乐器接口格式文件，是数字音乐和电子合成乐器的标准，文件扩展名为 mid。特点是文件内容不是音频数据，而是音符、控制参数（如音量）的指令集合，播放时将这些指令发送给声卡，由声卡合成声音。MIDI 文件节省存储空间，适合用于音乐创作。

　　（3）MP3 文件：一种有损压缩文件，采用 MPEG Audio Layer3 压缩方式。特点是在音质和文件压缩比率上都有较好的效果，多种播放器都支持这种文件格式，适合在互联网上传输。

　　在互联网上还有许多无损压缩文件格式，例如，压缩比率比较高的 APE 文件格式和免费开放的 FLAC 文件格式等。

2. 声卡的主要作用

　　在计算机上必须安装声卡才能处理音频信息。声卡又称音频卡，有主板集成和独立声卡两种，是多媒体计算机的基本部件。要使计算机能够录制和播放声音，需要为计算机安装声卡，常见声卡的外部接口有以下几种。

（1）Line in（输入）：用于连接音频输入设备。例如，录音机、录像机、影碟机和电视机等。

（2）Line out（输出）：用于连接音频输出设备。例如，音箱和耳机。

（3）Mic in（话筒）：用于接话筒。

（4）MIDI：用于连接游戏操作杆或电子乐器。

声卡可以完成音频的输入输出。当模拟音频信号要输入到计算机时，需要通过声卡将模拟音频信号转换成数字音频信号，即 A/D 转换；当计算机要输出数字音频信号时，需要通过声卡将数字音频信号转换成模拟音频信号，再发送给扬声器（起声音放大作用），即 D/A 转换。

3．音频信息处理的典型软件

Audition 是一款常用的数字音频编辑和混合软件，通过编辑和多轨视图可以实现音频的混合、编辑、控制和效果处理功能。

（1）录音：实现高精度声音的录制，在录制过程中可以观测电平值。

（2）混音：实现多个音轨声音混合。

（3）编辑：实现声音的选择、复制、删除和移动。

（4）效果处理：实现滤波、淡入淡出、变速、变调和混响等效果。

4．录音带信息采集

录音带通过磁介质以模拟信号方式存储声音信息。使用 Audition 可以将录音带上的声音信息转换为数字信号存储在计算机中，需要完成以下步骤。

（1）软硬件准备：随身听、双头音频线、有 Line in 插口的声卡和 Audition 软件。

（2）连线操作：将双头音频线一头插入随身听耳机插孔，另一头插入声卡的 Line in 插口。

（3）开启系统录音功能：打开 Windows 录音控制面板，选择线路输入，调整音量。

（4）录制：启动 Audition 软件，单击录音按钮，播放磁带开始录制。

（5）保存：使用"另存为"选项，在"另存为"对话框中指定保存音频文件的路径、文件名以及文件类型，通常文件类型为"Windows PCM（*.wav）"。

5．话筒信息采集

使用话筒和 Audition 软件，可以将自然界声音以数字音频形式存储到计算机中，需要完成以下步骤。

（1）连接话筒：将话筒插入声卡的话筒输入接口（粉色）。

（2）开启系统录音功能：打开"录音控制"窗口，单击"选项"→"Windows 录音控制台"选项，在"录音控制"对话框中选中话筒底端的"选择"复选框。

（3）录制：启动 Audition 软件，单击"文件"→"新建"选项，再单击"确定"按钮，在编辑视图中单击"传送器"面板上的"录音"按钮，开始录制声音。按下空格键，录音停止。

（4）保存：单击"文件"→"另存为"选项，在"另存为"对话框中指定音频文件的保存磁盘路径、文件名称以及文件类型等，通常文件类型为"Windows PCM（*.wav）"。

【例 1-13】　使用 Audition 制作配乐诗朗诵《登鹳雀楼》。

（1）启动 Audition，单击"文件"→"打开"选项，选择音频文件"登鹳雀楼.mp3"和"古筝.mp3"。

（2）单击"多轨"按钮，切换到多轨视图。

（3）选中"文件"面板中的"登鹳雀楼.mp3"，按住鼠标左键，拖曳到音轨 1 中，用同样操作将"古筝.mp3"拖曳到音轨 2 中（见图 1-16）。

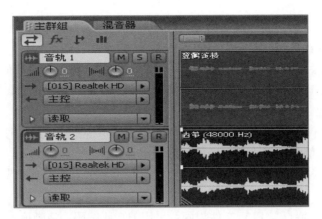

图 1-16　多轨混音

（4）单击"混音器"选项卡，降低音轨 2 音量。

（5）单击"主群组"选项卡，单击"传送器"面板的"播放"按钮，预览音乐效果。

（6）单击"文件"→"导出"→"混缩音频"选项，输入文件名等信息，最后单击"保存"按钮。

1.5.3　视频信息数字化

视频信息可以采用模拟信号或数字信号两种方式存储。模拟信号存储在录像带中，采用线性编辑方式，当插入或删除视频片断时，插入点或删除点后的所有视频都要复制移动一次。数字信号存储在计算机中，采用非线性编辑方式，可以对视频片段进行随机顺序组接而不会影响其余部分。

获取数字视频素材的方法主要有两种途径：一是将录像带或模拟电视信号通过视频采集卡转换为计算机中的数字视频文件，二是利用数码摄像机或手机直接拍摄产生数字视频文件。

1．常见的数字视频文件格式

在数字视频处理中，由于存储结构和压缩算法有差异，采用不同文件格式保存的视频有不同的特点。按播放方式，数字视频文件可以分为两种：一是需要下载完成才能播放的本地影像视频文件；二是可以通过网络一边下载一边播放的网络影像视频（流媒体）文件。由于同一种文件格式可以采用多种编码，不能只根据文件扩展名来判断数字视频文件的编码和播放方式。

常用视频文件格式有以下几种。

（1）AVI 文件：Windows 中常用的视频文件格式，图像质量好，但是压缩比率不高。

（2）MOV 文件：苹果计算机系统中常用的视频文件格式，具有图像质量好、压缩比率高和跨平台等特点。

（3）SWF 文件：Flash 动画文件，只能播放，不能编辑，编辑需要源文件，适合在网页中在线播放。

（4）MPG 文件：采用有损压缩减少运动图像中的冗余信息，图像质量好、压缩比率高。

（5）DAT 文件：VCD 专用的文件格式，文件结构与 MPG 文件格式基本相同。

（6）VOB 文件：DVD 专用的文件格式，文件结构与 MPG 文件格式基本相同。

（7）ASF 文件：一种包含音频、视频、图像以及控制命令脚本的文件格式，图像质量好、压缩比率高，可以在线播放。

（8）WMV 文件：文件结构与 ASF 文件格式基本相同，可以在线播放。

（9）RM 文件：可以根据不同的网络传输速率制定不同的压缩比，适合在网速变化大的网络上在线播放视频。

（10）RMVB 文件：特点与 RM 文件相同，新增了可变比特率编码技术，在动态画面中采用较高的比特率，在静态画面中采用较低的比特率。

（11）FLV 文件：一种网络影像视频格式。压缩比率高，加载速度快，适合在网页中在线播放。

（12）F4V 文件：特点与 FLV 文件相同，采用 H.264 编码，清晰度普遍比 FLV 格式高。

（13）MKV 文件：一种开放标准文件格式，能容纳多种不同编码类型的视频、音频及字幕，包括 3D 立体影像视频。

（14）MP4 文件：一种视频封装格式，可以包含不同的视频编码、音频编码组合，适合在线播放。

2．视频信息处理常用软件

Adobe Premiere Pro 是一款非线性视频编辑软件，提供了采集、剪辑、合并、字幕、视频特效和视频切换特效等功能，主要面向专业人员。

会声会影是一款非线性视频编辑软件，提供了采集、剪接、转场、特效、字幕、配乐和刻录等功能，操作简单，适合家庭娱乐。

3．录像带信息采集

录像带通过磁介质以模拟信号方式存储视频信息。使用会声会影软件将视频信息转化为数字信号需要完成以下步骤。

（1）软硬件准备：录像机、视频采集卡、计算机、AV（audio&video cable）连接线、音频连接线和会声会影软件。

（2）连接操作：将 AV 连接线的黄色端插入录像机的 Video Out 接口，另一端插入电视卡的 AV 接口（黄色）。将音频线白色端插入录像机的 AD Out 接口，另一端插入计算机声卡的话筒接口（红色）。

（3）录制：启动会声会影，设置视频输入模式为视频混合（PAL），录像机开始播放录像。

（4）保存：录制完后保存视频文件。

4．数码摄像机信息采集

数码摄像机信息通常存储在存储卡中，也可以直接连接计算机，使用 Premiere 软件采集视频，需要完成以下步骤。

（1）软硬件准备：数码摄像机、IEEE 1394 卡及连接线、计算机和 Premiere 软件。

（2）连接操作：IEEE 1394 线两端分别连接数码摄像机和计算机的 IEEE 1394 接口。

（3）新建项目：启动 Premiere 程序，在欢迎界面中单击"新建项目"按钮，打开"新建项目"对话框，有效预置模式选择 HDV 720P 25FPS，在"名称"文本框中输入项目名称，单击"确定"按钮。

（4）采集：单击"文件"→"采集"选项，在"采集"面板的"设置"选项卡上，设备控制选择 DV/HDV 设备控制器，按下摄像机的播放按钮，播放并预览拍摄的视频，单击"采集"面板下方的"录制"按钮，开始采集。

（5）保存：采集结束时，按 Esc 键停止采集，在"保存已采集素材"对话框中输入相关信息，单击"确定"按钮，保存视频文件，文件将出现在"项目"面板中。

5．视频信息处理案例

【例 1-14】　使用 Premiere 剪辑视频。

（1）启动 Premiere 程序，在欢迎界面中单击"新建项目"按钮，在"新建项目"对话框中，有效预置模式选择 DVCPRO50、480i 和 DVCPRO50 24p 标准,在"名称"文本框中输入项目名称，单击"确定"按钮。

（2）单击"文件"→"导入"选项，选择原始视频文件"1.wmv""2.wmv"和"3.wmv"。

（3）双击"项目"面板中的"1.wmv"文件图标，单击"素材源"监视器的"播放"按钮，在合适的帧位置，单击"素材源"监视器的"设置入点"和"设置出点"按钮，单击"素材源"监视器的"插入"按钮，将视频片段插入到序列 01 的视频 1 轨道。

（4）用步骤（3）的同样操作方法插入"2.wmv"和"3.wmv"中的视频片段。

（5）选中"效果"面板的"视频切换特效"→"卷页"→"中心卷页"，按住鼠标左键，拖曳到视频 1 轨道的第 1 个视频片段和第 2 个视频片段之间。

（6）单击"字幕"→"新建字幕"→"默认静态字幕"选项，输入字幕名称"字幕 01"，单击"确定"按钮。

（7）在"字幕"窗口中输入"美丽吉大"，设置字幕样式，关闭"字幕"窗口。

（8）选中"项目"面板的"字幕 01"，按住鼠标左键，拖曳到第 2 个视频片段上方的视频 2 轨道上。

（9）单击"节目"监视器的"播放"按钮，预览视频（见图 1-17）。

图 1-17　节目监视器预览视频

（10）单击"文件"→"导出"→"影片"选项，输入文件名，单击"保存"按钮。

1.6　互联网+及物联网

传统互联网强调人与人及人与计算机之间的信息传递和沟通，当互联网发展到一定阶段，人们期望获得更多事物的实时信息，互联网（+）和物联网应运而生。使用电子标签和传感器等设备获得物体的当前状态信息，以互联网作为信息传递通道将信息及时传递出去，使得人与物、物与物之间的有效通信变为可能。

1.6.1　互联网+

"互联网+"不仅是传统互联网的移动网应用，更重要的是使用无所不在的计算、数据和知识进行传统领域的应用创新。通俗地说，"互联网+"就是"互联网+各个传统行业"，但这并不是简单的两者相加，而是利用信息通信技术以及互联网平台，让互联网与传统行业进行深度融合，创造新的发展生态。它代表一种新的社会形态，即充分发挥互联网在社会资源配置中的优化和集成作用，将互联网的创新成果深度融合于经济、社会各领域之中，提升全社会的创新力和生产力，形成更广泛的以互联网为基础设施和实现工具的经济发展新形态。

1."互联网+"的基本构成

"互联网+"的基本构成包含云、网和端三部分。

（1）云：大数据和云（服务器端）计算基础服务。通过使用这些服务，复杂的数据处理和计算变成了简单的网络请求和接收处理结果，用户可以将创造力专注于处理结果的应用。

（2）网：包括传统互联网、移动互联网和物联网。

（3）端：用户直接接触的计算机、移动设备、可"穿戴"设备和传感器等。

2.互联网+X

随着"互联网+"行动计划的深入推广，在互联网+金融、互联网+通信和互联网+交通等多个领域取得了丰硕成果。

（1）互联网+金融：创造了在线理财、支付、众筹等多种金融模式。

（2）互联网+通信：创造了移动即时通信模式。

（3）互联网+交通：创造了网约车、共享单车、网上购买火车和飞机票、出行导航和智能交通指挥系统等模式。

以"互联网+个性化家居定制"为例。为了满足人们对家具多样化和个性化的需求，家具产业正从传统批量化生产模式向单品定制化生产模式转变。在不增加生产成本的基础上满足客户个性化需求，互联网+个性化家居定制（大规模定制）应运而生。

大规模定制提出了基于互联网+的上门量房、客户设计、设计师修改、产品搜索、VR 体验、确定方案、生产、订单查询、送货上门和售后服务的整套方案，实现了数字化管理、网络化服务和集成化生产配送。大规模定制系统将整套家具拆分为不同规格的零部件，通过智能算法优化生产流程，利用条码或射频标签唯一标识零部件，执行调度算法实现零库存和实时配送，缩短产品的设计和生产周期，缓解客户需求多元化和生产供应单一化的矛盾。

1.6.2 物联网

物联网（Internet of things，IoT）是通过二维码扫描设备、射频识别装置、红外感应器、全球定位系统和激光扫描器等信息传感设备，按约定的协议将物品与互联网相连接，进行信息交换和通信，以实现智能化识别、定位、跟踪、监控和管理的一种网络。物联网以广域网为基础，是广域网扩展应用的产物。

物联网技术是新一代信息技术的重要组成部分，也是全球信息化的重要发展阶段，被称为继计算机和互联网之后信息产业发展的第三次浪潮。

1. 物联网的作用

（1）通过传感器和互联网结合，可使物品与网络相连，实现物品的远程识别和管理。例如，通过计算机或手机可以控制电器设备，接收突发事件警报等。

（2）物联网是多网融合的产物，将人之间的沟通扩展到人与物、物与物之间的沟通，智能化、网络化的生活方式使人们工作、生活更加便捷和人性化。例如，通过计算机或手机可以查看快递包裹位置，公交车到站情况，远程监护家中小孩和老人等。

2. 物联网技术

物联网技术主要包括射频识别（radio frequency identification，RFID）、传感器、M2M 和两化融合技术。

（1）射频识别又称为射频标签，附着于物品表面或嵌入物品内部，通过无线电信号采用非接触方式读写数据，可以用于食品溯源、物流跟踪、高速路口收费和汽车无钥匙开门等领域。

射频标签根据有无电源，分为无源被动型和有源主动型。无源被动型本身无电源，当标签进入读写设备（见图 1-18）工作区域，接收读写设备发出的射频信号产生能量，将数据回传给读写设备。射频标签具有体积小、使用年限长和感应距离短等特点。有源主动型靠内部电池供电工作，可以主动侦测附近读写设备发射的信号，通过校验后与读写设备进行信息传递。具有距离远、稳定性好和读取速度快的特点，主要应用于智能停车场、智能交通、智慧城市等领域。

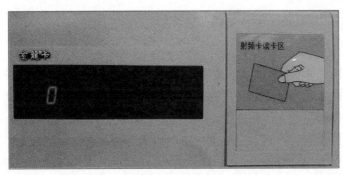

图 1-18 无源射频标签读写设备

（2）传感器是用于探测物体的温度、湿度、压力或速度等物理特征的一种设备，并能将测试到的信息数字化。

（3）M2M 技术是机器之间（machine to machine）、机器与人（machine to man）之间的通信技术，是以机器终端设备智能交互为核心的，网络化应用与服务，通过在机器内部嵌入通信模块将机器接入网络。

（4）两化融合技术是信息化和工业化的高层次深度结合，是物联网的主要推动力之一。以信息化带动工业化，以工业化促进信息化，在国家物联网十二五规划中描述为"企业信息化，信息条码化"。

3. 物联网的应用

随着物联网技术的发展与推广，在智能交通、智能建筑和生态保护等多个领域取得了丰硕成果。

（1）智能交通：使用物联网技术监测道路拥堵或突发事件，系统自动切换红绿灯，充分利用道路资源，向驾驶员推荐最佳行驶路线等。

（2）智能建筑：通过 GPS 或北斗系统，在电子地图上准确、及时反映出建筑物空间、地理位置信息。通过物联网技术获得当前天气情况，建筑物内照明灯自动调节光亮度，实现节能环保。

（3）生态保护：通过物联网技术采集古树状态信息，结合当前的温度和湿度，及时做出数据分析和保护措施。

以"物联网+公交"为例。在公交车上安装 GPS 模块，实时采集公交车位置信息，使用无线通信模块将位置数据上传至交通管理平台。交通管理平台统一调度，安排发车频率，并将公交车位置信息传送到各个电子站牌，电子站牌实时显示最近一班车的到达时间、离本站的距离等信息。

在公交车上安装视频监控设备，记录车辆运营过程中车内及路面状况。使用无线通信模块将采集的视频信息实时上传至交通管理平台，对公交车运营情况进行监管，防止突发事件发生。

交通管理平台将实时公交车信息发送至互联网，乘客通过手机查询公交车信息，规划好时间再出门，制定最理想的乘车方案。

1.6.3　电子商务

电子商务是利用计算机和网络通信技术进行的商务活动。电子商务不等同于商务电子化，是以电子化和网络化为基础开创的新商业模式。电子商务不仅包括在线购物，还包括商品推荐、物流配送、售后评价和网上支付等内容。

以网上书城为例。利用搜索引擎技术加快图书信息的检索，以类别、作者、书名、出版社和出版日期等作为关键字进行检索。使用在线咨询提升用户体验，良好的沟通和问题解答能让客户尽快选择到适合的图书，提升购物体验。实现不同网站的同类商品价格对比，刺激客户购物欲望。使用快速配送系统，就近实时配送，提高销售效率。

1.6.4 电子政务

电子政务是指政务活动中全面应用现代信息技术、网络技术以及办公自动化技术等进行办公、管理和为社会提供公共服务的一种全新管理模式，包含以下多个方面的内容。

（1）政务公开：加强政府的信息服务，在网上设有政府网站，向公众提供可能的信息服务。

（2）网上办公：建立网上服务体系，使公众通过网络办理事务，实现无纸化办公。

（3）政府采购：将电子商务用于政府，实现政府采购电子化。

以"一站式"网上办公为例。使用"一站式"网上办公办理业务时，按照业务流程，在一个网站上完成所有相关业务的办理手续。办理流程包括用户注册，登录"一站式"网站，选择需要办理的事务类别，输入相关信息，提交相关的电子材料，查看办理进度及办理结果。工作人员在网上审核材料、反馈意见和发送结论等。

1.7 大数据、数据挖掘及其应用

1．大数据的特点

大数据是指在一定时间内无法用传统方法对其内容进行抓取、管理和处理的数据集合。大数据技术包括分布式文件系统、分布式数据库、数据挖掘和云计算平台等。大数据处理过程包含数据采集、预处理、存储、分析挖掘与可视化等。使用大数据技术可以从文本、图像、音频和视频等不同类型的数据中快速获得有价值信息。与传统数据比较，大数据具有如下诸多特点。

（1）数据体量巨大：仅某搜索引擎每天提供的数据量就超过 1.5 PB（1 PB=1 024 TB）。

（2）数据类型多样：包含文本、图像、音频、视频和地理位置信息等类型的数据。

（3）处理速度快：需要从各种类型的数据中快速获得高价值信息，信息价值具有时效性。

（4）价值密度低：以违章视频监控为例，24 小时的视频数据，违章信息可能只有一两秒钟。

以微信数据为例，《2017 微信数据报告》显示，每天有 380 亿条消息从微信上发出，其中语音信息 61 亿条，以每条语音信息 30 KB 计算，每天仅语音数据量就达 183 000 GB。

2．数据挖掘

数据挖掘也称知识发现或数据分析，是指从已有的数据中发现并抽取出有价值的信息和知识，寻找数据间潜在的关联，为未来趋势预测和行为决策提供参考的技术。数据挖掘技术包含人工智能、机器学习和统计分析等技术。

数据挖掘对象通常是海量的、不完全的、有噪声的、模糊的和随机的数据。数据可以是结构化的，如关系型数据库中的数据，也可以是非结构化的，如文本、图像和视频等数据。

数据挖掘的主要方法有分类、聚类、关联规则和特征分析等，分别从不同的角度挖掘数据。

（1）分类：对数据中某些特征值进行比较，按照已定义分类标准将数据映射到不同类别。例如，对用户购买力、评价和满意度等进行分类。

（2）聚类：将数据按照相似性或差异性分为不同类别，目的是使得属于同一类别的数据之间相似度尽可能大，不同类别的数据之间相似度尽可能小。例如，对客户背景、购买趋势和喜好等进行聚类。

（3）关联规则：描述数据项之间所存在的关系，挖掘隐藏在数据间的关联或相互关系。例如，超市分析销售数据时发现了一个令人难以理解的现象，啤酒与尿布两件毫无关系的商品经常出现在同一个购物篮中。通过关联规则得出了年轻父亲和啤酒、尿布之间的关系，于是尝试将啤酒和尿布摆放在超市相同区域，方便年轻父亲采购。

（4）特征分析：从一组数据中提取出关于这些数据的特征式，用于表示数据集的总体特征。例如，销售人员对流失客户的所有数据进行特征分析，找出导致客户流失的主要原因。

3．大数据应用

大数据分析已经广泛应用到各个领域，如商品推荐、路况分析、候选人预测、行业综合评价以及国民经济发展趋势预测等。

以基于大数据和数据挖掘的推荐系统为例，根据用户的历史行为资料，例如，查阅、购买和评价过的物品等，向其推荐同类物品；对历史行为资料进行聚类，同类用户之间相互推荐。

1.8　人工智能及其应用

人工智能（artificial intelligence，AI）是研究、开发用计算机模拟、延伸和扩展人的智能的理论、方法、技术及应用系统的科学。

人工智能是计算机科学的重要分支之一，试图了解智能的本质，并生产一种新的、与人类智能相似的方式做出反应的智能机器，研究的内容包括图像识别、自然语言理解、专家系统和机器人等。智能机器主要通过两个途径模拟人脑思维：一是复制原型的内部结构以获得与原型类似的功能，称之为结构模拟，仿生学采取的主要方法就是结构模拟法。二是避开原型的内部结构，直接模拟原型的某些功能，称之为功能模拟。对于那些结构一时认识不清的原型，一般只能侧重于功能模拟。

目前，人工智能主要通过计算机模拟实现人的思维和决策功能，与生物智能的实现方式可能不同。

1．人工智能分类

按智能程度人工智能分为弱人工智能和强人工智能。

（1）弱人工智能：也称限制领域人工智能或应用型人工智能，只能解决特定领域的问题。弱人工智能表面看起来具有智能行为，但并不具备真正的思维能力和自我意识。例如，AlphaGo在围棋领域能够击败人类最顶尖选手，但是并不能说明它具有极高的智商，因为没有程序员调整程序，它不可能自己学习成为一名围棋高手。

（2）强人工智能：又称通用人工智能或完全人工智能，是可以胜任人类所有工作的人工智能。强人工智能需要具备的能力有对不确定因素进行推理，制定决策，通过规则解决问题，知识表示，规划和学习，自主实现既定目标等。

强人工智能可能是类人的人工智能，即机器的思考和推理就像人一样；也可能是非类人的人工智能，即机器产生了与人完全不一样的知觉和意识，使用与人完全不一样的推理方式。目前人工智能的研究主要集中在弱人工智能领域。

2. 人工智能的应用案例

人工智能以大数据分析和规则推理为基础，已在诸多领域得到应用，如无人驾驶飞机（无人机）及汽车、面部及指纹识别、智能交通指挥系统、下棋及游戏、智慧校园和智能家居等。

【例 1-15】 用人工神经网络模拟划分平面的最优方程，拟合输入和输出之间的目标函数。

使用浏览器打开 tensorflow playground 网址，单击运行按钮，人工神经网络开始训练，如图 1-19 所示。

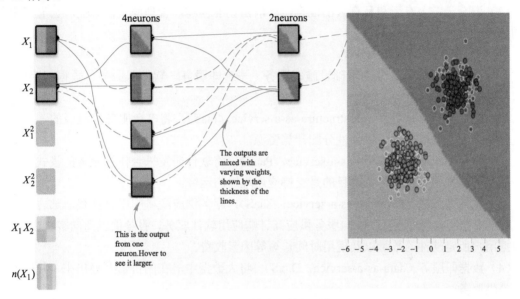

图 1-19　训练人工神经网络

图 1-19 中，输入的 x_1 表示点的横坐标值，x_2 表示点的纵坐标值。将点的横纵坐标作为输入，训练神经网络。当输入不同颜色点（黄色和蓝色）时，神经网络判断输出两个不同的类别（黄色背景区域和蓝色背景区域）。连接线表示权重，蓝色表示正值，黄色表示负值，颜色深浅表示权重的绝对值大小，将鼠标指针放在线上可以看到具体值。黄色背景区域表示该区域的点都划分为黄点类，蓝色背景区域表示该区域的点都划分为蓝点类。由于神经网络层数和每层神经元个数已经确定，训练神经网络本质上是寻找合适的神经元之间连接线的值，使得整个神经网络可以模拟区分不同颜色点之间的最优切平面方程。

训练结束时，黄色和蓝色背景区域中间的线就是人工神经网络得到的模拟切平面。

1.9　云计算的基本概念

云计算是综合分布计算、并行处理和网格计算发展而成的，是一种新兴的计算模式。"云"

是存在于互联网服务器集群上的资源，包括硬件和软件资源。本地计算机通过互联网向"云"发送计算请求，"云"将计算结果返回给本地计算机。本地计算机像访问网页一样使用云计算提供的计算服务。例如，识别一幅图中的车牌，判断该车是否曾经违章。云计算以互联网为纽带，将调用功能的软硬件与实现功能的软硬件分开。

1．按共享类型云计算的分类

按共享类型云计算分为私有云、公有云和混合云。

（1）公有云：由第三方（供应商）提供的云服务，由云提供商完全承载和管理，可通过 Internet 访问，成本比较低廉。

（2）私有云：企业内部提供的云服务，在公司防火墙之内，由企业管理。

（3）混合云：公有云和私有云的混合，一般由企业创建，管理职责由企业和公有云提供商共同承担。

2．按服务类型云计算的分类

按服务类型云计算又分为基础设施即服务、平台即服务、软件即服务、数据即服务 4 种类型。

（1）基础设施即服务（infrastructure-as-a-service，IaaS）：将多台服务器组成的"云端"基础设施作为服务的模式，可以弹性分配计算资源。

（2）平台即服务（platform-as-a-service，PaaS）：将软件研发平台作为服务的模式，将应用程序的基础结构视为服务，主要目的是支持应用程序的运行。

（3）软件即服务（software-as-a-service，SaaS）：服务供应商将应用软件统一部署在服务器上，用户根据需求，通过互联网向服务供应商订购应用软件服务，服务供应商向客户提供软件，并根据用户所定软件的数量以及使用时间长短等因素收费。

（4）数据即服务（data-as-a-service，DaaS）：将大数据中潜在的价值发掘出来，并根据用户需求提供服务。

3．云计算的特点

云计算是一种资源交付和使用模式，通过网络获得应用所需的资源（硬件和软件）。提供资源的网络被称为"云"。"云"中的资源在使用者看来是可以无限扩展的，并且可以随时获取。云计算具有如下特点。

（1）虚拟性：对计算资源进行抽象，对上层应用或用户隐藏了计算资源的底层属性。既包括将单个的资源（例如一台服务器、一个操作系统、一个应用程序、一个存储设备）划分成多个虚拟资源，也包括将多个资源（例如存储设备或服务器）整合成一个虚拟资源。虚拟化技术根据对象不同，可以分成存储虚拟化、计算虚拟化和网络虚拟化等。

（2）用户端负载和成本降低：将应用开发与基础设施维护分离，不需要为一次性任务或不常见的负载情况准备大量设备。例如，学生选课系统在选课期间需要使用大量的 CPU、内存和网络带宽资源，可以使用云计算服务进行配置临时升级，提高服务器性能（见图 1-20）。

【例 1-16】　用百度云计算识别图中的物体信息。

使用浏览器打开百度识图网址，单击"识图一下"按钮，上传图片文件，网页返回识别结果，如图 1-21 所示。

vCPU	内存	基准CPU计算性能	规格族	处理器型号	处理器主频	内网带宽
8 vCPU	32 GiB	-	通用型 g5	Intel Xeon Platinum 8163	2.5 GHz	2.5 Gbps
8 vCPU	64 GiB	-	内存网络增强型 se1ne	Intel Xeon E5-2682v4	2.5 GHz	2 Gbps
8 vCPU	64 GiB	-	内存型 r5	Intel Xeon Platinum 8163	2.5 GHz	2.5 Gbps
8 vCPU	8 GiB	-	密集计算型 ic5	-		2.5 Gbps
8 vCPU	32 GiB	-	通用网络增强型 sn2ne	Intel Xeon E5-2682v4	2.5 GHz	2 Gbps
8 vCPU	32 GiB	-	共享通用型 mn4	Intel Xeon E5-2682v4	2.5 GHz	1.2 Gbps
8 vCPU	32 GiB	-	高主频通用型 hfg5	Intel Xeon Gold 6149	3.1 GHz	2 Gbps
8 vCPU	32 GiB	15%	突发性能实例 t5	Intel Xeon CPU	2.5 GHz	1.2 Gbps

图 1-20　弹性配置云计算资源

图 1-21　使用云计算识图

习题

一、填空题

1. 信息数字化是将字符、图像、语音和视频等表示为___①___和___②___组合，进一步使用计算机进行存储、传输和处理。

2. _____是客观存在的事物及其运动状态的表征。

3. 计算机处理的数据包括___①___、___②___、___③___、___④___、___⑤___和___⑥___等。

4. 进位计数制中有___①___、___②___和___③___3个要素。

5. _____是指在某种进位计数制中所使用的数码个数。

6. 1 位八进制数可转换成_____①___位二进制数，1 位十六进制数可转换成___②___位二进制数。

7. 西文字符的编码采用_____码。

8. 汉字信息从输入到存储、处理，再到最后输出，整个过程需要　①　、　②　和　③　3 种形式。

9. 传统 OCR 实现过程分为　①　、　②　、　③　、　④　和　⑤　等步骤。

10. 语音识别是将语音信号转换为＿＿＿＿＿。

11. 由于语音识别需要大量的计算和数据，语音输入分为　①　和　②　两种模式。

12. 图像信息数字化过程主要分为　①　、　②　与　③　3 个步骤。

13. 模拟信号视频存储在　①　中，采用　②　编辑方式，数字信号视频存储在　③　中，采用　④　编辑方式。

14. 　①　文件需要下载完成才能播放，　②　文件可以通过网络一边下载一边播放。

15. "互联网+"的基本构成包含　①　、　②　和　③　三部分。

16. 射频标签根据有无电源，分为　①　型和　②　型。

17. ＿＿＿＿＿是使用计算机和网络通信技术进行的商务活动。

18. ＿＿＿＿＿是指政务活动中全面应用现代信息技术、网络技术以及办公自动化技术等进行办公、管理和为社会提供公共服务的一种全新管理模式。

19. ＿＿＿＿＿是指在一定时间内无法用传统方法对其内容进行抓取、管理和处理的数据集合。

20. ＿＿＿＿＿是研究、开发用于模拟、延伸和扩展人的智能的理论、方法、技术及应用系统的科学。

21. 按智能程度分，人工智能分为　①　和　②　。

二、单选题

1. 计算机中所有信息的存储都采用＿＿＿＿＿＿。
   A. 二进制　　　　　　B. 八进制　　　　　C. 十进制　　　　　D. 十六进制

2. 八进制数 70150 转换为十进制数是＿＿＿＿＿＿。
   A. 70150　　　　　　B. 28776　　　　　　C. 800100　　　　　D. 1100110

3. 二进制数 10110 转换为十六进制数是＿＿＿＿＿＿。
   A. 16　　　　　　　　B. 101　　　　　　　C. 10　　　　　　　D. A0

4. 十进制数 101 转换为二进制数是＿＿＿＿＿＿。
   A. 0010011　　　　　B. 1100010　　　　　C. 1100101　　　　　D. 1100110

5. 十进制数 2018 转换为十六进制数是＿＿＿＿＿＿。
   A. 6F1　　　　　　　B. 7E2　　　　　　　C. A01　　　　　　D. F02

6. 将十六进制数 FFFF 转换为十进制数是＿＿＿＿＿＿。
   A. 65534　　　　　　B. 65535　　　　　　C. 65536　　　　　D. 65537

7. 对于 R 进制数来说，其基数中最大数字是＿＿＿＿＿＿。
   A. R　　　　　　　B. $R-1$　　　　　　C. 9　　　　　　　D. $R+1$

8. 3 位二进制数可以表示＿＿＿＿＿＿种状态。
   A. 3　　　　　　　　B. 6　　　　　　　　C. 7　　　　　　　D. 8

9. 存储一个 ASCII 编码的西文字符需要＿＿＿＿＿＿个二进制位。
   A. 5　　　　　　　　B. 6　　　　　　　　C. 7　　　　　　　D. 8

10. 汉字国标码是_____位十六进制数。

    A. 4   B. 8   C. 16   D. 32

11. 已知英文大写字母 D 的 ASCII 码值是 44H，则英文大写字母 F 的 ASCII 码值是十进制数_____。

    A. 46   B. 58   C. 70   D. 75

12. 小写字母 a 和大写字母 A 的 ASCII 码值相差_____。

    A. 21   B. 32   C. 64   D. 100

13. 下列 4 个选项中，正确的一项是_____。

    A. 存储一个汉字和存储一个英文字符占用的存储空间相同

    B. 微型计算机只能进行数值运算

    C. 计算机中数据的存储和处理都使用二进制

    D. 计算机中数据的输出和输入都使用二进制

14. _____码常用于商品管理，印刷在商品包装上。

    A. EAN   B. Codebar   C. ISBN   D. Code39

15. _____码常用于出版物管理，印刷在图书封底。

    A. EAN   B. Codebar   C. ISBN   D. Code39

16. _____常用于标准化考试、问卷调查和选举投票等。

    A. 机读卡   B. 条码   C. 二维码   D. IC 卡

17. 8421 机读卡涂写[2]和[4]表示_____。

    A. 6   B. 7   C. 8   D. 9

18. 8421 机读卡涂写[2]和[8]表示_____。

    A. 8   B. 9   C. 10   D. 0

19. _____图像文件支持动画效果。

    A. BMP   B. GIF   C. JPEG   D. PNG

20. _____图像文件是 Windows 程序的图标文件。

    A. ICO   B. GIF   C. JPEG   D. PNG

三、多选题

1. 信息的基本特征有_____。

   A. 普遍性   B. 寄载性   C. 共享性   D. 时效性   E. 可识别性
   F. 可加工性

2. 常见的文本手工输入终端设备有_____。

   A. 键盘   B. 触摸屏   C. 手写板   D. 话筒   E. 摄像头

3. 使用_____可以实现文本信息数字化。

   A. 机读卡   B. 条码   C. 磁卡   D. IC 卡   E. 二维码

4. _____图像文件可以分图层保存信息。

   A. BMP   B. TIFF   C. JPEG   D. PNG   E. PSD

5. 计算机采集数字图像信息的主要途径有_____。

A. 纸质图片扫描　　　　　B. 拍摄　　　C. OCR　　　D. 语音识别

E. 计算机软件生成

6. _____是无损压缩音频文件。

A. WAVE　　B. MIDI　　C. MP3　　D. APE　　E. FLAC

7. _____是声卡的外部接口。

A. Line in　　B. Line out　　C. VGA　　D. Mic in　　E. MIDI

8. _____视频文件格式支持在线播放。

A. WMV　　B. RMVB　　C. FLV　　D. F4V　　E. MP4

9. "互联网+"中的端包括_____。

A. 计算机　　B. 智能手机　　C. 智能手环　　D. 智能手表　　E. 智能眼镜

10. 物联网技术主要包括_____。

A. 射频识别　　B. 传感器　　C. M2M　　D. 两化融合　　E. 电子商务

11. 大数据的特点有_____。

A. 体量大　　B. 无法存储　　C. 类型多样　　D. 处理速度快　E. 价值密度低

12. 数据挖掘的主要方法有_____。

A. 编码　　B. 分类　　C. 聚类　　D. 关联规则　　E. 特征分析

13. 按共享类型云计算分为_____。

A. 百度云　　B. 阿里云　　C. 私有云　　D. 公有云　　E. 混合云

思考题

1. 什么是计算机？计算机的软件和硬件组成和手机有什么区别？

2. 可"穿戴"设备有哪些？可以采集哪些类型的数据？

3. 云计算与本地计算有什么区别？

4. 在校园生活中，应用了哪些"互联网+"和物联网技术？

5. 实现强人工智能需要解决哪些方面的问题？

电子教案

第2章
计算机系统基础知识

计算机（computer）是一种可以接收输入、处理数据、存储数据、可编程并能产生输出的电子装置，是 20 世纪科学技术发展进程中最卓越的成就之一。计算机的主要特点有计算精度高、处理速度快、存储容量大、自动化程度高、逻辑分析和判断能力强、适用范围广和通用性强等。

2.1　计算机发展概述

人类创造计算工具、发展计算技术的历史悠久。从 13 世纪诞生于我国的算盘到 17 世纪诞生于英国的计算尺，再到现代的计算机，随着社会发展的需求和科学技术发展水平的提高，计算工具经历了从简单到复杂，从低级到高级的发展过程。就发展趋势而言，计算工具正朝着网络化、高智能的方向发展。

2.1.1　中外计算机界名人简介

在计算机科学与技术发展及其推广应用过程中，倾注了许多人的大量心血，他们对当今计算机的广泛应用做出了卓越的贡献。

1. 布尔与布尔代数

19 世纪 50 年代，英国数学家乔治·布尔（George Boole，1815—1864 年，如图 2-1 所示）认为人类大脑的推理活动类似于常见的加法、乘法等数量演算，因此，似乎可以用数据符号来表达人类的思维规律，从而使逻辑思维被简化成极简单的一种表现形式。

1854 年，乔治·布尔在《思维规律研究》一书中，用计算符号语言将人类的思维形式化，并通过一些例子，比如上帝存在的证明、人的幸福计算等，将他的数学思想自然地应用到现实中。《思维规律研究》中所提到的逻辑学科就是布尔代数。

图 2-1　布尔像

布尔代数不仅可以在数学领域内实现集合运算，而且更广泛地应用在电子学、计算机软硬件等领域中，用于实现逻辑判断和推理。例如，数字电路设计中的高电平、低电平，计算机程序设计中的与、或、非逻辑运算等。布尔代数为电子计算机奠定了逻辑数学理论基础。

2. 图灵与人工智能

艾伦·麦席森·图灵（Alan Mathison Turing，1912—1954 年，如图 2-2 所示），英国数学家、逻辑学家，被称为计算机科学之父、人工智能之父。图灵不仅在第二次世界大战期间因协助军方破解德国的著名密码系统 Enigma 而名闻天下，同时，他在科学，特别在数理逻辑和计算机科学方面，也取得了杰出的成就。

1936 年，图灵提出了一种可以辅助数学研究的机器——图灵机，它的基本思想是用机器来模拟人用纸笔进行数学运算的过程。图灵机是一种在概念上存在的抽象机器。利用这种计算模型，可以制造一种简单而运算能力强的计算装置，用来实现所有能想象得到的可计算函数。因此，图灵机的建立奠定了可计算理论基础。

1950 年，图灵提出著名的图灵测试，如图 2-3 所示，如果一台机器在与人进行对话时，不会被人们识别出其机器身份，那么称这台机器具有智能。这种用于判定机器是否具有智能的测试方法，为后来的人工智能科学提供了开创性的构思，至今为止，图灵思想仍然是人工智能的主要思想之一。

图 2-2　图灵像

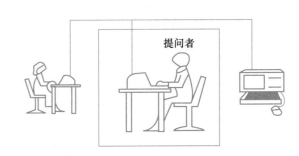

图 2-3　图灵测试思想

3．冯·诺依曼与计算机的体系结构

1948 年 8 月，著名的美籍匈牙利数学家冯·诺依曼（John Von Neumann，1903-1957，如图 2-4 所示）提出了离散变量自动电子计算机（electronic discrete variable automatic computer，EDVAC）方案。由此确定了冯·诺依曼型计算机体系结构，一直沿用至今。该体系具体内容如下。

（1）计算机硬件的基本结构：计算机硬件应具有运算器、控制器、存储器、输入设备和输出设备 5 大基本部件。

（2）采用二进制：二进制便于硬件实现，又有简单的运算规则。

（3）存储程序控制：通过程序实现自动计算。

虽然计算机系统在性能指标、运算速度、工作方式、应用领域等方面与当时的计算机比较都有很大的进步，但基本体系结构没有发生本质变化，都属于冯·诺依曼体系结构。

图 2-4　冯·诺依曼像

4．慈云桂与中国计算机

慈云桂（1917—1990 年，如图 2-5 所示），中国电子计算机专家，中国科学院院士，中国计算机界的先驱，是公认的"中国巨型计算机之父"。

1958 年 9 月，慈云桂率领研制小组，研制成功了代号为"901"的电子管专用计算机，这是我国第一台电子管专用计算机。1964 年 11 月，慈云桂的科研团队宣告我国第一台晶体管通用计算机 441-B 诞生。1965 年，慈云桂提出研制中国的集成电路计算机，在他的带领下，1977 年，我国第一台百万次集成电路计算机 151-3 研制成功。次年 10 月，200 万次集成电路大型通用计算机系统 151-4 通过国家验收。

1978 年，邓小平提出"中国要搞四个现代化，不能没有巨型机"。慈云桂作为技术总指挥和总设计师，在巨型机研制论证会上，掷地有声地说："今年我刚好六十岁，就是豁出我这条老命，也一定要把咱们自己的巨型机搞出来！"。

1983 年 12 月，慈云桂带领科研团队历经 5 年的奋战，终于研制成功中国第一台亿次巨型计算机——"银河-I"。"银河"系列的诞生打破了西方国家在巨型机上的技术封锁，使我国成为世界上第三个可以自主研制巨型计算机的国家。

慈云桂是中国计算机界一位杰出的科学家，为实现"中华民族伟大复兴"做出了突出贡献。1995 年，国防科技大学设立了"慈云桂计算机科技奖金"，以此纪念慈云桂为中国计算机发展做出的卓越贡献。

5. 王选与计算机汉字激光照排技术

王选（1937—2006 年，如图 2-6 所示），毕业于北京大学计算数学专业，主要从事计算机科学与技术研究工作，中国科学院和工程院院士，2001 年度国家最高科学技术奖获得者。

图 2-5　慈云桂像　　　　　　　　　　　图 2-6　王选像

1975 年，王选开始负责研究汉字信息处理系统工程，1980 年用课题组自行设计的激光照排系统成功地排版出一本《伍豪之剑》的样书，这是中国应用计算机技术排版的第一本书，开创了汉字印刷术的崭新时代，解放了大量劳动力，极大地缩短了图书、杂志的出版进程，使沿用上百年的铅字印刷术逐渐淡出了历史舞台。王选成为计算机汉字激光照排技术的创始人，计算机文字信息处理专家，被誉为"汉字激光照排系统之父"。

6. 王永民与五笔字型输入法

王永民（1943 出生，如图 2-7 所示），教授级高级工程师，北京王码公司创始人，五笔字型输入法的发明者。五笔字型输入法是王永民在 1983 年发明的一种汉字输入法，该输入法有效地解决了计算机汉字输入难的问题，被世界公认为最先进的汉字输入技术，曾获得中、美、英三国专利，微软、苹果、惠普、IBM 等公司先后购买了五笔字型的专利使用权，是中国第一个出口国际的计算机专利技术。1986 年开始在联合国系统全面使用五笔字型技术后，新加坡、马来西亚等世界各地的中文报刊，都采用了五笔字型并应用至今。

图 2-7　王永民像

王永民在中国汉字信息处理技术领域上的成就斐然，被誉为"把中国带入信息时代的人"，是"实现中华民族伟大复兴的中国梦"先驱者之一，2003 年国家邮政总局发行了"当代毕昇——王永民"的纪念邮票，被中国文字博物馆收藏和展示。

2.1.2　计算机发展的四个阶段

计算机自诞生以来，发展速度之快、影响之大是其他任何技术所不能相比的。计算机总体经历了以下 4 个发展阶段。

（1）第一代（1946—1958 年）：电子管计算机。1946 年 2 月，随着美国宾夕法尼亚大学研制出来世界上第一台电子计算机——电子数值积分计算机（electronic numerical integrator and computer，ENIAC）（如图 2-8 所示），科学技术的发展进入了电子计算机时代。这个时代的计算机主要由电子管（真空管）、汞延迟线存储器和磁鼓等组成；其运算速度（每秒能执行加法指令的次数）为 1 万次/s；内存储器容量仅为 2 KB；程序设计语言只有机器语言（二进制编码）。典型的计算机还有 EDVAC 等。

图 2-8　第一台电子计算机 ENIAC

（2）第二代（1958—1964 年）：晶体管计算机。主要器件使用晶体管、磁芯存储器等。其运算速度为 300 万次/s；内存储器容量可以达到 32 KB；程序设计语言已经有了汇编语言、ALGOL60、FORTRAN 和 COBOL 等。典型的计算机有 IBM7090 和 IBM7094 等。

（3）第三代（1964—1970 年）：中小规模集成电路计算机。硬件使用中小规模集成电路、半导体存储器和磁盘等；运算速度为 1 亿～10 亿次/s；内存储器容量可达 8～256 MB；软件有操作系统、结构化程序设计语言、并行算法和数据库等。典型的计算机有 IBM360 和 PDP-11 等。

（4）第四代（1971 年至今）：大规模、超大规模集成电路计算机。硬件使用大规模、超大规模集成电路、半导体存储器、磁盘、U 盘、光盘和微处理器等；运算速度峰值已经达到亿亿次/s；内存储器容量可达 GB 级。软件增加了 Java 语言、专家系统、面向对象软件开发工具和支撑环境等。

2.1.3　计算机的类型

对计算机可以有多种分类方法。按计算机的性能指标（运算速度、字长、存储容量、硬件扩充能力等）划分是其分类方法之一，可将计算机分为高性能计算机、微型计算机、工作站、服务器和嵌入式计算机等。

（1）高性能计算机是指运算速度最快、处理能力最强的计算机，一般称为超级计算机、巨型计算机或大型计算机。目前，高性能计算机的运算速度可达到数百亿亿次/s。高性能计算机数量不多，但却有重要和特殊的用途。现代高性能计算机主要用于核物理研究、核武器设计、航天航空飞行器设计、国民经济预测与决策、能源开发、中长期天气预报、卫星图像处理、情报分析和科学研究等方面，是强有力的模拟和计算工具，对国民经济和科技发展起着重大的作用。

（2）微型计算机又称个人计算机（personal computer，PC）。在各种类型计算机中，微型计算机发展速度最快，性能/价格比较高、应用范围最广。微型计算机采用微处理器作为 CPU，主频已达数 GHz，运行速度可达数百亿次/s，内存容量可达数 GB，硬盘容量已达 TB 级。微型计算机主要有台式、笔记本电脑和平板电脑等款式。

（3）工作站是具备较强运算和图形图像处理能力的计算机。它配有高速整数和浮点运算处理部件，有很大的虚拟存储空间，有人机交互图形界面和网络通信接口，有功能齐全的各类软件。高档工作站可多达 20 个 CPU，工作站的数据处理、图形图像处理和网络连接能力比台式微型计算机更强，因此广泛应用于科学计算、软件工程、计算机辅助设计/制造（CAD/CAM）和人工智能等领域。

（4）服务器是一种性能比较高的计算机，用于网络资源管理、运行应用程序、处理网络工作站的请求信息等，并连接一些外部设备，如打印机和调制解调器等。根据其作用的不同，可分为文件服务器、应用程序服务器和数据库服务器等。广义上讲，服务器是指向客户端程序提供特定服务的计算机或软件包。一台单独的服务器上可以同时运行多个服务器软件包，为网络用户提供多种不同的服务。

（5）嵌入式计算机将计算机作为一个信息处理部件嵌入到其他设备中，使其成为智能化和自动化程度更高的设备。软件固化到计算机内部后，用户不可修改。为降低成本，人们将单片机作为嵌入式计算机，目前广泛应用于军事（如导弹中的智能引信、单兵战场信息系统终端）、医疗设备（如生化分析仪）、汽车（如可交互式导航系统）和家用电器（如空调、冰箱）中。单片机是一种最简单的计算机，它由中央处理器、存储器和输入输出接口组成，通常将这些部件集成在一个芯片上。

随着处理器技术和并行处理技术的发展，采用多处理器技术研制高性能计算机已成为计算机研究的一个重要方向。目前，计算机技术正朝着高性能、微型化、网络化和智能化方向发展。研制高性能计算机是国力的象征、尖端技术的需要；研制微型计算机更是市场的需求。

2.2　计算机系统及其工作的基本原理

扩展阅读 2-1
中国的超级计算机

　　由于计算机系统能代替人们完成科学计算、事务处理、实时信息采集、逻辑分析判断以及实时控制等，在某些方面具有人的智能，特别是在响应速度方面甚至超过人脑，因此，也俗称"电脑"。

2.2.1　计算机系统的构成

　　一个完整的计算机系统由硬件系统和软件系统两部分组成，如图 2-9 所示。硬件是指借助电、磁、光和机械等原理构造的各种物理部件的有机组合，是指计算机系统中看得见、摸得着的物理实体。全部硬件构成了计算机硬件系统，其基本功能是在计算机程序的控制下，完成数据的输入、存储、运算和输出等一系列操作。将仅含有硬件的计算机系统称为硬件系统，也称为裸机，通常也将硬件系统比喻为人的躯体。

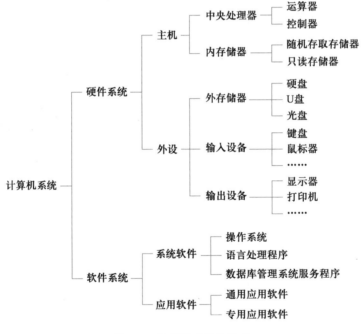

图 2-9　计算机系统的组成

　　软件系统是指为运行、管理和维护计算机系统而用计算机语言设计的各种程序、程序操作所需要的数据和相关文档的总称，通常人们也将软件系统比作人的灵魂及思维，其中程序是核心元素。

　　硬件是运行计算机系统的物质基础，任何软件都建立在硬件基础之上。软件是对硬件性能的扩充和完善，是计算机系统的灵魂。计算机只有安装并运行相关的软件，硬件才能发挥其应有的作用。

2.2.2　计算机硬件系统的构成

计算机硬件系统的组织结构主要由控制器、运算器、存储器、输入和输出设备 5 大类部件组成，如图 2-10 所示。虽然计算机硬件系统比较复杂，部件繁多，但无论任何部件都可以归结为这五大类部件之一。

例如，键盘、鼠标和触摸屏等都是输入设备；显示器、打印机和投影仪等都属于输出设备；内存条、CMOS、磁盘和 U 盘等都属于存储器。

控制器和运算器是计算机硬件系统的两个核心部件，通常将控制器和运算器统称为中央处理器（central processing unit，CPU）。在微型计算机中，将这两个部件集成在一个芯片中，称之为微处理器。

在图 2-10 中，存储器主要指内存储器，也称之为主存储器，简称内存或主存。图中的→表示控制信号（指令）的流向；⇨表示数据的流向。

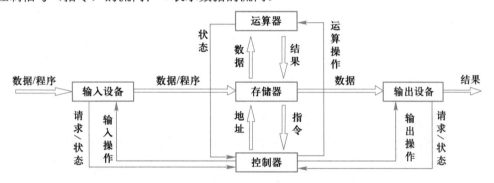

图 2-10　计算机硬件基本结构示意图

2.2.3　计算机软件系统

人们使用的计算机是经过软件"包装"的计算机，其功能不仅取决于硬件系统，而且更大程度上由所安装的软件系统来决定。软件是相对于硬件而言的，是计算机硬件完成一定任务所需的程序、数据和资料，即为运行、管理、应用和维护计算机所编制的各种程序和文档的总和。软件可分为系统软件和应用软件两大类。

1.　系统软件

系统软件是指用于计算机系统内部管理、维护、控制和运行，以及计算机程序编辑、翻译和装入的软件。它为应用软件提供运行平台，为开发应用系统提供工具。系统软件包括操作系统、语言处理系统、数据库管理系统和服务程序四大类。

（1）操作系统（operating system，OS）。操作系统是为了合理方便地利用计算机系统而对其资源进行分配和管理的软件。计算机系统资源有存储设备、处理器、外部设备和信息四类。一个程序只有通过操作系统获得所需的资源后才能执行。例如，程序在执行前必须获得存储资源才能进入内存，其执行要靠处理器，也可能需要外部设备进行输入输出数据，在执行时也可能使用计算机系统程序库中的信息。

操作系统是为计算机配置的一个大型系统程序，是计算机软件系统的核心，它管理计算机系统自身的硬件和软件资源，指挥整个计算机系统自动协调地运行、高效率地工作，是软件之间、硬件之间、软件与硬件之间以及用户与计算机之间的接口（界面）。操作系统可以提高系统资源的利用率，方便用户使用计算机。目前，在微型计算机上运行的操作系统有 Windows、Linux 和 UNIX 等。

（2）语言处理系统。要使计算机按人的意图运行，就必须使计算机接受人们向它发出的命令和信息。人与计算机"交流"需要解决一个"语言"问题。人们通过计算机语言可以编写程序，控制计算机完成预定的任务。计算机语言分为机器语言、汇编语言和高级语言（如 C、Visual Basic 和 Java 等语言）。

（3）数据库管理系统。数据库管理系统是管理数据库的软件，主要面向解决数据处理的非数值计算问题。目前多用于档案、财务、图书资料及仓库管理等。数据处理的主要内容为数据存储、查询、修改、排序和分类等。目前，微型计算机中常用的数据库管理系统有 Access、Oracle、MySQL 和 SQL Server 等。

（4）服务程序。服务程序用于完成一些与管理计算机系统资源有关的任务。通常情况下，计算机能够正常运行，但有时也会发生各种类型的问题，如硬盘损坏、病毒感染、运行速度下降等。在这些问题变得严重或扩散之前解决它们是一些服务程序的作用之一。另外，有些服务程序是为更容易、更方便地使用计算机而设计的，如压缩磁盘文件、提高文件在 Internet 上的传输速度等。服务程序基本可以分为以下 5 种。

① 诊断程序：能够识别或纠正计算机系统中存在的问题，如磁盘碎片整理程序。

② 反病毒程序：病毒是一种人为设计的、以破坏计算机系统为目标的计算机程序。反病毒程序可以查找并删除计算机病毒，如金山毒霸、360 安全卫士等。

③ 卸载程序：从硬盘上安全地删除没有用的程序和相关文件，如 Windows 中"添加/删除程序"组件。

④ 备份程序：将文件复制到其他存储设备上，以便当原文件丢失或损坏后能够恢复，如 Windows 中的备份程序。

⑤ 文件压缩程序：压缩磁盘文件、减小文件长度，以便更有效地保存数据，如 ARJ 和 WinZip 软件等。

2. 应用软件

应用软件是针对某一应用目的而开发的软件，可以分为两大类：通用应用软件和专用应用软件。

通用应用软件支持最基本的应用，广泛地应用于各个专业领域。例如，办公自动化软件（如 Office）、图形处理软件（如 Photoshop）和视频处理软件（如 After Effects）等。

许多应用软件专用于某一个专业领域，例如，医院业务管理、铁路售票、学生选课、学籍及成绩管理等都属于这类软件。多数小企业经营者并不是计算机专家，也不愿意承担建立自家专用信息系统的费用，特殊的商用软件正用来满足这类企业对信息处理的需要。

2.2.4 计算机系统工作基本原理

计算机系统的整个运行过程就是自动地连续执行程序的过程，如图 2-10 所示，即不断地接收数据、执行指令和输出结果。

当控制器要执行指令时，先向内存发出地址码，从指定的内存单元中读取要执行的指令并送入控制器，进行分析和译码；根据指令的功能，再将操作控制信号发送到相关的部件（输入设备、运算器或输出设备）。

从输入设备输入数据（包括程序和命令）时，先由输入设备组织数据，当一个数据准备完毕后，向控制器提出输入请求。当控制器执行到输入指令时，根据指令中的内存地址，将接收到的数据或程序存储到内存中。当输入设备空闲（就绪）或正在忙于输入数据时，将相应的状态反馈给控制器。

当运算器接收到运算指令时，先根据指令中的内存地址取出操作数，然后进行运算，最后再根据指令中的目标地址保存运算结果。在运算过程中，将运算器的某些状态信息（如运算正常完成、产生进位或溢出等）反馈给控制器，为进一步的操作提供参考依据。

当输出设备空闲（就绪）时，先向控制器发出输出请求，随后等待控制器发布输出指令。当控制器执行到输出指令时，根据指令中的内存地址取出数据发送给输出设备。当输出设备正忙于输出数据或发生故障时，将相应的状态反馈给控制器，以便控制器做进一步处理。

2.3 中央处理器

中央处理器是计算机硬件系统的核心部件，计算机的运算速度、运算能力和程序的执行速度等性能主要取决于 CPU。由于计算机的类型不同，其性能也有较大差异，各种 CPU 都有各自的指令系统，但是，无论哪种计算机，CPU 的主要功能都是控制、协调计算机各部件工作以及处理数据。

2.3.1 CPU 的主要组成部件

CPU 主要由控制器、运算器组成。图 2-11 是微型计算机 CPU 的内部结构示意图。

1. 控制器

计算机中的数据输入、输出、存储和运算等一切操作，都在控制器的指挥下有序地进行。控制器是整个计算机的神经中枢，负责从存储器中取出指令、翻译指令、分析指令，向其他部件发出控制信号（指令），控制、协调计算机各部件自动、连续地执行指令，指挥整个计算机有条不紊地工作。组成控制器的各种部件及其功能如下。

（1）通用寄存器组（general register，GR）：微处理器内部有一些存储单元，通常称之为寄存器（register）。一个寄存器能存储二进制数的位数一般与计算机的字长一致。根据寄存器的作用不同,可分为专用寄存器和通用寄存器。指令寄存器、程序计数器、标志寄存器和累加器等都是专用寄存器。通用寄存器的用途由程序设计人员规定。

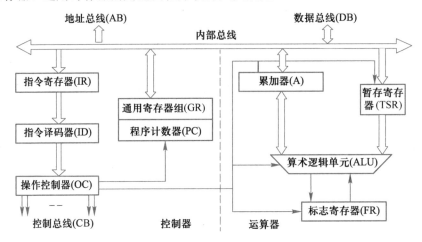

图 2-11　微型计算机 CPU 的内部结构示意图

(2)指令寄存器(instruction register,IR):用于存放 CPU 正在执行的指令。

(3)程序计数器(program counter,PC):用于存放要执行的下一条指令的内存地址。CPU执行指令时,先按程序计数器中的内存地址取出指令,并将指令存放到指令寄存器中,再调整程序计数器的值,使其存储下一条指令的内存地址,为执行下一条指令做好准备。

(4)指令译码器(instruction decoder,ID):用于分析指令寄存器中的指令,根据指令的功能,将指令分解成一系列的操作控制信号(也称微操作),如输入、输出和运算等。

(5)操作控制器(operation controller,OC):将指令译码器分析出来的各种控制信号发送给相关部件(如运算器、输入设备、输出设备),使其完成指令所要求的操作,这一过程称为执行指令。

控制器的主要特点是采用内存程序控制方式进行工作,即要使计算机运行,必须在内存储器中存有机器语言程序(由一系列二进制指令组成),由控制器依次读取指令并执行。执行一条指令分为取指令、分析指令、执行指令和调整程序计数器的值 4 个步骤。

2. 运算器

运算器是对二进制数据进行运算的部件,在控制器的控制下执行程序中的运算型指令,完成各种算术和逻辑运算。组成运算器的各种部件及其功能如下。

(1)算术逻辑单元(arithmetic logic unit,ALU):运算器的核心,以加法器为基础,在控制信号的作用下完成加、减、乘、除四则运算以及与、或、非等逻辑运算。

(2)累加器(accumulator,A):一个专用寄存器,用于存储算术逻辑单元运算的两个操作数之一,并且保存当前运算的结果。

(3)暂存寄存器(temporary storage register,TSR):与累加器类似,用于存储算术逻辑单元运算的另一个操作数,但不自动保存运算的结果。

(4)标志寄存器(flag register,FR):用于自动记载算术逻辑单元运算结果的某些重要状态。例如,运算结果是否为负数、是否溢出、是否有进位等,每种状态用 1 位标记。FR 中的值反映累加器中数据的特征，为进一步处理累加器中的数据提供依据。

2.3.2 CPU 的多核技术

内核是 CPU 最重要的组成部分，其主要功能是进行计算数据、发出指令、处理数据等操作。多核技术就是将多个 CPU 内核集成在一个处理器中，每个内核都能独立地完成操作，从而可以并行处理数据，这样有效地提高了数据处理能力和运行速度。

虽然多核 CPU 提高了计算机的性能，但并不是核数越多越好，核数太多，系统不能进行合理分配，运算速度反而会减慢。

扩展阅读 2-2
国产 CPU 之龙芯

2.4 存储器及其分类

存储器是用于存储程序和数据的部件，由若干个存储单元组成，每个存储单元一般存放 8 位二进制（1 个字节）信息，存储单元的总数称为存储容量。系统对每个存储单元进行编号，这个编号称为存储单元的物理地址。在计算机内部，程序和数据都以二进制代码形式存放在存储器中。

存储器的主要性能指标是存储容量。存放一位二进制数（0 或 1）称为位（bit，简写为 b），是度量数据的最小单位。8 个二进制位组成一个字节（Byte，简写为 B），是信息组织和存储的基本单位。为便于衡量存储器的大小，统一以字节为单位。

由于存储容量一般都很大，所以实用单位有 KB（千字节）、MB（兆字节）、GB（吉字节）和 TB（太字节）。它们之间的换算关系为

1 B=8 b

1 KB=2^{10} B=1 024 B

1 MB=2^{20} B=1 024 KB=1 048 576 B

1 GB=2^{30} B=1 024 MB=1 048 576 KB=1 073 741 824 B

1 TB=2^{40} B=1 024 GB=1 048 576 MB=1 073 741 824 KB=1 099 511 627 776 B

存储器一般分为内存储器和外存储器两种类型，如图 2-12 所示。

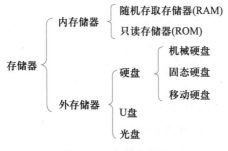

图 2-12 存储器分类

2.4.1　内存储器

内存储器用于存放正在执行的程序指令和数据，具有存取速度快、可直接与 CPU 交换信息等特点。内存储器包含随机存取存储器（RAM）和只读存储器（ROM）两种。

1. 随机存取存储器

随机存取存储器（random access memory，RAM）可保存计算机正在执行的程序和数据，是临时存储区域，系统断电或退出程序后信息丢失。根据存储单元的工作原理不同，RAM 有静态随机存取存储器 SRAM（static RAM）和动态随机存取存储器 DRAM（dynamic RAM）两种。

SRAM 相比 DRAM 速度更快、功耗更低、价格也更贵，而且其结构相对复杂、占用面积较大，所以一般少量用在 CPU 内部作为高速缓存（cache）。而 DRAM 主要用作计算机的内存条。

（1）高速缓存（cache）：位于 CPU 与主存之间的随机存储器，其容量并不大，但信息交换速度很快，主要用于解决 CPU 运行速度与主存储器的访问速度不匹配问题，避免通过系统总线频繁地访问主存储器，以便提高 CPU 的工作效率。

目前，微型计算机一般都带有三级 cache。cache 与 CPU 封装在一个芯片中，不能随意选择或更换。启动计算机时，在 CMOS 设置程序中可以查看到 cache 的容量。

（2）内存条：如图 2-13 所示，在微型计算机中，内存条是基本内存储器，运行用户程序时，主要使用这部分内存储器，通常也称之为物理内存或主存储器。内存容量及性能是影响微型计算机性能的重要因素，截至 2023 年 1 月，微型计算机所用的单条内存的容量可为 2～32 GB。

图 2-13　8 GB 内存条

现在的内存条一般是 DDR SDRAM（double data rate SDRAM，双倍速率 SDRAM），具有双倍速率传输数据的特性，有效地提高了内存读写数据的速度。内存条有 DDR2、DDR3、DDR4、DDR5 四种类型。

（3）CMOS 芯片：系统主板上一个可读写存储器芯片，存储容量较小，通常不足 1 KB，用于保存用户通过基本输入输出系统设置程序配置的系统日期及时间、开机密码和某些硬件参数等信息。由于 CMOS 靠系统电源和充电电池（CMOS 电池）供电，因此，系统关机后其中的信息并不丢失。

关于 CMOS 芯片有一个对应的跳线槽，通常称为 CMOS 跳线。跳线槽中有 3 根针，短接（键帽套扣）第 1 和 2 针，表示 CMOS 电池正常为 CMOS 芯片供电；短接第 2 和 3 针（5 s 以上），表示为 CMOS 芯片断电，即清除 CMOS 中的全部信息。

2. 只读存储器

只读存储器（read only memory，ROM）在出厂前已写入系统初始化、操作系统引导及各种硬件驱动等程序和数据，并被固化。与随机存取存储器不同，只读存储器是非易失性的，系统断电后信息不丢。"只读"是指系统运行时可以读取其中的程序和数据，但不可修改。

计算机主板上有一个被固化的 ROM 芯片称为 BIOS（basic input output system，基本输入输出系统），存储着一组系统程序，当计算机启动时，首先运行 BIOS 中的系统初始化程序对系统进行检测，引导操作系统进入内存，使计算机正常工作。

2.4.2 外存储器

外存储器中的数据只有先调入内存储器后才能由 CPU 访问和处理，它主要用于存放需要长期保存的信息，其特点是存储容量大、成本低，退出程序或关闭电源后存储的信息不丢失，但存取速度比内存储器慢。外存储器主要有机械硬盘、固态硬盘、移动硬盘、U 盘和光盘。

1．机械硬盘

机械硬盘也就是传统硬盘（hard disk drive，HDD），属于磁性材料存储器，是目前各种计算机的主要外存设备。磁盘存储介质以铝合金或塑料为基体，两面涂有磁性胶体材料。通过电子方法可以控制磁盘表面磁化，以达到记录信息（0 和 1）的目的。

（1）内部结构：机械硬盘内部主要由磁盘盘片、读写磁头和主轴组成，如图 2-14 所示，盘片在主轴带动下高速旋转，读写磁头在盘片上存放数据的区域快速移动，读写数据。一个机械硬盘内可以有多张磁盘盘片，每张盘片上被划分为若干磁道和扇区（如图 2-15 所示），用于存储数据。

图 2-14　机械硬盘内部图

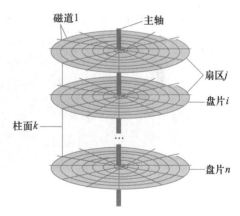

图 2-15　机械硬盘内部结构示意图

① 磁道：每个盘片的每一面都要划分成若干条形如同心圆的磁道，这些磁道就是磁头读写数据的路径。对于有 n 个磁道的盘片，盘片最外层是第 0 道，最内层是第 $n-1$ 道。每个磁道能记录的数据容量一样多。因此，内圈磁道上的记录密度要高于外圈磁道。

② 柱面：一个硬盘由若干盘片组成，每个盘片有相同数目的磁道。所有盘片上相同半径的磁道组合在一起，构成一个柱面。

③ 扇区：为了存取数据方便，将每个磁道分为若干小区段，一个小区段被称为一个扇区。

每个磁道的扇区数相同，每个扇区能记录的数据容量一样多，通常为 512 个字节。

（2）容量：机械硬盘中可有多张盘片，每个盘片都有两个面，盘面与读写磁头一一对应。因此，其容量计算公式为：磁头（盘面）数×柱面（磁道）数×扇区数×扇区容量。目前，机械硬盘的容量可达到 TB（1 TB=1 024 GB）级。

（3）主轴转速：在机械硬盘中盘片固定在同一根主轴上，主轴的旋转速度决定着硬盘内部数据传输率，在很大程度上决定了硬盘的速度，同时也是区别硬盘档次的重要标志。主轴转速越快，硬盘寻找文件和存储信息的速度就越高。硬盘转速以每分钟多少转来表示，单位为 RPM（revolutions per minute）。

（4）硬盘接口：机械硬盘的接口有数据接口和电源插口两部分。

数据接口是硬盘数据和主板控制器之间传输数据的桥梁。目前，在微型计算机中常见的硬盘数据接口为 SATA 接口。SATA 接口是单数据通道串行接口（一次可传输一位二进制数据），具有更快的传输速度。由于采用单数据通道，使数据通信线更窄，为机箱腾出更多的空间。SATA 接口具有热插拔能力。

电源插口是通过电源线将硬盘与主机电源相连，为硬盘工作提供电力支持。

2．固态硬盘

固态硬盘（solid state drives，SSD）采用固态电子存储芯片阵列制成，它跟机械硬盘不同，固态硬盘没有机械装置，全部是由电子芯片和电路板组成。固态硬盘主要由主控芯片、缓存和闪存三部分组成，如图 2-16 所示。

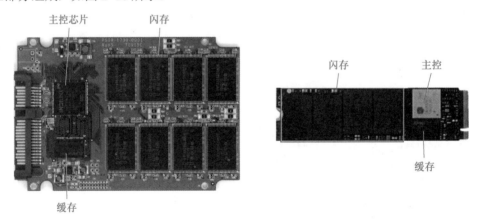

图 2-16 固态硬盘的主要组成

主控芯片相当于固态硬盘上的 CPU，主要起到控制管理的作用。主控芯片主要负责合理调配数据在各闪存上的负载，协调和维护不同区块颗粒的协作，以及管理闪存与外部接口的沟通等。主控芯片的性能越好，数据处理能力就会越好，对闪存的读取、写入控制就会越好，而闪存颗粒的性能也会得到更好的发挥。

缓存在主控芯片旁边，它的主要用途并不是缓存数据，而是存储 FTL 闪存映射表，从而管理逻辑地址与闪存物理地址的映射关系。固态硬盘上是否有缓存设计，往往由厂商根据产品定位和用途决定，一般入门级或低速产品没有缓存，而对于数据交换量大、要求读写速度高的产品，缓存设计可以提高其效率。缓存属于易失性存储器，当断电时，其数据会丢失。

闪存是一种非易失性存储器，即断电后仍能保存已写入的数据。闪存是固态硬盘上真正存储数据的地方，固态硬盘最常用的是 NAND 闪存颗粒，根据 NAND 闪存中电子单元密度的不同，可分为 SLC（单层式存储单元）、MLC（多层式存储单元）、TLC（三层式存储单元）和QLC（四层式存储单元）四种结构，它们在寿命和造价上有着明显的区别。目前，TLC 是主流结构，更适合家用，性价比高。

固态硬盘的外部接口有多种，根据常见的接口类型，内置固态硬盘可分为 SATA 固态硬盘和 M.2 固态硬盘，如图 2-17 所示，SATA 固态硬盘一般为 2.5 英寸，而 M.2 固态硬盘外形与口香糖相似，小巧纤薄。另外，M.2 固态硬盘的接口有 M.2 SATA 和 M.2 PCIe 两种形态。SATA接口支持 AHCI 协议，走 SATA 总线通道，PCIe 接口支持 NVMe 协议，走 PCIe 总线通道。

图 2-17　固态硬盘

3．其他移动盘

（1）移动硬盘：独立于主机箱外的存储设备，可以存储大量数据，携带方便。目前的移动硬盘也有 HDD 和 SSD 两种，通过 USB 接口与计算机相连，可以进行热插拔。

（2）U 盘：也称为闪存，属于半导体移动存储器，具有体积小巧、携带方便、抗震能力较强，支持热插拔等优点，容量已达 TB 级。通常插入微型计算机的 USB 接口即可使用。

（3）光盘：利用光学存储介质存储数据，通过激光原理对数据进行读写。目前，光盘分为不可擦写光盘（如 CD-ROM、DVD-ROM 等）和可擦写光盘（如 CD-RW、DVD-RW 等）。

2.4.3　存储器间的信息交换

1．虚拟内存

当 Windows 运行程序物理内存空间不足时，系统通过页面文件将硬盘空间模拟成系统内存，将这部分模拟的内存称为虚拟内存。页面文件是磁盘上的隐藏文件，用于存储暂时不能装入物理内存的部分程序代码和数据，通常将页面文件也称为交换文件。

虚拟内存是通过软件的方法，将物理内存和一部分外存空间构造成一个整体，提供一个比实际物理内存容量大得多的存储空间。

2．存储器间的信息交换

在微型计算机中，CPU 与各类存储器之间的信息交换关系如图 2-18 所示。距离 CPU 比较近的存储器具有较高的信息访问速度，但制作成本较高，存储容量较小。一级 cache 的访问速度最快，接近于 CPU 的运行速度。

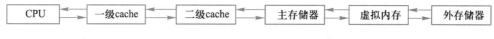

图 2-18　CPU 与各级存储器之间的信息交换

当 CPU 需要信息（指令或数据）时，由操作系统从一级 cache 中读取信息，如果所需要的信息不在一级 cache 中，则再依次从二级 cache 以及后面各级存储器（直到外存储器）中进行查找。在某级存储器中找到所需要的信息后，将急需的信息段（大小与磁盘的分配单元大小一致，一般为 4 KB）向前各级存储器中移动，如果前一级存储器已满，则将其中暂时不需要或过期的信息交换到后一级存储器中。

在微型计算机中实现存储器多级管理器的主要目的是尽量减少 CPU 访问低速存储器的次数，节省 CPU 的时间，使其性能发挥到极致。

2.5　常见的输入输出设备

计算机的输入输出设备主要解决计算机与用户之间的信息交换问题。例如，用户向计算机发布命令、输入要处理的数据，而计算机将处理的结果反馈给用户，这些工作都需要输入输出设备来完成。

2.5.1　输入设备

输入设备是指向主机输入程序、原始数据和操作命令等信息的设备。常用的输入设备有键盘、鼠标和触摸屏等。

1．键盘

键盘是通过按键将程序、命令或数据送入到计算机的常规输入设备。根据键盘与计算机的连接方式可分为有线键盘和无线键盘（如图 2-19 所示），有线键盘可以通过键盘专用接口或 USB 接口与计算机相连，而无线键盘是用红外线或无线电波将输入信息传送给插在 USB 接口的接收器。

多数键盘的键位布局在基本键区、功能键区、编辑键区和数字小键盘区中。

（1）基本键区：即主键盘，主要有 26 个英文字母、数字（0～9）、标点符号、特殊符号、空格、制表键（Tab）和回车键（Enter）。此外还有如下特殊键。

① Alt 键：单独按 Alt 键使当前窗口的主菜单得到或失去焦点。Alt 键通常与其他键组合使用。例如，按 Alt+F4 键关闭当前窗口，按 Alt+空格键进入当前窗口的控制菜单，按 Alt+Tab 键循环切换各个窗口等。

② CapsLock 键：用于英文字母的大小写状态切换。

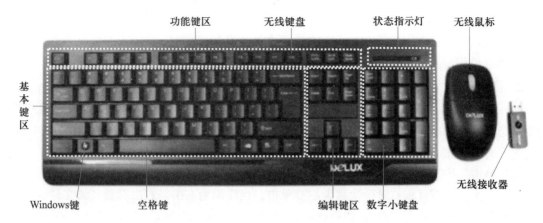

图 2-19　无线键盘鼠标套装

③ Ctrl 键：常与其他键组合使用。如按 Ctrl+空格键实现中/英文输入法切换，按 Ctrl+Shift 键循环查找输入法；按 Ctrl+Alt+Delete 键进入"Windows 任务管理器"窗口等。

④ Shift 键：常与其他键组合使用。按 Shift 键的同时按双符号键是输入上档符号，例如，直接按 ↕ 键是输入等号（=），按 Shift 键的同时按 ↕ 键是输入加号（+）。按 Shift 键的同时按英文字母键，输入与 CapsLock 状态相反的字母（大小写互换）。

⑤ Backspace 键：删除光标前面的字符或汉字。

⑥ Windows 键：进入/退出 Windows 的"开始"菜单。

（2）功能键区：主要包括如下常用键。

① 退出键（Esc）：用于退出当前状态。例如，拼写汉字时按 Esc 键退出当前的拼写；焦点在系统菜单上时，按 Esc 键使其失去焦点等。

② 功能键 F1～F12：一组功能键，按 F1 键将进入当前窗口的"帮助"功能，其余 11 个功能键在不同的软件环境中功能有较大差异。

③ 屏幕复制键（Print Screen）：单独按此键，将整个屏幕上的信息作为图像存入系统剪贴板；按 Alt+ Print Screen 键，仅将当前窗口作为图像存入系统剪贴板。随后可以将图像粘贴到其他软件（如画图、Word 等）中进行加工或利用。

④ 暂停/中止键（Pause/Break）：单独按此键可以暂停执行当前程序，Ctrl+ Break 键可以停止执行当前程序，此键仅对某些正在输出的程序起作用。

（3）编辑键区：位于键盘中右部，包括 4 个光标控制键↑、↓、←、→，行首键（Home），行尾键（End），上页键（Page Up）和下页键（Page Down）。此外，还有如下特殊键。

① 插入键（Ins/Insert）：用于切换输入信息时的插入/覆盖方式。在插入方式下，新输入的信息插入到光标位置；在覆盖方式下，新输入的信息修改光标后面的信息。

② 删除键（Del/Delete）：删除光标后面的字符或汉字。

（4）数字小键盘：位于键盘右部，包括数字锁定键（NumLock）、光标控制键（↑、↓、←、→）、数字键、算术运算符号键和回车键等。其中，数字锁定键（NumLock）用于实现小键盘的数字与编辑之间的切换。

键盘缓冲区是计算机系统内部为键盘在内存中开辟的一个区域,用于存储 CPU 来不及接收的信息。当操作人员输入速度过快或者 CPU 正在忙于其他工作时,将输入的内容先存入键盘缓冲区,CPU 空闲时再从键盘缓冲区中接收信息,使得用户提前输入的信息不会丢失。

2. 鼠标

鼠标是控制显示器上光标位置、向微型计算机输入操作命令的输入设备。当前主流的鼠标类型是光电鼠标。鼠标与计算机的连接方式也可分为有线和无线两种,与鼠标专用口或 USB 接口相连。通过鼠标进行的常规操作有以下几种。

（1）单击:按下鼠标左键一次称为单击,用于改变光标焦点或选定对象。

（2）右击:按下鼠标右键一次称为右键单击,也简称为右击。右击对象（如文件名）通常弹出快捷菜单（也称右击菜单）,再单击某菜单项（如复制、删除等）可以实现某些操作。

（3）拖动鼠标:手指按下鼠标左键并移动鼠标称为拖动鼠标。通常用于选定多个对象或一段文字,移动选定对象的位置,拖动当前窗口的纵、横滚动条使窗口中内容滚动等。

（4）滚动轮:滚动鼠标中间的滚轮,可以使当前窗口中的内容纵向发生滚动。

（5）双击:手指快速按下鼠标左键两次称为双击,通常用于打开对象（如文件夹或文件）、执行程序等。

（6）鼠标与键盘结合的操作:按住 Ctrl 键,单击对象,可以选定多个（段）不连续的对象;按住 Shift 键,单击对象可以选定多个连续的对象或一段文字内容。

2.5.2　输出设备

输出设备是指能接收计算机处理后的信息设备,输出信息可以是数字、符号、文字、图形、图像或声音等,甚至可以是计算机指令。常见的输出设备有显示器、投影仪和打印机等。

1. 显示器和显卡

显示器与显卡构成了显示系统。显示器通过数据通信线与主机箱上的显卡相连接,在计算机运行过程中,CPU 将要显示的信息送到显卡,再由显卡进行绘图加速处理和格式转换,最后输出到显示器上。

（1）显示器

显示器是计算机中重要的输出设备,是将电信号转换成视觉信号的一种装置,也称为监视器或屏幕。

目前,液晶显示器（如图 2-20 所示）是微型计算机的主流显示器,其显示器面板是传统的液晶显示屏,根据背光类型不同,可分为发光二极管背光和冷阴极灯管背光。发光二极管背光是用发光二极管作为光源;冷阴极灯管背光的光源是冷阴极灯管。二者相比之下,发光二极管背光显示器更薄,使用寿命更长,耗电量少,色彩表现力更强。

图 2-20　液晶显示器

显示器的参数指标主要有屏幕尺寸、屏幕分辨率、颜色数和屏幕刷新频率等。

① 屏幕尺寸：液晶显示器屏幕对角线的长度，单位为英寸。目前液晶显示器的尺寸有 20 英寸以下、20～30 英寸、30 英寸以上，其中以 22 至 24 英寸为主流显示器。常见的屏幕比例有宽屏 16：9、16：10 和超宽屏 21：9、32：9。

② 屏幕分辨率：显示器上形成图像的基本单位是像素，一个符号由若干像素组成。屏幕分辨率是指显示器上每行有多少个像素、每列有多少个像素，通常用 $m×n$ 的形式表示，其中 m 为水平像素数（行数），n 为垂直像素数（列数）。液晶显示器只有在标准分辨率下才能实现最佳效果，所以，不同尺寸的显示器有不同的最佳分辨率，例如，22 英寸宽屏 16：9 液晶显示器的最佳分辨率是 1 920×1 080，24 英寸宽屏 16：10 液晶显示器的最佳分辨率是 1 920×1 200。

在 Windows 10 下显示器的屏幕分辨率设置方法是右击桌面空白处，在弹出的快捷菜单中选择"显示设置"选项，打开"设置"窗口，如图 2-21 所示，在窗口右侧区域中找到"分辨率"或"显示器分辨率"，从下拉列表中选择分辨率值。

图 2-21 屏幕分辨率的设置

③ 颜色数：是显示器屏幕能够显示颜色的最大数量。在购买显示器时，有两种常见的表示颜色数的方式，一种是显示色彩（数）、显示颜色、色数等，另一种是位深度、色深等。

显示色彩（数）表示显示器能够输出颜色的最大数量，例如，显示色彩为 16.7M 表示有 1 670 万种颜色，10.7 亿表示有 10.7 亿种颜色。

位深度是用来表示每个基本颜色值的二进制数的位数。在彩色显示器中，每个像素都由 R、G、B（红、绿、蓝）三种基本颜色组成，依据这三种颜色的不同强度，可以组合成多种颜色。例如，R、G、B 每个颜色均用 8 位二进制数表示，则可以表示出 $2^8×2^8×2^8=16\ 777\ 216$ 种颜色，即约为 16.7M 显示色彩，8 就是位深度，有些显示器用色深表示。目前，常见的位深度有 6 bit、8 bit 和 10 bit。位深度越大，色彩层次越丰富，色彩过渡就会越平滑。

④ 屏幕刷新频率：简称刷新频率，是指每秒屏幕画面刷新的次数，也就是每秒画面更新的速度，以 Hz（赫兹）为单位。例如，屏幕刷新频率是 60 Hz，那么显示器画面就以每秒 60 帧

的速度刷新。刷新频率越高，画面就越稳定，图像显示就越自然清晰。屏幕刷新率与分辨率是相关的，具有高分辨率的显示器才有高刷新频率。

（2）显卡

显卡，又称显示卡、显示适配器等，主要是负责将 CPU 送来的信号处理成显示器能够识别的格式，再送到显示器进行输出显示。

① 显示芯片。

显卡的核心是显示芯片，主要是 GPU（graphics processing unit）。GPU 是 1999 年由英伟达（nVIDIA）公司提出来的概念，相当于显卡上的 CPU。GPU 是一种专为并行处理而设计的微型处理器，非常擅长处理大量的简单任务，它除了可对图形、图像和视频等处理之外，还可以处理各种神经网络或机器学习等高性能计算任务。因此，GPU 性能好坏直接决定了显卡的性能。

② 显卡内存。

显卡上另一个重要部件就是显卡内存，又称显存，即显示存储器，主要用于存储经过显示芯片解析和运算后的结果或即将要处理的数据，属于随机存储器。显存容量的大小决定着显卡临时存储数据的能力，在一定程度上会影响显卡的性能。截至 2023 年 1 月，微型计算机显卡内存容量有 1～24 GB 不等。

Windows 10 下查看显卡内存大小的方法：在图 2-21 所示的对话框中，单击"显示适配器属性"（或"高级显示设置"→"显示适配器属性"），在打开的窗口中，"适配器"就是显卡，其上面显示的"总可用图形内存"就是显卡内存大小。

③ 显卡类别。

显卡有集成显卡、核心显卡和独立显卡几种。

集成显卡是集成在主板上的，一般集成在北桥芯片里，也称为板载显卡。2009 年 Intel 将北桥芯片集成到 CPU 里后，集成显卡逐渐退出历史舞台，随之而来的是与 CPU 封装在一起的显卡，即核心显卡，也称为核显（现在也有人把核显称为集成显卡）。集成显卡和核心显卡一般没有显存，需要使用系统内存充当显存，但区别在于核显可以向 CPU 借一部分算力来处理图像信号，在性能上得到了较大的提升。

独立显卡（如图 2-22 所示）是指将显示芯片、显存和相关电路等集成在一块电路板上，是一块独立的板卡，通常将其安插在离 CPU 最近的 PCI-E 插槽里。独立显卡有显存，不需要占用系统内存，而且具有完善的 2D 效果和很强的 3D 处理能力。独立显卡的缺点是发热量和功耗比较高，中高端的独立显卡都配有散热风扇。

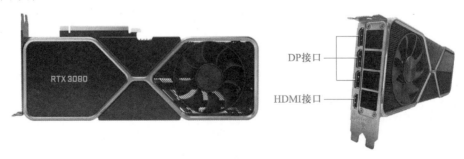

图 2-22　独立显卡

2. 投影仪

投影仪（如图 2-23 所示）是与计算机联系比较密切的输出设备，它能将显示器输出的信息放大后显示在银幕上，一般用于多媒体教室、会议厅和家庭影院等场所。投影仪通过视频连接线可以连接到计算机的 HDMI 接口上，有些投影仪也可通过 WiFi、蓝牙与计算机连接。视频连接线的长度不宜太长，否则投影画面会严重衰减，一般控制在 10 m 以内比较适宜。

图 2-23　投影仪

3. 打印机

打印机是计算机输出设备之一，用于将计算机里的文字、图形图像等信息在纸介质上打印输出，便于长久保存，因此，打印机又被称为硬拷贝设备。

打印机的种类很多，按照工作方式可分以下 3 类。

（1）针式打印机，如图 2-24 所示，主要用于单色输出，其印刷机构由打印头和色带组成。24 针打印机/48 针打印机是指打印头中有 24/48 根针。在进行打印时，打印针头撞击色带，将色带上的墨印到纸上，形成文字或图形。针式打印机价格便宜，使用成本低，可以一式打印多层纸（带复印性质的纸），但噪声大，常用于银行存折打印、财务发票打印、记录科学数据连续打印等方面。

（2）喷墨打印机，如图 2-25 所示，是利用换能器喷出带电的墨水，由偏转系统控制很细的喷嘴喷出微粒射线，将文字和图像绘制在纸上。喷墨打印机体积小、重量轻、噪声小，具有彩色印刷能力。从用途上分有普通喷墨打印机、数码相片打印机和便携移动式喷墨打印机。

图 2-24　针式打印机

图 2-25　喷墨打印机

（3）激光打印机，如图 2-26 所示，是利用电子成像技术进行印刷。当调制激光束在硒鼓上沿轴向进行扫描时，使鼓面感光，构成负电阴影。当鼓面经过带正电的墨粉时，感光部分吸附上墨粉，然后将墨粉印刷到纸上，纸上墨粉经加热熔化形成字符和图形。当印刷不清楚时，需要向硒鼓中填充鼓粉或更换硒鼓。

激光打印机打印速度快、印刷质量好、无噪声，有黑白激光打印机和彩色激光打印机两种。随着多功能和自动化特点的提高，激光打印机越来越受到用户的青睐。

图 2-26　激光打印机

2.6 微型计算机系统主板及其作用

微型计算机硬件系统由系统主板、微处理器、存储器和输入输出接口及外部设备组成，系统主板的主要作用是通过总线将各部件连接起来，实现部件间的信息交换。

2.6.1 系统主板

系统主板是一块电路板，用于连接和插接各个部件，如图 2-27 所示。

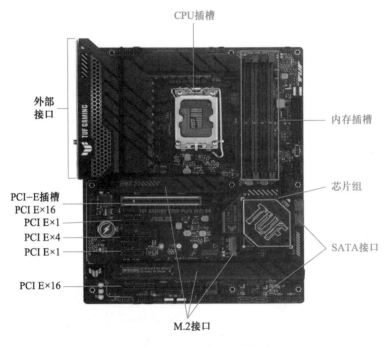

图 2-27 微型计算机的系统主板

系统主板通过总线将 CPU、内存条等部件及外部设备有机地连接起来，形成一套完整的硬件系统。系统主板工作稳定性直接影响整台计算机的性能。

系统主板是微型计算机系统的硬件框架，它决定了整台计算机的硬件性能和档次。目前市场上主板的种类繁多，生产厂家也很多，在选择主板时应该着重考虑其可靠性、稳定性、可扩展性和性能价格比等因素。

扩展阅读 2-3
当前常见主板类型

2.6.2 常见部件及其作用

系统主板上有许多部件，每种部件有不同的安装方式。部件的一种安装方式是焊接在系统主板上，通常将这种安装方式称为固化方式，如控制芯片组（南、北桥芯片）、BIOS 芯片等，其缺点是部件与系统主板结合为一体，不容易更换部件。部件的另一种安装方式是插接方式，即将部件（如 CPU、内存条等）带金属丝（总线）的一边插入到系统主板上的相关插槽中，按下对应卡簧便实现了安装。其优点是更换同规格的部件比较容易，某个部件的破损不会导致更换系统主板或其他部件。

为方便识别系统主板上的各种插槽和接口，PC99 技术规格规范了系统主板设计的要求，规定各部件和接口采用不同的颜色标识。具有代表性的部件有如下几种。

（1）CPU 插座：是用于安装 CPU 的插座，主要有触点式和针脚式两种接口，触点式接口以 Intel 的 CPU 使用居多，针脚式接口以 AMD 的 CPU 使用居多，因此，使用 Intel CPU 的主板上 CPU 插槽有金属触点，而使用 AMD CPU 的主板上 CPU 插槽是一组孔，金属针脚在 AMD 的 CPU 上。

（2）芯片组：是主板的核心部件，主要负责将 CPU 和其他部件相连，芯片组性能的好坏，决定了主板性能和级别的高低。

以前的主板芯片组主要分为北桥芯片和南桥芯片，北桥为主芯片，南桥为辅助芯片。北桥芯片距离 CPU 近，主要负责协助 CPU 管理内存、显卡等高速设备；南桥芯片距离 CPU 远，位于 PCI 插槽附近，主要负责 I/O 总线之间的通信，协助 CPU 管理 SATA、USB、网卡、声卡、键盘控制器等外部设备。

随着技术的发展，北桥芯片逐渐地被集成到 CPU 中，除了较旧的主板还保留着北桥芯片外，现在的主板上基本看不到北桥芯片。南桥芯片常被称为芯片组，有些主板芯片组上会放置一块散热片（见图 2-27）。

（3）内存插槽：一般位于 CPU 插座附近，是用来插内存条的部件，同时内存插槽也决定了主板所能支持的内存条种类和容量。通常主板上有 2～8 个内存插槽，内存容量可达到 8～128 GB。目前的主流内存条主要是 DDR3、DDR4 和 DDR5 三种类型，所使用的插槽类型是 DIMM（双列直插式存储模块）插槽。

（4）SATA 接口：一种基于行业标准的串行硬盘接口，具有更快的传输速度和热插拔功能。由于采用单数据通道，使数据通信线更窄，为机箱腾出更多的空间。目前，SATA 接口有 SATA Ⅱ接口、SATA Ⅲ接口等标准，其中，SATA Ⅱ接口的传输率为 3 Gbps，SATA Ⅲ接口的传输率为 6 Gbps。

（5）M.2 接口：是计算机内部扩展卡及相关连接器规范，可以兼容多种通信协议，如 SATA、PCIe、USB、HSIC、UART、SMBus 等。这里介绍的 M.2 接口是用于连接固态硬盘的插槽。根据固态硬盘支持的协议不同，M.2 接口可以支持 SATA 和 PCI-E 两种总线通道，PCI-E 通道的速度要快于 SATA 通道。

新型主板上 M.2 接口基本上都是 Socket 3（也称为 M key）类型，其键控槽（即防呆键）位于插槽的右侧，如图 2-28 所示。M key 接口支持 SATA 和 PCI-E X4 通道，通常主板上对 M.2 接口类型会有标注，如图 2-29 所示。

目前主板上的存储接口除了 SATA 和 M.2，还有 SATA-E、U.2 等接口形态，此处不做过多介绍。

（6）PCI-E 插槽：PCI-Express（peripheral component interconnect express）简称为 PCI-E，是一种高速串行计算机扩展总线标准，它的主要优势是数据传输速率高，支持热插拔。目前，

PCI-E 插槽已成为计算机主板上的主力扩展插槽，主要有 PCI-E X1、PCI-E X4、PCI-E X8、PCI-E X16 四种规格，PCI-E X1 和 PCI-E X16 已逐渐成为主流规格。PCI-E X1 用于扩展独立声卡、独立网卡等设备，而独立显卡常插接在离 CPU 近的 PCI-E X16 插槽中。

图 2-28　M key 型的 M.2 接口

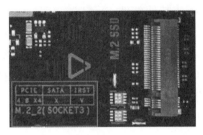

图 2-29　主板上 M.2 接口类型的标注

2.6.3　常见外部接口及其作用

扩展阅读 2-4
芯片组简介

为了使微型计算机能与外部设备或其他计算机进行连接，系统主板上有许多裸露在机箱外面的设备接口，多数接口在机箱的背面（后置，如图 2-30 所示），个别接口在机箱的正面（前置）。微型计算机上有如下几种典型的接口。

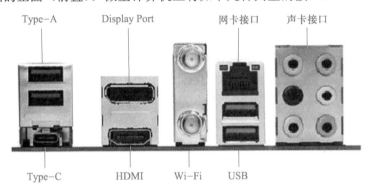

图 2-30　主板上常见的外部接口

（1）USB 接口：通用串行总线接口，主要用于连接各种外部设备，传输率足以满足大多数外部设备的要求。目前，常用的 USB 接口有 Type-A 和 Type-C 两个标准。Type-A 接口标准一般适用于个人计算机中，是应用最广泛的接口标准。Type-C 标准接口具有更加纤薄的设计、更快的传输速度，以及可双面插入的特点，同时与它配套使用的 USB 数据线也更细和更轻便。如图 2-31 所示为两种 USB 数据线。

现代微型计算机上至少有两个 USB 接口，每个 USB 接口都可以接多口集线器（又称 USB HUB、USB 分线器，如图 2-32 所示），使得一个 USB 接口可以同时接多个外部设备，最多可达 127 个。USB 接口极大地增强了微型计算机硬件的扩充能力。

与 USB 接口连接的设备支持热插拔，即微型计算机运行时可以安装或拆卸此种设备。目前，可以通过 USB 接口连接的设备有键盘、鼠标、扫描仪、激光笔、打印机、绘图仪、数码照相机、

U 盘和移动硬盘等。

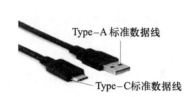

图 2-31 USB 数据线

图 2-32 USB 七口集线器

（2）Display Port 接口：一种高清数字显示接口标准，可以连接显示器和家庭影院。Display Port 允许音频与视频信号共用一条传输线，在传输视频信号的同时，也能对高清音频信号进行传输，同时支持更高的分辨率和刷新率。Display Port 的出现取代了 DVI 和 VGA 接口。

（3）HDMI 接口：高清晰度多媒体接口，它是一种数字化视频/音频接口技术，适合影像传输的专用型数字化接口，可同时传送音频和影像信号。HDMI 接口可连接显示器、家庭影院等显示设备。

（4）网卡接口：即 RJ-45 接口，是公用电信网络接口的一种标准，用于计算机与网络之间的连接。

（5）声卡接口：声卡一般有 5 个接口，分别以 5 种不同颜色区别各自不同的功能。绿色为音频输出端，用来连接音箱或耳机。粉色为话筒接口，用来连接话筒。蓝色为音频输入端口，可以连接 MP3、MP4、手机等外置音频。黑色为后置环绕喇叭接口，当使用四声道以上时需要用到。橙色为中置/重低音喇叭接口，当使用六声道以上时才用到。

（6）Wi-Fi 接口：有一些主板上配备了 Wi-Fi 无线网卡模块，通过 Wi-Fi 接口连接信号放大天线，就可以让计算机无线连接路由器进行上网。

现在的主板上有些接口已取消，如 VGA、PS/2 等，此处不再赘述。

2.6.4 总线的性能及其分类

总线是计算机中的各部件（设备）之间传输信息的一组公用信号线，是各部件的分时共享传输媒介。所谓分时，是因为一组总线在某一时刻只能传输一个部件发送的信息，否则会发生冲突，因此各个部件要分时占用总线。所谓共享，就是在同一组总线上可以连接多个部件，它们之间通过公共总线传输信息。

总线的特点在于公用性，可以将总线视为以 CPU 为调度中心的高速公路，总线的宽度视为高速公路上的车辆通道数，而部件和设备则是高速公路上的站点，在总线上收发数据类似于在高速公路上接发车辆。

微型计算机系统的特点是采用总线结构，微处理器（CPU）通过总线将主存储器芯片、各类其他部件及接口连接起来，构成微型计算机的硬件系统。任何焊接（固化）或插接在系统主板上的部件都通过系统主板上的总线与 CPU 直接或间接相连，实现与 CPU 进行通信。

在微型计算机系统中有多种总线，各种总线起着不同的作用，总线的性能将直接影响系统的稳定性和信息传输效率。

1．总线的主要性能指标

衡量总线的性能指标主要包括总线宽度、带宽和频率 3 个方面的内容。

（1）总线宽度：总线由多条通信线路组成，每一条线路都能传输 1 位二进制信号（0 或 1）。将总线上同时能传输二进制数据的位数（总线中通信线路的条数）称为总线宽度。常见的总线宽度有 16 位、32 位和 64 位等。

（2）频率：总线每秒能传输数据的次数，也称总线时钟频率或工作频率，通常单位为 MHz。例如，33 MHz、66 MHz 等。

（3）带宽：总线上每秒能传输的最大信号量，也称总线传输率，通常用字节数/秒（Bps）表示。

总线带宽、宽度和频率三者之间的关系为：总线带宽=总线宽度×总线频率÷8。

2．总线的层次

总线按在微型计算机系统中的位置及功能不同，一般可以分为以下 4 个层次。

（1）芯片内总线：各种芯片（如微处理器、南桥芯片和北桥芯片等）内部各个部件之间的通信线路。例如，CPU 芯片内部操作控制器、寄存器组和算术逻辑单元之间的通信线路。通常也称之为 CPU 内总线。

（2）芯片间总线：以 CPU 为核心与其他芯片之间的、直接相连的通信线路。

（3）系统总线：芯片与其他部件（如内存插槽、SATA 接口和 PCI-E 插槽等）相连接的通信线路，又称内总线或板级总线。

（4）系统外总线：外总线也称通信总线，用于两个系统之间的连接与通信。如两台计算机系统之间、计算机系统与其他仪器或设备之间的通信线路。例如，串行接口或并行接口与其他设备之间的连接线、硬盘通信线、打印机通信线等。通常又简称外总线。

芯片内总线、芯片间总线和系统总线都在系统主板上，相关各部件的耦合关系比较紧密，多数总线采用并行传输方式，而外总线的相关设备往往距离计算机系统较远，因此有些外总线采取串行传输方式。

3．总线的分类

总线按传输信息的性质可分为地址总线（address bus，AB）、数据总线（data bus，DB）和控制总线（control bus，CB），如图 2-33 所示。

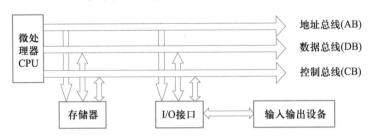

图 2-33　微型计算机总线结构图

（1）数据总线（DB）：计算机系统中各部件之间传输数据的通信线路。通过数据总线，CPU

既可以从内存或输入设备读入数据，又可以将 CPU 内部的数据送入内存或输出设备，因此，数据总线是双向总线。数据总线的宽度决定了各部件之间一次能交换数据的位数。

（2）地址总线（AB）：用于传输内存和 I/O 设备的地址，是单向总线，即用于指明数据总线上数据的源地址或目标地址。例如，将数据 35H 写入内存单元 50H 中，需要在数据总线上传输 35H，在地址总线上传输 50H。地址总线的宽度决定了微型计算机的最大寻址能力（能管理内存单元的最大数量）。如果微型计算机的地址总线的宽度为 32 位，则系统能管理 4 GB 的内存空间。

（3）控制总线（CB）：用于传送控制信号和状态信息等。由 CPU 向其他部件（如存储器和 I/O 设备）发出控制信号（如读写、输入输出、中断响应等信号）；由其他部件反馈给 CPU 状态信息（中断请求、设备就绪等信号）。因此，控制总线是双向总线。

2.7　计算机的主要性能指标

要衡量一台计算机的性能，需要考虑多方面的指标，计算机的性能指标决定着计算机的数据运算能力、程序执行速度、数据存储容量和硬件扩充能力等。在购置或组装一台计算机时，需要根据实际用途和成本，而有所侧重地选择某些指标。

1. 字长

计算机同时能处理的一组二进制数称为一个计算机的字，一个字中二进制数的位数就是字长，字长也指参加一次定点运算数的二进制位数。字长一般是 8 的整数倍，如 8 位、16 位、32 位和 64 位等。通常说的 32 位或 64 位计算机，其中 32 和 64 就是指计算机的字长。

字长标志着计算机的计算能力和精度，也决定着 CPU 内部的算术逻辑单元、寄存器和数据总线等部件的位数。字长越长，一次能运算的位数越多，计算精度也就越高。如要增加相应部件的位数，则硬件体积随之增大或工艺及成本随之提高。

2. 运算速度

运算速度是衡量一台计算机性能的重要指标。由于同一台计算机执行不同的操作可能所需要的时间不同，如定点运算需要的时间较短，而浮点运算则需要的时间较长，因此，通常采用不同的方法描述运算速度。

（1）CPU 频率：计算机执行指令的速度主要取决于 CPU 的频率，CPU 的频率又分主频和外频，这两种频率对执行指令的速度有较大影响。在微型计算机中，一般采用主频来描述运算速度。

① CPU 主频率：CPU 执行指令时，要将一条指令分解成一系列操作步骤。计算机运行过程中，时钟不断地发出脉冲，两个相邻时钟脉冲的间隔是一个周期，也是完成一步操作所需要的时间，因此，时钟频率（每秒发出脉冲的个数）反映了 CPU 的操作速度。通常将 CPU 的时钟频率称为主频率，单位是吉赫兹（GHz）。

② CPU 外频率：CPU 与周边部件（如内存储器和芯片组等）之间传输数据的频率，一个周期能传输一次数据，它决定着 CPU 与周边部件交换数据的速度。CPU 主频率与外频率的关系是：主频率=外频率×系数，通常将系数称为倍频。

（2）每秒执行指令条数：由于执行各种指令所需要的时间不同，因此，这个指标是一个估算值。多数计算机依据每秒执行定点或浮点数加法指令的次数估算运算速度，也有些计算机依据每秒执行各种指令的平均条数确定这个指标。例如，微型计算机的运算速度可达数百亿 IPS（instruction per second，每秒指令条数），超级计算机可达百亿亿 IPS。

3．主存储器

主存储器是 CPU 直接访问的存储器，要执行的程序和所要处理的数据都存放在主存储器中。主存储器容量的大小反映了计算机即时存储信息的能力，主存储器的存取时间将影响程序的运行速度。使用容量较大的主存储器，能减少主存储器与外存储器的信息交换次数、增加 CPU 的工作效率，从而可以提高程序的运行速度。

4．外存储器

外存储器通常是指硬盘（包括内置硬盘和移动硬盘），其容量体现了计算机存储信息的能力。外存储器容量越大，可存储的信息量就越大，可安装的软件就越丰富。磁盘主轴转速决定着寻找文件和存储信息的速度。

5．硬件扩充能力

一台计算机允许配接哪种类型设备、可配接多少设备、是否允许扩充或更换部件（如内存、网卡）等，将对计算机的用途及其功能的扩充产生巨大影响。

2.8　数值型数据的存储及其运算

在计算机中，数据包括数值型数据和非数值型数据两大类，用于算术运算的数据称为数值型数据。

2.8.1　机器数的概念

计算机内部信息只有 0 和 1 两种符号，无法按人们日常书写习惯用正、负号加绝对值来表示数值。因此，在计算机中表示带符号的数值时，数符和数据均采用 0、1 进行代码化。规定最高位为符号位，用 0 表示"+"号，用 1 表示"−"号。最高位也称为数符，其余位表示数值。现有十进制数−193，即$(-193)_D=(-11000001)_B$，若机器内用 16 位，则存储形式如图 2-34 所示。将机器内存储的带符号数称为机器数，而由正、负号加绝对值表示的实际数称为真值。

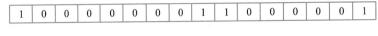

图 2-34　机器数

【例 2-1】　真值$(-11000001)_B$，其机器数为 1000000011000001。

注意：机器数的范围受机器字长和数据类型的限制，字长和数据类型一旦确定，机器数的范围也随之确定。

2.8.2　定点数的表示方法

在机器内部无法存储小数点，故小数点位置是隐含的。小数点位置可以固定，也可以不固定，前一种存储形式称定点数，后一种存储形式称浮点数。

1. 定点数

在定点数中，小数点位置固定。又有定点整数和定点小数之分。

（1）定点整数：小数点位置固定在数值最低位后面，用来表示整数。

（2）定点小数：小数点位置固定在数值最高位前面，用来表示纯小数。

【例 2-2】设机器的定点数长度为 2B，用定点数存储整数 $(193)_D$。已知 $(193)_D=(11000001)_B$，其机内存储形式如图 2-35 所示。

图 2-35　机内定点整数

【例 2-3】用定点数存纯小数 –0.687 5，$(-0.687\ 5)_D=(-0.101100000000000)_B$，其机内存储形式如图 2-36 所示。

图 2-36　机内定点小数

2. 定点数的范围和精度

当用 M 位二进制数存储数据时，定点整数 N 的取值范围是 $-(2^{M-1}-1)\leqslant N\leqslant(2^{M-1}-1)$；定点小数 N 的取值范围是 $-(1-2^{-(M-1)})\leqslant N\leqslant(1-2^{-(M-1)})$。例如，计算机内用 2 B（16 位二进制数）能够存储定点整数 N 的范围是 $-(2^{15}-1)\leqslant N\leqslant(2^{15}-1)$，即 $-32\ 767\leqslant N\leqslant32\ 767$。能够存储定点小数 N 的范围是 $-(1-2^{-15})\leqslant N\leqslant(1-2^{-15})$，即 $-0.999\ 969\ 482\ 421\ 875\leqslant N\leqslant0.999\ 969\ 482\ 421\ 875$。

3. 无符号整数

省略符号位的正整数被称为无符号整数。在计算机中存储无符号整数时，不留符号位，所有数位都用于存储数值。例如，计算机内用 2B（16 位二进制数）能存储无符号整数 N 的范围是 $0\leqslant N\leqslant(2^{16}-1)$，即 $0\leqslant N\leqslant65\ 535$（二进制数 16 位全 1）。

2.8.3　浮点数的表示方法

浮点数表示法对应科学（指数）计数法，任何一个 R 进制数都可表示为 $N=\pm S\times R^{\pm j}$。其中，j 称为 N 的阶码；j 前面的正、负号称为阶符；S 称为 N 的尾数；S 前面的正、负号称为数符。

在浮点数表示法中，小数点位置是浮动的，同一个数，阶码 j 和尾数 S 均可取不同的数值。

例如，二进制数 110.011 可表示为多种形式，如 N=110.011=1.10011×2^{10}=0.110011×2^{11}=11001.1×2^{-10}（阶码也是二进制数），随意性很大。在计算机中，为提高精度和存储方便，规定必须采用规范化形式唯一地表示一个浮点数。规范化形式规定：尾数为定点小数且小数点后第 1 位为 1。例如，对上述二进制数 110.011，其规范化浮点数形式表示为 0.110011×2^{11}。在计算机中，一般浮点数的存储形式如图 2-37 所示。

阶符	阶码	数符	尾数

图 2-37　浮点数的存储形式

在浮点数表示中，阶符和数符各占一位。阶码是定点整数，其位数决定所存储数的范围；尾数是定点小数，其位数决定存储数的精度。浮点数的正、负由尾数的数符确定，而阶码的正、负只决定小数点的位置，即决定浮点数的绝对值大小。

【例 2-4】　二进制数 N=−0.10110111×2^{101} 在机器中的存储形式如图 2-38 所示。

0	101	1	10110111

图 2-38　浮点数示例

2.8.4　原码、反码和补码

在带符号数的表示中，定点数和浮点数都用最高位表示数的符号，其余位表示数（包括尾数与阶码）的绝对值。这种方法简单易懂，称为原码。数有正、负，运算中既有加法又有减法，如果要求计算机能做减法，则在确定运算结果的符号时，要判断两个数绝对值的大小，使运算器变得比较复杂。为了便于带符号数的运算，机器数又有反码和补码表示形式。

（1）原码：用最高位存储数的符号（0 为正、1 为负），其余位存储数值部分，用[X]原表示 X 的原码。

【例 2-5】　当用 8 位二进制数存储数时，如果 $X1$=+1010011，则[$X1$]原=01010011；如果 $X2$=−1010011，则[$X2$]原=11010011。

8 位二进制数所能表示的带符号数的范围是−127～+127，即[−127]原=11111111；[+127]原=01111111。

（2）反码：正数的反码表示与原码相同；负数的反码表示是对它的原码（符号位除外）各位取反。

【例 2-6】　设 $X1$=+1010011，$X2$=−1010011，则[$X1$]反=[$X1$]原=01010011；[$X2$]反=10101100。

（3）补码：正数的补码表示与原码相同；负数的补码表示为其（符号位除外）各位取反，然后在最低位加 1，即反码加 1。

【例 2-7】　设 $X1$=+1010011，$X2$=−1010011，则[$X1$]补=[$X1$]原=01010011；[$X2$]补=[$X2$]反+1=10101100+1=10101101。

2.8.5　二进制数的算术运算

计算机内采用二进制数算术运算，包括加、减、乘、除四则运算，运算规则简单。

（1）一位二进制数加法运算：0+0=0，0+1=1+0=1，1+1=0（结果本位为 0，向高位进位 1）。

【例 2-8】　$(1010)_B+(1101)_B=(10111)_B$。

（2）一位二进制数减法运算：0−0=1−1=0，1−0=1，0−1=1（结果本位为 1，从高位借位）。

【例 2-9】　$(1101)_B-(1010)_B=(11)_B$。

（3）一位二进制数乘法运算：0×0=0，0×1=1×0=0，1×1=1。

【例 2-10】　$(1101)_B×(1010)_B=(10000010)_B$。

（4）一位二进制数除法运算：0÷0 和 1÷0 无意义，0÷1=0，1÷1=1。

【例 2-11】　$(10111)_B÷(11)_B=(111.1010\cdots)_B≈(1000)_B$。

2.8.6　补码运算

在数值参与运算时采用补码方式最为方便，因为补码的符号位不需单独处理，同数字一样参与运算，且最后的结果符号位仍然有效。

1．补码运算规则

两个 n 位二进制数之和（差）的补码等于这两个数的补码之和（差），即

$$[X±Y]_补=[X]_补±[Y]_补$$

两个数的补码加减运算规则：将符号视为数值一起进行运算，当在符号位上有进位（加法）或借位（减法）时，强行进位或借位，但在运算结果中自然丢掉符号位前面的进位或借位。从上式还可以看出，补码加减运算具有分配律。

【例 2-12】　用补码进行加法运算：(+20)+(−10)=(+10)。

```
      0001 0100          [+20]补
  +   1111 0110          [−10]补
    1 0000 1010          [+10]补
    ↑
   进位，自然丢掉
```

【例 2-13】　用补码进行减法运算：(+20)−(−10)=(+30)。

```
      0001 0100          [+20]补
  −   1111 0110          [−10]补
    1 0001 1110          [+30]补
    ↑
   借位，自然丢掉
```

2．用加法实现其他算术运算

设两个带符号数分别为 X 和 Y，根据补码加减运算的分配律，有$[X-Y]_补=[X+(-Y)]_补=[X]_补+[-Y]_补$成立，因此，通过补码的加法运算很容易实现补码的减法运算。

【例 2-14】 在 8 位计算机中，用加法运算计算-20-15 的值。

$$\begin{array}{rll} & 1110\ 1100 & [-20]_{补} \\ + & 1111\ 0001 & [-15]_{补} \\ \hline & \boxed{1}1101\ 1101 & [-35]_{补} \\ & \uparrow \end{array}$$

进位，自然丢掉

对补码运算的结果还是补码，对其再次求补码运算，可以得到原码或真值。例如，例 2-14 的运算结果 11011101 的原码为 10100011，真值为-100011，十进制数为-35。

另外，用加、减法运算也可以实现乘、除法运算。用加法实现乘法（$X×Y$）运算的基本思路是，对 X 加 Y 次得到乘积。用加减法实现除法（$X÷Y$）运算的基本思路是，用 X 逐次减 Y，直到不够减为止，最后得到减法的次数便是整数商。

对补码进行加法运算的特点是，运算过程不需要考虑数的符号问题，并且用加法可以实现减法、乘法和除法运算，能简化计算机中运算器的内部结构。因此，在计算机内部进行算术运算的数都用补码表示，在普通计算机的运算器中只有加法器。

2.8.7　逻辑运算

在计算机中通过各种逻辑功能电路实现逻辑运算，并利用逻辑代数的规则进行逻辑判断。二进制数 1 与 0 在逻辑上可以表示真与假、是与非，这种具有逻辑性的量称为逻辑量。逻辑量之间的运算称为逻辑运算。由此可见，逻辑运算以二进制数为基础。

逻辑数据值用于判断某个条件成立与否，成立为 1（真），反之为 0（假）。例如，张明是学生，若该描述成立则用 1 表示，否则用 0 表示。

当要对多个条件进行判断时，需要用逻辑运算符构成逻辑表达式。逻辑运算主要包括逻辑乘法（与）、逻辑加法（或）和逻辑否定（非）3 种基本运算，还可以从这 3 种基本运算中推出其他运算。

（1）与运算：通常用"×"或"∧"符号表示与运算。与运算表示两个简单条件 A 和 B 构成复杂条件，A 和 B 同时成立（为 1）时结果为真（为 1）；只要有一个条件为假（为 0），结果即为假（为 0）。与运算规则：0×1=0，1×0=0，0×0=0，1×1=1。

例如，某学院推荐免试研究生，必要条件是大四学生、平均成绩 85 分以上、通过外语四级考试，3 个条件分别用 A、B 和 C 表示，则符合推荐免试研究生候选人的逻辑表达式为 $A×B×C$。

（2）或运算：通常用"+"或"∨"符号表示或运算。或运算表示当 A 或 B 两个条件只要一个成立（为 1）时，结果就为真（为 1）；只有两个均为假（为 0）时，结果才为假（为 0）。或运算规则：0+0=0，0+1=1，1+0=1，1+1=1。

例如，上例推荐免试研究生，只要满足 3 个条件之一就可成为免试研究生，逻辑表达式为 $A+B+C$。

（3）非运算：非运算表示同原条件 A 含义相反，可用 $\overline{A}$ 表示。非运算规则：$\overline{1}$=0，$\overline{0}$=1。

在逻辑运算中，将逻辑量的各种可能组合与对应运算结果列成表格，称为真值表（如表 2-1

所示），它是全面描述逻辑运算关系的工具之一。一般在真值表中可用 1 或 T（True）表示真，用 0 或 F（False）表示假。

表 2-1　逻辑运算真值表

A	B	$A×B$	$A+B$	$\overline{A}$	A	B	$A×B$	$A+B$	$\overline{A}$
0	0	0	0	1	1	0	0	1	0
0	1	0	1	1	1	1	1	1	0

2.9　常用软件简介

在 Windows 环境下可以安装和使用各种软件。软件的启动方法有多种，通常选择"开始"菜单中的"所有程序"选项，再选择相关软件。

2.9.1　Office 办公软件

Office 是一套办公自动化软件，包括 Word、Excel、PowerPoint 和 Access 等，在文字、表格、图形、图像和声音等多媒体信息处理方面的基本原理、基本方法和使用过程有许多相同或相似之处，在信息表达和操作方式、操作技巧方面各有特色。要想在微型计算机上使用 Office 中的相关软件，在安装 Windows 操作系统后，再安装 Office 软件包。

1．Word 文字处理软件

Word 文字处理软件是 Office 的重要组件之一，它集文字编辑和排版、表格和图表制作、图形和图像处理等功能为一体。其图文并茂、高度智能和赏心悦目的操作界面，充分体现了所见即所得的特点。此外，Word 还可以将强大的文字处理功能与 Internet 结合起来，在信息社会中极大地提高了办公效率。目前，Word 已经成为普及和流行的文字处理软件，是多数工作人员必备的办公软件。

2．Excel 电子表格软件

Excel 电子表格软件主要用于制作数据统计分析的电子表格，通过定义公式可以对各单元格中的基础数据进行计算、统计分析、输出报表和分析图表。Excel 具有强大的数据处理与分析能力、丰富的图表功能，在统计分析中有着广泛的应用。Excel 是文秘、销售人员、财务人员的必备办公软件。

3．PowerPoint 电子演示文稿软件

PowerPoint 电子演示文稿软件是专门制作幻灯片和演示文稿的应用软件，通过它可以在计算机上制作和播放文字、图形、图像以及声音等多媒体信息。此外，它还具有极强的表达观点、演示成果和传递信息的功能，广泛应用于演讲、多媒体教学和产品介绍等场合。

4．Access 数据库管理系统

Access 数据库管理系统是一个功能较强而易于使用的桌面关系型数据库管理系统。通过它可以创建数据库和表，规范表中字段并确定主键，确定表之间的关系并根据关系优化表结构，录入数据，创建数据查询和报表，设置数据库安全规则等。Access 比较适合管理中小规模的数据库。

2.9.2　常用工具软件

安装 Windows 操作系统后,系统自动安装一些工具软件。在 Windows 10 中,选择"开始"菜单中包含"Windows"的文件夹,在列出的程序清单中,单击某一个应用程序选项即可运行该程序。

1. 记事本

记事本是用于文字处理的小程序,即纯文本编辑器,内容只能为文字、数字及标点符号,可以设置文字的字体、字形和字号。记事本是编写便条、备忘录、计算机程序代码及其数据等信息的常用工具。

在保存记事本程序处理的信息时,系统默认文件的扩展名为 TXT。当编写的内容为程序代码时,应该在"另存为"对话框中的"保存类型"下拉列表中选择"所有文件"选项,输入文件全名(含扩展名),避免系统为文件再加扩展名 TXT。

2. 计算器

用计算器程序可以进行加、减、乘、除四则运算。在"程序员"型计算器中,参与运算的数可以是二进制整数、八进制整数、十六进制整数以及十进制实数。在计算器中,选择"查看"菜单中的"程序员"选项,可以将计算器由"标准型"转换为"程序员"型(如图 2-39 所示)。

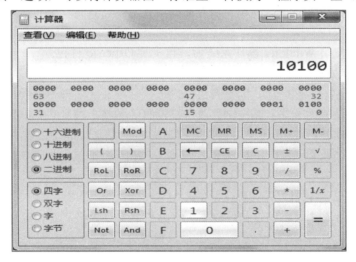

图 2-39　"程序员"型计算器

可以通过键盘和鼠标输入数据和运算符号,在某种进制下输入一个数据,再切换到另一种进制(单击对应数制)后,能对该数的整数部分进行数制转换。选择"编辑"菜单中的"复制"选项,可以将计算结果送到剪贴板,再用"粘贴"选项复制到其他应用程序中。

3. 画图程序

在如图 2-40 所示的"画图"程序中,通过打开或粘贴等方法,能够进一步加工(如着色、剪切、涂改、添加文字)其他软件处理的图像,也可以通过工具箱中的工具(如圆、直线、曲线等)绘制简单的图形。

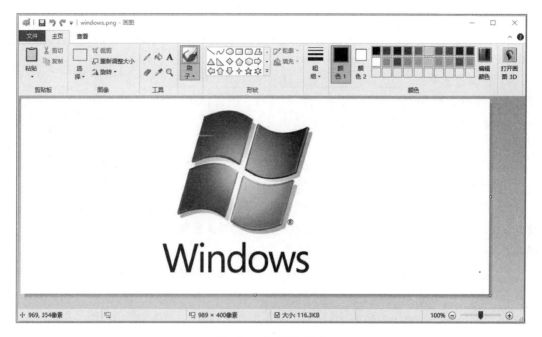

图 2-40 "画图"程序

通过 PrintScreen 键与画图程序结合，能够比较方便地加工屏幕上输出的图像。处理过的图像可以以 BMP、JPG 或 PNG 等格式保存到文件中，也可以直接粘贴到 Word 和 PowerPoint 等软件中。

4．Windows 管理工具

（1）磁盘清理：搜索硬盘驱动器，列出对应盘中的各种临时文件、脱机网页文件、压缩旧文件和回收站中的信息，单击"确定"按钮可以清除这些文件，以便释放硬盘空间。

（2）碎片整理和优化驱动器：可以对机械硬盘进行碎片整理，对固态硬盘进行优化操作，目的是提高硬盘性能并延长其使用寿命。

磁盘碎片整理所需要的时间与磁盘容量、占用数量、创建和删除文件的多少都有关系，少则几秒钟，多则数小时，在进行磁盘碎片整理时，计算机也可以进行其他任务，但运行速度会明显变慢，磁盘碎片整理要花费的时间会更长。

习题

一、填空题

1．第一台电子计算机 ENIAC 诞生于____①____年，到目前为止，计算机共经历____②____代，第三代电子计算机的主要电子器件是____③____，微型计算机属于第____④____代计算机。冯·诺依曼提出的计算机体系结构方案的要点是____⑤____、____⑥____和____⑦____。

2．____①____年，____②____率领科研小组研制出中国第一台电子管专用计算机。

3. 计算机系统由　①　和　②　两个部分组成，软件系统可分为　③　和　④　两类，硬件系统由　⑤　、　⑥　、　⑦　、　⑧　和　⑨　5 个基本部件组成，其中　⑩　和　⑪　组成 CPU，核心硬件是　⑫　，核心软件是　⑬　。

4. 控制器主要由　①　、　②　、　③　、　④　和　⑤　5 个部件组成，　⑥　用于存放正在执行的指令，　⑦　用于存放下一条指令的内存地址。

5. 运算器主要由　①　、　②　、　③　和　④　4 个部件组成，　⑤　用于实现算术和逻辑运算。

6. 计算机的整个运行过程就是自动地连续　①　的过程，执行一条指令分为取指令、　②　指令、　③　指令和调整程序计数器的值 4 个步骤。

7. 存储器可分为　①　和　②　两种类型。一个存储单元（字节）由　③　位二进制数组成；KB、MB、GB 和 TB 都是存储单位，相互间换算关系系数是　④　。存储器用于　⑤　程序和数据，内存储器比外存储器的存取速度　⑥　。

8. 固态硬盘主要由　①　、　②　和　③　三部分组成，　④　是固态硬盘上真正存储数据的地方。

9. 对于一级 cache、二级 cache、主存储器和虚拟内存，　①　的存取速度最快，　②　的存取速度最慢。

10. 进入 Windows 后，在键盘上按　①　键关闭当前窗口；按　②　键循环切换各个窗口；按　③　键切换英文字母的大小写输入状态；按　④　键实现中英文输入法切换；按　⑤　键循环查找输入法；按　⑥　键启动 Windows 的"任务管理器"；按　⑦　键删除光标左侧字符，按　⑧　键删除光标右侧字符；按　⑨　键切换输入信息时插入/改写状态；按　⑩　键将当前窗口作为图像存入系统剪贴板。

11. 用鼠标操作时，若要改变焦点或选定对象，鼠标应该　①　对象；要查看对象的属性或弹出快捷菜单，鼠标应该　②　对象；要打开对象或执行程序，鼠标应该　③　对象；要选定多个连续的对象或一段文字内容，通过鼠标或键盘应该　④　进行操作；要选定多个不连续的对象或段落文字，应该　⑤　进行操作。

12. 　①　与　②　构成显示系统。显示器的参数指标主要有　③　、　④　、　⑤　和　⑥　等，显示器上形成图像的基本单位是　⑦　，分辨率用 $m \times n$ 表示，其中 m 为　⑧　，n 为　⑨　。若显示器的位深度是 10，则表示其最大输出　⑩　种颜色。

13. 显卡上的　①　是主要用于存储经过显示芯片解析和运算后的结果或即将要处理的数据，是临时存储数据的地方，断电后数据丢失，属于　②　存储器。

14. 目前使用的打印机有　①　、　②　和　③　三类。

15. 在微型计算机中，　①　通过　②　将 CPU、内存条等部件及外设连接起来，形成硬件系统；　③　是主板的核心部件，主要负责将 CPU 和其他部件相连；主板上连接硬盘的接口主要有　④　接口和　⑤　接口。

16. 主板上的 M.2 接口，根据固态硬盘支持的协议不同，可以支持　①　和　②　两种总线通道。

17. 按总线在微型计算机系统中的位置及功能,可以分为___①___、___②___、___③___和___④___ 4 层;按总线传输信息的性质可分为___⑤___、___⑥___和___⑦___三类;衡量总线的性能指标主要包括___⑧___、___⑨___和___⑩___;如果某总线宽度为 32 位,频率为 66 MHz,则总线带宽为___⑪___MB。

18. 假设打印机在计算机内部的编号为 10H,打印命令是 32H,如果在打印机上输出 41H,则数据总线上传输___①___,地址总线上传输___②___,控制总线上传输___③___,中断响应/请求信号在___④___总线上传输。

19. 计算机的主要性能指标有___①___、___②___、___③___、___④___和___⑤___;通常用___⑥___和___⑦___方法衡量计算机的运算速度。

20. 在 8 位计算机中,-3 的真值为___①___,原码为___②___,反码为___③___,补码为___④___。

二、单选题

1. 第一台电子计算机诞生于 1946 年,其英文缩写是_____。
   A. ENIAC   B. EDVAC   C. EDSAC   D. MARK-11

2. 第四代计算机的主要器件采用_____。
   A. 晶体管   B. 大规模、超大规模集成电路
   C. 中、小规模集成电路   D. 微处理器集成电路

3. _____被称为人工智能之父。
   A. 艾伦·图灵   B. 乔治·布尔   C. 比尔·盖茨   D. 冯·诺依曼

4. _____被称为中国巨型计算机之父。
   A. 王选   B. 慈云桂   C. 王永民   D. 夏培肃

5. _____被称为汉字激光照排系统之父。
   A. 王选   B. 慈云桂   C. 王永民   D. 夏培肃

6. _____发明了五笔字型,解决了计算机汉字输入难的问题。
   A. 王选   B. 慈云桂   C. 王永民   D. 夏培肃

7. 从第一代到第四代,计算机的体系结构基本相同,这种体系结构称为_____体系结构。
   A. 艾伦·图灵   B. 乔治·布尔   C. 比尔·盖茨   D. 冯·诺依曼

8. 计算机内部运算中,当最高位产生进位时,进位数据存于_____。
   A. 累加器   B. 暂存寄存器   C. 标志寄存器   D. 指令寄存器

9. 计算机中所有信息的存储都采用_____。
   A. 二进制   B. 八进制   C. 十进制   D. 十六进制

10. _____是只读存储器。
    A. 内存条   B. CMOS   C. BIOS   D. cache

11. _____是主存储器。
    A. 内存条   B. CMOS   C. BIOS   D. cache

12. 保存系统日期及时间、开机密码和某些硬件参数的存储器是_____。
    A. 内存条   B. CMOS   C. BIOS   D. cache

13. 高速缓存位于 CPU 与_____之间。
    A. 控制器   B. I/O 设备   C. 主存   D. 外存

14. 高速缓存（cache）的作用是_____。
    A. 减少 CPU 访问内存的时间　　　　B. 提高 CPU 主频
    C. 加快 CD-ROM 转数　　　　　　　D. 加快读取外存信息

15. 下列选项中，_____与磁盘的访问速度有关。
    A. 磁道数　　　　B. 主轴转速　　　　C. 扇区数　　　　D. 柱面数

16. 下列几种存储器中，_____存取周期最短。
    A. 硬盘　　　　B. 内存　　　　C. 光盘　　　　D. U 盘

17. 显卡内存是_____，用于存放当前屏幕显示的数据。
    A. BIOS　　　　B. ROM　　　　C. RAM　　　　D. CMOS

18. 在主板上，独立显卡常插接在_____插槽中。
    A. SATA　　　　B. IDE　　　　C. PCI-E　　　　D. 内存插槽

19. 主板上的_____外部接口，可以让计算机无线上网。
    A. USB　　　　B. DP　　　　C. HDMI　　　　D. Wi-Fi

20. 要一次打印多层票据，最好选择_____打印机。
    A. 黑白激光　　　　B. 彩色激光　　　　C. 喷墨　　　　D. 针式

21. 微型计算机的 CPU 内部结构中，CPU 具有_____3 类总线。
    A. 地址、数据和控制总线　　　　B. 地址、内部和数据总线
    C. 数据、控制和运算总线　　　　D. 地址、指令和控制总线

22. CPU 能访问的最大内存空间由_____总线宽度决定。
    A. 地址　　　　B. 数据　　　　C. 控制　　　　D. 系统外

23. 运算器中寄存器组与算术逻辑单元之间的通信线路属于_____总线。
    A. 芯片内　　　　B. 芯片间　　　　C. 系统　　　　D. 系统外

24. I/O 设备必须通过_____总线才能与外部接口相连接。
    A. 地址　　　　B. 数据　　　　C. 控制　　　　D. 系统外

25. 计算机软件系统可分为_____。
    A. 程序和数据　　　　　　　　B. 操作系统和语言处理系统
    C. 程序、数据和文档　　　　　D. 系统软件和应用软件

26. 计算机硬件能够直接执行的计算机语言是_____。
    A. 汇编语言　　　　B. 机器语言　　　　C. 高级语言　　　　D. 自然语言

27. 下列 4 种软件中，_____属于应用软件。
    A. BASIC 解释程序　　　　　　B. Windows NT
    C. 财务管理系统　　　　　　　D. C 语言编译程序

28. CPU 的时钟频率的单位是_____。
    A. MB　　　　B. BPS　　　　C. GHz　　　　D. IPS

29. 在 8 位计算机中，-13 的补码是_____。
    A. 10001101　　　B. 10001110　　　C. 11110011　　　D. 11110010

30. 某单位招聘，必要条件是本科以上学历、至少有两年工作经验、通过外语四级考试，
3 个条件分别用 A、B 和 C 表示，则符合招聘条件的逻辑表达式为_____。

    A. $A \times B \times C$　　　　B. $A+B+C$　　　　C. $\overline{A} \times \overline{B} \times \overline{C}$　　D. $\overline{A} + \overline{B} + \overline{C}$

三、多选题

1. 常见的微型计算机有_____。

    A. 显示器　　B. 台式机　　C. 复印机　　D. 笔记本计算机

    E. 刻录机

2. 计算机系统分为_____两个子系统。

    A. 硬件　　B. 字处理　　C. CAD　　D. 软件　　E. Windows

3. 构成主机的部件有_____。

    A. 主机箱　　B. 硬盘　　C. 内存　　D. 主板　　E. CPU

4. CPU 的主要部件是_____。

    A. 运算器　　B. 外存　　C. 内存　　D. 控制器　　E. I/O 设备

5. 在微型计算机的 CPU 芯片中，包含_____。

    A. CMOS　　B. 运算器　　C. BIOS 芯片　　D. cache　　E. 控制器

6. 在微型计算机中，_____是内存储器。

    A. 内存条　　B. CMOS　　C. BIOS　　D. 虚拟内存　　E. cache

7. 下列选项中，_____与硬盘的容量有关。

    A. 磁道数　　B. 体积　　C. 扇区数　　D. 主轴转速　　E. 柱面数

8. 在微型计算机中，_____是外存储器。

    A. 内存条　　B. U 盘　　C. BIOS　　D. 虚拟内存　　E. 硬盘

9. 下列叙述中，不正确的是_____。

    A. 任何存储器中的信息断电后都不丢失　　B. 操作系统具有管理硬盘的功能

    C. 硬盘装在主机箱内，因此属于主存　　D. 硬盘属于外部设备

    E. 高速缓存可以加快 CPU 访问内存的速度

10. _____焊接在系统主板上。

    A. 机械硬盘　B. BIOS 芯片　C. 内存条　　D. 控制芯片组　E. CPU

11. _____不需要数据通信线而直接插接在主板上。

    A. 机械硬盘　B. 独立显卡　C. 内存条　　D. 键盘　　　E. CPU

12. 在台式微型计算机中，_____可以通过数据通信线连接在外部接口上。

    A. 机械硬盘　B. 显示器　　C. 打印机　　D. 移动硬盘　E. 键盘

13. PCI-E 插槽可以插接_____。

    A. 内存条　　B. 硬盘数据线　C. 声卡　　　D. 显卡　　　E. 网卡

14. 显示器可以接在_____接口。

    A. Display Port　B. HDMI　C. Wi-Fi　　D. PCI-E　　E. SATA

15. 下列选项中，_____能表示显示器的颜色数。

    A. 分辨率　　B. 位深度　　C. 显示色彩　D. 刷新频率　E. 色数

16. 显卡类别有_____。

    A. 集成显卡　B. 合成显卡　C. 独立显卡　D. 集核显卡　E. 核显

17. ＿＿＿＿＿＿＿是操作系统。

　　A. IE　　　　B. UNIX　　　C. Word　　　　D. Windows　　E. Photoshop

18. 下列属于应用软件的有＿＿＿＿＿＿＿。

　　A. Word　　　B. WinZip　　C. Oracle　　　D. Photoshop　E. After Effects

19. 计算机主要性能指标有＿＿＿＿＿＿＿。

　　A. 字长　　　B. 运算速度　C. 存储容量　D. 机箱体积　E. 重量

20. ＿＿＿＿＿＿＿属于 Windows 附件中的软件。

　　A. 记事本　　B. Word　　　C. 计算器　　　D. Excel　　　E. 画图

思考题

1. 在计算机运行过程中，五大部件是如何协调工作的？

2. 一条指令在计算机中的执行过程大致需要几个步骤？各步骤有什么作用？

3. 自己的计算机系统中，哪些是输入设备？哪些是输出设备？

4. 主板上北桥芯片和南桥芯片各自的作用是什么？

5. 在实际应用中，为什么计算机能运算比字长大得多的数？

6. 计算机中的运算器主要由加法器完成各类运算功能，通过加法如何实现减法、乘法和除法运算？

7. 在 Windows 中如何查看 CPU 的主频、高速缓存（cache）和内存储器的容量？

第 3 章

Python 程序设计基础

电子教案

Python 是一种解释型、面向对象的脚本型程序设计语言，可以用于数据分析、组件集成、网络服务、图像处理和科学计算等方面。党的二十大报告指出要实施科教兴国战略，强化现代化建设人才支撑。当代大学生作为国家现代化建设需要的人才，需要有脚踏实地的务实精神，掌握信息化技术的相关工具，应对未来的变化和挑战。Python 作为工业和学术界广泛使用的一种程序设计语言，它的语法简洁直观并具有丰富的扩展库，是学习和实践计算机领域相关技术的有力工具。

3.1　Python 程序设计语言简介

目前 Python 由一个大型的志愿者团体开发和维护，有 Python2 和 Python3 两个版本，Python3 是比较新的版本。2020 年 1 月 1 日，Python 官方停止了对 Python2 的支持，Python2 将不再进行错误修复和安全更新，用 Python3 编写程序成为主流。

3.1.1　主要特点

用 Python 可以为任何程序设计任务编写代码。Python 的解释器可以在多种操作系统平台上运行，易于理解和学习。与其他程序设计语言比较，Python 程序更加简洁，几乎没有多余的符号，且使用简单易懂的英语名称。Python 可用于脚本程序设计，支持嵌套、函数、类和模块等多种特性，充分利用这些内容可以简化程序设计过程。Python 既支持面向过程的函数程序设计也支持面向对象的程序设计，并且拥有多种内置的数据类型，如字符串、列表、元组和字典等。

Python 拥有标准库函数，如文档、数据库、浏览器、XML 和 GUI（图形用户界面）等函数，并支持第三方库函数，如 wxPython、NumPy、Django 和 PyGame 等，可以处理各种任务。Python 通常用于设计完成下列任务的程序。

（1）脚本：脚本是一段解释执行的代码。使用 Python 编写的简短程序可以完成简单的管理任务，例如，在系统中新增用户、上传文件、下载信息等。

（2）网站开发：在 Web 开发方面，Python 有自己的框架，Django、Bottle 和 Zope 等众多的 Python 项目深受开发人员的欢迎。以 Django 为例，安装后即可利用相关函数加载网页模板，或者与数据库进行交互。

（3）文本处理：Python 在字符串和文本处理方面提供了强大的支持，包括正则表达式和 Unicode。

（4）科学计算：有很多优秀的 Python 科学计算库函数，提供数据统计、科学计算和绘图功能。

Python 并非对任何项目来说都是最佳选择,其程序执行速度通常比 C++等语言慢,因此开发一些对实时性要求严格的任务时不宜使用 Python。Python 特性与 C#、C 及 Java 对照如表 3-1 所示。

表 3-1　Python 和 C#、C 及 Java 比较

语言名称	平台	面向对象程序设计	运行方式
Python	Windows、Linux 和 macOS	支持	解释
C#	Windows	支持	编译
C	Windows、Linux 和 macos	不支持	编译
Java	Windows、Linux 和 macOS	支持	编译+解释

3.1.2　Python 运行环境

在 Windows 操作系统上安装 Python 程序开发工具后,有 3 种运行模式:交互模式、脚本模式和集成开发环境。

1．交互模式

在命令行窗口的命令提示符下输入"python",即可启动 Python。在语句提示符">>>"后输入一条语句,按 Enter 键开始执行,这种模式称为交互模式。运行界面如图 3-1 所示。

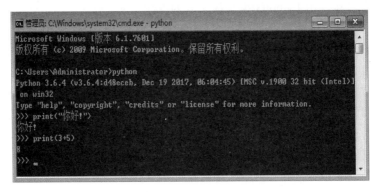

图 3-1　交互模式

2．脚本模式

交互模式便于测试语句功能和语法格式以及完成简单的任务,但不便于保存语句,因此,不太适合设计程序完成较复杂的任务。可以用文本编辑器(如记事本或 Notepad++等)创建 Python 源程序文件,文件的扩展名为 py。例如,用记事本在 D:\sourcefile 目录下创建 helloWorld.py 文件,输入代码 print("您好!"),保存后在命令行窗口先进入到 D:\sourcefile 目录,再执行命令 "python helloWorld.py",运行输出结果为"您好!"。操作过程及输出结果如图 3-2 所示。

3．集成开发环境

安装了 Python 程序开发工具以后,可以用 Python 集成开发环境 IDLE 设计和调试程序,IDLE 运行界面如图 3-3 所示。

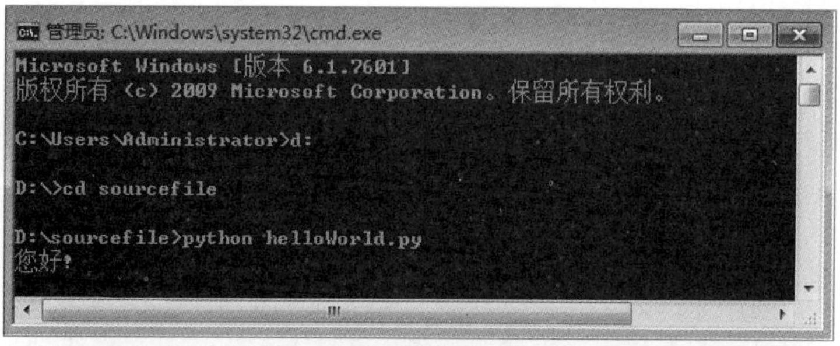

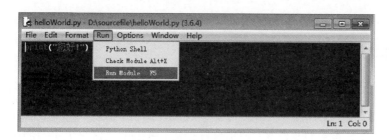

图 3-2 脚本模式

图 3-3 IDLE 集成开发环境

在 Python 语言环境中，具体的操作过程如下。

（1）新建源程序文件：单击 File→New File 菜单项，在编辑窗口输入和编辑程序代码。

（2）保存源程序文件：单击 File→Save As 菜单项，在"另存为"对话框中选择保存路径并输入文件名。

（3）运行程序和查看结果：单击 Run→Run Module 菜单项。

除 IDLE 以外，还有很多流行的集成开发环境，如 PyCharm、Spyder 和 Eclipse 等。

3.2 Python 程序结构

下面通过一个简单的程序设计实例，了解 Python 程序的基本结构和语法规则，以便掌握设计和运行程序的基本过程和方法。

3.2.1 简单的 Python 程序

【例 3-1】 设计一个将摄氏温度转换为华氏温度的程序，用户输入摄氏温度，将其转换为华氏温度后显示在屏幕上。

程序代码如下：

```
cDegree=eval(input("请输入摄氏温度："))    #输入摄氏温度
fDegree=(9/5)*cDegree                      #使用公式转换成华氏温度
print("华氏温度是",fDegree)                #输出转换结果
```

程序运行界面如图 3-4 所示。

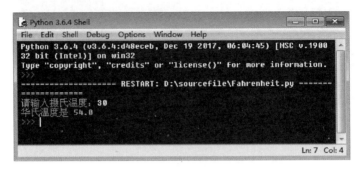

图 3-4　摄氏温度转换为华氏温度程序运行界面

Python 基本语法规则如下。

1．标识符

在上面的程序中，将键盘输入的摄氏温度值存储在计算机的内存中，为了便于访问，用变量 cDegree 存储摄氏温度的值，fDegree 存储华氏温度的值。cDegree 和 fDegree 是出现在程序中的名称，这类名字（通常为变量名）被称为标识符。Python 是区分大小写的语言，如 myName 和 MyName 是不同的标识符。在 Python 中标识符必须遵从以下规则。

（1）标识符是由字母、汉字、数字和下画线构成的字符序列，长度不限。例如 cDegree 和 fDegree。

（2）标识符只能以字母和下画线开头。

（3）标识符不能使用关键字（保留字），其中英文字母区分大小写，而保留字除 True、False 和 None 外其他全为小写字母。

2．输入输出

在程序执行过程中经常需要用户从键盘输入数据，Python 提供了用于键盘输入的 input 函数。调用 input 函数时，先显示函数参数的值（如 "请输入摄氏温度:"），再等待用户从键盘输入数据。当用户按 Enter 键时，将用户输入的数据作为函数的返回值，其数据类型也由用户输入的数据类型决定。

输出数据最常用的方法是调用 print 函数，在 print 函数中可以用逗号分隔多个表达式，将各个表达式的值输出到显示器上。

3．注释

在 Python 的程序代码行中，"#" 之后的信息为注释，为人们阅读程序时提供参考，是否有注释信息，对程序的功能没有任何影响。

4．基本运算符

（1）算术运算符

Python 中有两种数值类型，即整数和浮点数，供数值型数据使用的算术运算符如表 3-2 所示。

表 3-2　算术运算符

运算符	描述	示例	结果
+	将两个操作数相加	2 + 5	7
–	求操作数的相反数或将两个操作数相减	2 – 5	–3
*	将两个操作数相乘	2 * 5	10
/	将两个操作数相除	2 / 5	0.4
//	求两个操作数商的整数部分	2 // 5	0
**	求幂	2 ** 5	32
%	求余	2 % 5	2

算术运算符可以和赋值运算符（=）组合在一起构成增强型赋值运算符。例如，下面的语句是给变量 i 加 1：i=i+1，在 Python 中可以写为：i+=1。

（2）关系运算符

Python 中提供了六种关系运算符（也称比较运算符）来对数据进行比较，如表 3-3 所示。

表 3-3　关系运算符

运算符	关系表达式	描述
==	X == Y	等于，比较 X、Y 是否相等,若相等返回 True；否则返回 False
!=	X != Y	不等于，比较 X、Y 是否不相等,若不相等返回 True；否则返回 False
>	X > Y	大于，比较 X 是否大于 Y，若大于返回 True；否则返回 False
<	X < Y	小于，比较 X 是否小于 Y，若小于返回 True；否则返回 False
>=	X >= Y	大于或等于，比较 X 是否大于或等于 Y，若大于或等于返回 True；否则返回 False
<=	X <= Y	小于或等于，比较 X 是否小于或等于 Y，若小于或等于返回 True；否则返回 False

由关系运算符和操作数构成的关系表达式的值是一个逻辑值：True 或 False。

（3）逻辑运算符

逻辑运算符也称为布尔运算符，如表 3-4 所示。

表 3-4　逻辑运算符

运算符	逻辑表达式	描述
not	not X	逻辑否，如果 X 为 True，返回 False；如果 X 为 False，返回 True
and	X and Y	逻辑与，如果 X 和 Y 均为 True，返回 True；否则返回 False
or	X or Y	逻辑或，如果 X 或 Y 中有一个为 True，返回 True；X 和 Y 均为 False，返回 False

逻辑运算符可以用来创建一个组合条件，实现较复杂的逻辑判断。

（4）字符串运算符

字符串由一系列字符组成，包括字母、汉字、数字、标点符号以及其他特殊符号和不可打印的字符。在 Python 中，可以使用单引号、双引号和三引号这 3 种方式来标识字符串，例如'http'，"http"和'''http'''，三引号还可以用来标识多行字符串，例如：

```
'''
Hello World!
您好!
'''
```

字符串常用运算符如表 3-5 所示。

表 3-5　字符串常用运算符

运算符	描述
+	字符串连接
*	重复输出字符串
[]	通过索引获取字符串中的字符
[:]	截取字符串中的部分字符
in	如果字符串中包含给定的字符，返回 True
not in	如果字符串中不包含给定的字符，返回 True

【例 3-2】　在 Python 的交互模式下使用字符串运算符。

程序代码如下：

```
>>>s1='Hello'                            #创建字符串 s1
>>>s2='Python'                           #创建字符串 s2
>>>s3=s1+s2                              #连接字符串 s1 和 s2
>>>s3
'HelloPython'
>>>s4=s2*3                               #重复 3 遍字符串 s2
>>>s4
PythonPythonPython
>>>'thon' in s2                          #判断 s2 中是否包含 thon
True
>>>'thon' not in s2                      #判断 s2 中是否不包含 thon
False
>>>s2[0]                                 #返回 s2 中索引（序号，从 0 开始）为 0 的字符
'P'
>>>s2[1:4]                               #返回 s2 中索引（序号，从 0 开始）从 1～3 的子串
yth
```

3.2.2　选择结构

计算机结构化程序一般由 3 种基本结构组成：顺序结构、选择结构和循环结构。下面通过两个程序实例说明 Python 程序的选择结构和循环结构。

【例 3-3】　设计猜数字游戏的程序。猜数字游戏中计算机随机生成一个数，程序提示用户输入一个数，直到与计算机生成的数相同为止。对于用户输入的每个数，程序会提示过大还是过小，这样可以帮助用户选择下一个数。

在这个程序中，使用选择和循环语句模拟猜数过程。首先，需要生成一个随机数，提示用

户输入一个数，将这个数与随机数进行比较，当用户输入的数和随机数相等时循环结束。

程序代码如下：

```
import random
number = random.randint(0, 100)                    #产生一个 0-100 的随机数
guessNum = -1
while guessNum != number:
    #以下为循环体，通过缩进的方式判断语句是否属于循环体
    guessNum=eval(input("请输入一个 0-100 的整数："))
    #以下为循环体内的 if-elif-else 语句，对用户输入数值的大小进行判断
    if   guessNum == number:
        print("恭喜你猜对了！")
    elif guessNum> number:
        print("你输入的数太大了！")
    else:
        print("你输入的数太小了！")
```

程序运行界面如图 3-5 所示。

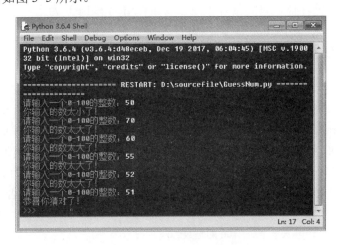

图 3-5 猜数字游戏运行界面

在本例中使用 if-elif-else 语句对用户输入的数据大小进行判断。Python 中 if 语句的一般格式如下：

```
if<表达式 1>:
    <语句序列 1>
[elif<表达式 2>:
    <语句序列 2>]
    …
[elif<表达式 n>:
    <语句序列 n>]
[else:
    <语句序列 n+1>]
```

if 或 elif 语句中表达式的值为逻辑型，也称为条件，elif 是 else if 的缩写，if-elif-else 语句

可以包含多个条件。如果条件为 True（真），则执行对应的语句序列；如果条件为 False（假），则继续判断后面的条件或执行 else 后面的语句（语句序列 n+1）。else 子句是可选的，如果没有 else 子句，在没有任何条件为 True 时，将不会执行 if-elif 语句中的任何语句。

在 Python 中标识语句序列，必须以同样的程度缩进代码的每一行，在本例的 if-elif-else 语句中，每个语句序列的缩进量相同，典型的缩进量是 4 个空格。

3.2.3　循环结构

在例 3-3 中用 while 循环实现了用户不断猜测数字的过程。当需要有条件地重复执行某段代码才能完成某项任务时，可以用循环结构进行设计。Python 有 while 和 for 两种基本循环结构。

1．while 循环结构

```
while <条件>:
    <语句序列>
```

当条件成立（条件值为 True）时，执行语句序列（也称循环体），执行完语句序列后，再重复判断条件，执行循环体，直到条件不成立（条件值为 False）为止。

除 while 循环结构外，Python 语言还提供了 for 循环结构。

2．for 循环结构

```
for 循环变量 in range(初始值,终值):
    <语句序列>
```

for 循环结构是基于迭代器的循环，在每一步的迭代中，循环变量都会被赋予一个值。range 函数有多种形式，range(a,b)返回一系列连续整数 a、a+1、a+2、…、b-2 和 b-1。还可以使用 range(a)和 rang(a,b,k)。range(a)与 range(0,a)功能一样。range(a,b,k)中 k 称为步长值，序列的第一个数是 a，序列中每一个数都会增加一个步长值 k，b 是界限值，若 k 为负数，则反向计数。

【例 3-4】　设计一个判断素数的程序，用户输入一个整数，判断其是否为素数并输出结果。

程序代码如下：

```
num=int(input("请输入一个 2～100 的整数:"))
isPrime=1
for i in range(2,num):               #对从 2 到 num-1 范围内的数逐个整除求余
    if (num % i) == 0:
        isPrime=0
        print("不是素数！")
        break                        #若已判断 num 不是素数，使用 break 退出循环
if isPrime==1:
    print("是素数!")
```

for 语句可以用来对容器成员进行迭代操作，最常见的迭代形式是简单循环访问一个序列（如列表或字符串等）的所有成员。

Python 中的 for 语句和 C 语言中的用法有区别：C 语言中的 for 循环可以让用户定义循环的步骤和停止的条件，而在 Python 中，for 语句按照有序序列（如列表或者字符串）中元素出现的顺序去遍历其中的元素。

Python 是根据语句的对齐方式来判断语句是否属于 if 语句、循环体或函数。采用缩进的方式使得代码可读性强。

3.2.4 常用内置函数

函数是完成一个特定功能的子程序，Python 和其他程序设计语言类似，都提供了一个解决常见程序设计任务的函数库。除了在前述程序中已使用的 eval、input 和 print 等函数之外，常用的内置函数还有 max、min 等，如表 3-6 所示。

表 3-6　常用 Python 内置函数

函数	描述	示例
abs(x)	返回 x 的绝对值	abs(−5)=5
max(x1,x2,x3,…)	返回 x1,x2,x3,… 的最大值	max(4,6,8)=8
min(x1,x2,x3,…)	返回 x1,x2,x3,… 的最小值	min(4,6,8)=4
pow(x,y)	返回 x^y 的值	pow(2,4)=16
round(x)	返回与 x 最接近的整数	round(6.8)=7

3.2.5 自定义函数

在 Python 中可以通过定义函数来实现代码重用。定义函数格式如下：

```
def 函数名（参数列表）:
    函数体
```

函数定义时以 def 关键字开始，后面写上函数名和参数，并以冒号结束。定义函数时的参数称为形式参数或形参。当调用函数时，将一个值传递给参数，这个值被称为实际参数或实参，函数也可以不带参数。有的函数有返回值，对这种函数的调用可以当作一个值处理，而有些函数只是执行相关的一些操作而不返回值。函数体包含完成操作的若干条语句，带返回值的函数需要使用关键字 return 来返回一个或多个值（实际返回一组值），执行 return 语句意味着函数的结束。

【例 3-5】 设计程序计算 Fibonacci 数列的前 10 项并输出。

Fibonacci 数列的特点是前两项均为 1，从第三项开始的值是前两项之和。

程序代码如下：

```
#定义函数 fibs
def fibs(num):
    result = [1,1]                          #使用列表来存储 Fibonacci 数列中的数据
    for i in range(num-2):
        result.append(result[-2] + result[-1])    #将计算结果追加到列表中
    return result
#调用 fibs 函数，计算 Fibonacci 数列的前 10 项并输出
print(fibs(10))
```

3.2.6　main 函数

和 C/C++语言不同，C/C++程序从 main 函数开始执行。Python 是一种解释型脚本语言，Python 程序从开始到结尾顺序执行，在 Python 中并不强制要求拥有 main 函数。

【例 3-6】　Python 程序中 main 函数的定义和使用。

程序代码如下：

```
def main():
    print("Hello, World!")
if __name__ == "__main__" :
    main()
```

Python 解释器执行代码有两种方式，最常见的方式是将文件作为 Python 脚本执行，另一种方式是将一个 Python 文件导入到另一个文件中。无论采用哪种执行方式，Python 都会定义一个名为__name__的特殊变量，__name__变量可帮助检查文件是直接运行还是已导入。如果直接运行脚本，Python 会将 main 分配给__name__，因此如果条件语句 if __name__ == "__main__" 的结果为 True，则意味着.py 文件正在运行。

3.2.7　文件

前面程序中使用的数据都是从键盘输入的，程序运行的结果通过 print 函数输出到显示器上，为了能够永久保存程序中创建的数据，需要将它们保存到磁盘文件中。这些文件中的数据日后可以被其他程序使用。文件的访问主要是对文件进行读写操作，在文件读写前必须打开文件，而在文件使用结束后应关闭文件。在 Python 中可以用 open()函数打开文件，打开文件的函数格式为<变量名>=open(<文件名>，<模式>)。文件使用结束后用 close()函数关闭文件，使用方式为<变量名>.close()。打开文件的常用模式如表 3-7 所示。

表 3-7　打开文件的常用模式

模式	描述
"r"	为读取打开一个文件
"w"	为了写入打开一个文件，如果文件已存在，原有内容被删除
"a"	打开一个文件向文件末尾追加数据
"rb"	为读取二进制数据打开文件
"wb"	为写入二进制数据打开文件

例如，下面的语句打开当前目录下一个名为 data.txt 的文件进行读操作。

```
inputFile=open("data.txt", "r")
```

下面通过两个例子来学习如何从文件中读数据以及如何向文件中写入数据。

【例 3-7】　将列表中的内容写入到文件中。

程序代码如下：

```
import os.path
```

```
import sys
def writeFile():                                    #定义 writeFile 函数
    languageList=["Python","C/C++","Java","SQL"]
    #输入文件名，strip()方法用于移除字符串头尾指定的字符（默认为空格）
    f=input("请输入目标文件名:").strip()
    if os.path.isfile(f):                           #判断一个文件是否已经存在
        print(f+" 已经存在！")                      #若文件已存在，则退出程序
        sys.exit()
    outfile=open(f,"w")                             #打开文件，为写入数据做准备
    for u in languageList:                          #将列表中的内容逐个写入文件
        outfile.write(u+"\n")
    outfile.close()                                 #关闭文件
writeFile()                                         #调用 writeFile 函数
```

假设输入文件名 language.txt，上述代码执行后，再查看 language.txt 文件，发现里面已有四行字符：

```
Python
C/C++
Java
SQL
```

为了防止已存在文件中的数据被意外修改，可在文件进行写操作前检测文件是否已经存在。os.path 模块中的 isfile 函数可以用来判断一个文件是否已经存在。如果当前目录下已经存在该文件，isfile(f)的返回值为 True。

【例 3-8】 编写一个复制文件的程序，用户输入要复制的源文件名及目标文件名，把源文件的内容复制到目标文件中。

```
import os.path
import sys
def copyFile():                                     #定义 copyFile 函数
    f1=input("请输入源文件名:").strip()              #输入要复制的源文件名
    f2=input("请输入目标文件名:").strip()            #输入目标文件名
    if os.path.isfile(f2)):                         #判断目标文件是否已经存在
        print(f2+" 已经存在!")
        sys.exit()
    infile=open(f1,"r")                             #打开源文件，为读取文件做准备
    outfile=open(f2,"w")                            #打开目标文件，为写文件做准备
    for u in infile:                                #将源文件内容写入目标文件
        outfile.write(u)
    infile.close()                                  #关闭源文件
    outfile.close()                                 #关闭目标文件
copyFile()                                          #调用 copyFile 函数
```

运行以上程序时，如果用户输入一个不存在的源文件名，程序将中断并报错。

3.3　Python 的典型数据结构

在 Python 中除基本数据类型外，还有复合数据类型，如列表（list）、元组（tuple）和字典（dict）等。在程序中往往需要存储大量的数据，例如，需要计算某门课程 50 名学生的平均分，程序首先要读取 50 名学生的分数，这些数字必须存储在变量内，如果创建 50 个不同名字的变量来存储分数并计算平均分，显然是不合理的。在此例中可以把 50 个分数存储在一个列表中并且通过一个列表变量来访问它们。这些复合数据类型本身有相应的操作方法和函数，在程序中灵活使用这几种数据类型，将会使一些问题的解决变得简单、直观。

3.3.1　列表

列表是一种可变序列数据类型。创建列表时，将元素放在一对方括号之间，并使用逗号来分隔数据元素。列表中的数据元素可以是基本数据类型，也可以是复合数据类型或自定义数据类型。Python 中列表的大小是可变的，可以根据需要增加或减少。列表以数字作为索引，索引从 0 开始，可以通过索引号访问列表中的元素。

创建列表的语句格式为：

    <列表变量名>=[<元素表>]。

假设 lt 是列表变量，n、n1 和 n2 代表某一数值，列表类型常用的操作方法和函数如表 3-8 所示。

表 3-8　列表常用操作方法和函数

列表表达式	描述
lt*n	重复 lt 列表 n 次
lt[n1:n2]	把索引 n1 到 n2（不包括 n2）的列表元素取出，组成另一个列表
lt[n1:n2:k]	同上，取出间隔为 k
len(lt)	返回列表中的元素个数
min(lt)	返回列表中的最小值
max(lt)	返回列表中的最大值
lt.index(n)	返回列表中第一次出现 n 的索引值
lt.count(n)	计算出 n 在列表中出现的次数
lt.append(x)	将 x 视为一个元素，添加到列表的后面
lt.insert(n,x)	把 x 插入到索引值为 n 的地方
Lt.pop([n])	删除索引值为 n 的元素（若不指定 n，则默认是最后一个元素），并返回该移除元素的值
lt.reverse()	反转列表的顺序
lt.sort()	将列表元素的内容加以排序

【例 3-9】　在 Python 的交互模式下对列表操作。

程序代码如下：

```
>>>list1=[1,3,5,7,9,11]          #创建列表 list1
>>>list1[0]                      #访问列表中索引序号为 0 的列表元素
1
>>>list1[2:4]                    #访问列表中索引序号从 2 到 4（不包括 4）的列表元素
[5,7]
>>>list2=[2,4,6,8,10]            #创建列表 list2
>>>list1.append(list2)           #将 list2 视为一个元素添加在列表 list1 的最后
>>>list1
>>>[1, 3, 5, 7, 9, 11, [2, 4, 6, 8, 10]]
>>>list1.pop(3)                  #删除列表中索引序号为 3 的元素并返回该元素的值
7
>>>list1.pop()                   #删除列表中最后一个元素并返回该元素的值
[2, 4, 6, 8, 10]
>>>list1                         #删除以上两个元素后列表 list1 的内容
[1, 3, 5, 9, 11]
```

3.3.2 元组

元组和列表类似，但元组一旦建立，就不可以修改其元素，即只能引用，也不能增加或者删除元素。创建元组使用一对小括号，用逗号分隔元组元素。元组中的数据元素可以是基本数据类型，也可以是复合数据类型或自定义数据类型。列表中的一些操作方法和函数可以应用在元组上，但涉及修改内容的，例如变更元素顺序的方法（排序和反转等）不能应用在元组上。

【例 3-10】 列表和元组的操作比较。
程序代码如下：

```
>>> list1=['Python','C','Java','VB']    #创建列表 list1
>>> list1.sort()                        #对列表 list1 的内容进行排序
>>> list1
['C', 'Java', 'Python', 'VB']           #排序后的列表 list1
>>> tuple1=('Python','C','Java','VB')   #创建元组 tuple1
print(tuple1[2])                        #输出：Java
>>> tuple1.sort()                       #试图对列表 tuple1 的内容进行排序
Traceback (most recent call last):      #出错提示
    File "<stdin>", line 1, in <module>
AttributeError: 'tuple' object has no attribute 'sort'
```

3.3.3 字典

字典由键（key）和值（value）组成，在一个字典结构中，一个键只能对应一个值，但是多个键可以对应相同的值。字典将键值对放在一对大括号之间，并使用逗号分隔，每个键值对内部用冒号分隔。

创建字典变量的语句格式为：

　　　　<字典变量名>={<键 1>:<值 1>,…,<键 n>:<值 n>}。

假设 dic 是字典变量，字典类型常用的操作方法如表 3-9 所示。

表 3-9　字典常用操作方法

方法	描述
dic.clear()	删除字典所有元素
dic.copy()	返回字典副本
dic.get(key)	返回键对应的值
dic.items()	返回一个由（键,值）组成的元组
dic.keys()	返回字典键的列表
dic.values()	返回字典值的列表
dic.pop(key)	删除键为 key 的元素并返回该键对应的值

【例 3-11】　在 Python 的交互模式下对字典操作。

程序代码如下：

```
#创建字典 dicScore 存放 5 个学生的姓名和成绩
>>>dicScore={"张晓明":90,"周力":49,"王莉莉":76,"余峰":68,"刘文":37}
>>>dicScore.keys()                    #返回一个包含所有键的列表
dict_keys(['张晓明', '周力', '王莉莉', '余峰', '刘文'])
>>>dicScore.items()                   #返回一个由（姓名，分数）组成的元组
dict_items([('张晓明', 90), ('周力', 49), ('王莉莉', 76), ('余峰', 68), ('刘文', 37)])
>>>dicScore.pop("余峰")               #删除键"余峰"并返回对应的值
68
```

字典与列表相比，有以下特点。

（1）字典查找和插入的速度快。

（2）字典需占用大量的存储空间。

（3）字典中的值通过键来存取。

3.4　Python 常用标准库调用举例

　　Python 语言的核心包含数字、字符串、列表、字典、文件等常见类型及其处理函数，经常在程序中使用的 eval、input 和 print 等函数都是 Python 的内置函数，使用这些函数不需要导入任何模块。Python 拥有一个强大的标准库，由 Python 标准库提供了系统管理、网络通信、文本处理、数据库接口、图形系统、XML 处理等额外的功能。

　　Python 的标准库包含了许多模块，模块是用来组织 Python 程序代码的一种方法，每个模块中定义了多个函数，程序如要调用这些标准库函数，需要先使用 import 命令导入函数或模块。用 import 引入某个模块，有以下 3 种形式。

（1）导入整个模块：import<模块名>[as <别名>]。

（2）导入模块下的单个函数：from<模块名>import<函数名>[as <别名>]。

（3）导入模块下的所有函数：from <模块名>import *。

3.4.1　math 模块

在程序设计中经常要解决一些数学问题，Python 的 math 模块提供了许多数学函数，常用的数学函数如表 3-10 所示。

表 3-10　常用数学函数

函数	描述
ceil(x)	取大于或等于 x 的最小整数
floor(x)	取小于或等于 x 的最大整数
exp(x)	返回幂函数 e^x 的值
log(x)	返回 x 的自然对数值
sqrt(x)	返回 x 的平方根值
sin(x)	返回 x 的正弦值（x 是弧度值）
cos(x)	返回 x 的余弦值（x 是弧度值）
tan(x)	返回 x 的正切值（x 是弧度值）

数学常量 pi 和 e 也定义在 math 模块中，可以通过使用 math.pi 和 math.e 来访问它们。

【例 3-12】　输入圆的半径，计算圆的周长和面积。

程序代码如下：

```
import math                              #导入 math 模块
radius=eval(input("请输入圆的半径:"))      #输入圆的半径
circumference=2*math.pi*radius           #计算圆的周长
area=math.pi*radius*radius               #计算圆的面积
print("圆的周长是：%.2f"%circumference)    #输出周长，结果保留两位小数
print("圆的面积是：%.2f"%area)             #输出面积，结果保留两位小数
```

3.4.2　turtle 模块

turtle 模块是 Python 内嵌的绘制图形的函数库，可以绘制线、圆及其他形状的图形，turtle 在英语中是海龟的意思，可以想象一只小海龟根据一组指令的控制，在平面坐标系中移动，在它爬行的路径上绘制出了图形。turtle 模块中包含移动笔、设置笔的大小、举起笔和放下笔的方法。在导入 turtle 模块时就创建了一个 turtle 对象，可以调用 turtle 对象的各种方法完成不同的操作。下面的程序将演示如何使用 turtle 模块。

【例 3-13】　绘制各种形状的图形。

程序代码如下：

```
import turtle                            #导入 turtle 模块
```

```
t=turtle.Pen()
#绘制三角形
t.pensize(5)                                    #设置笔的粗细为 3 个像素点
t.penup()                                       #将笔向上拉
t.goto(-200,-50)                                #将位置改变到（-200,-50）
t.pendown()                                     #将笔向下拉
t.circle(50,steps=3)                            #调用参数 radius 为 50，阶数为 3 的 circle 方法
#绘制四边形
t.penup()                                       #将笔向上拉
t.goto(0,-50)                                   #将位置改变到（0,-50）
t.pendown()                                     #将笔向下拉
t.circle(50,steps=4)                            #调用参数 radius 为 50，阶数为 4 的 circle 方法
#绘制圆形
t.penup()                                       #将笔向上拉
t.goto(200,-50)                                 #将位置改变到（0,-50）
t.pendown()                                     #将笔向下拉
t.circle(50)                                    #调用参数 radius 为 50 的 circle 方法
```

运行结果如图 3-6 所示。

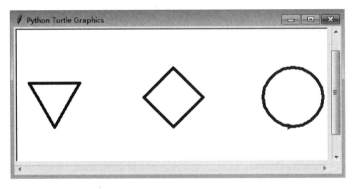

图 3-6　绘制各种形状

　　turtle 模块用笔来绘制图形，当创建一个 turtle 对象时，它的位置被设定在（0,0）处。circle（radius，extent，steps）方法有 3 个参数，第一个参数 radius 是必需的，为圆的半径；第二个参数 extent 是一个角度，决定绘制圆的哪一部分；第三个参数 steps 决定使用的阶数，如果阶数是 3，将绘制一个被圆括住的三边形（即正三角形）。如果不指定阶数，则 circle 方法就只画一个圆。

3.4.3　tkinter 模块

　　在 Python 中有许多图形用户界面（GUI）库可以用来开发 GUI 程序，tkinter 模块（也称 Tk 接口）是其中之一，tkinter 模块包含创建各种 GUI 的类，tkinter 为 Python 开发者提供了一个使用 tkGUI 库的接口，不仅是创建 GUI 项目的有力工具，也是一个学习面向对象程序设计的有用工具。由于 tkinter 是内置到 Python 安装包中的，只要安装好 Python 之后就能使用 tkinter

模块，而且 IDLE 也是用 tkinter 编写而成。

【例 3-14】 在窗口显示"HelloWorld！"字样。

程序代码如下：

```
from    tkinter import *                          #导入 tkinter 模块
window=Tk()                                        #创建窗口实例
label=Label(window,text="Hello World!")            #创建标签
button=Button(window,text="退出")                   #创建按钮
label.pack()
button.pack()
window.mainloop()
```

当运行这个程序时，tkinter 的窗口会出现一个标签和一个按钮，如图 3-7 所示。

在 tkinter 中创建一个 GUI 程序时，需要导入 tkinter 模块并且要使用 Tk 类创建一个窗口实例。Label 和 Button 是创建标签和按钮的 tkinter 控件类。label=Label(window, text="Hello World!")，创建一个带文本"HelloWorld！"的标签，button=Button(window,text="退出")，创建一个带"退出"字样的按钮，将它们包含在窗口中。label.pack()、button.pack()使用一个包管理器将 label 和 button 放在容器中。window.mainloop()创建了一个事件循环，这个事件循环持续直到关闭主窗口。

图 3-7 在窗口显示"HelloWorld！"

tkinter 模块中常用的 GUI 控件如表 3-11 所示。

表 3-11 tkinter 模块中常用 GUI 控件（按字母顺序排列）

控件	描述
Button	按钮
Canvas	画布控件，用于显示图形
Checkbutton	复选按钮，用于在程序中提供多项选择
Entry	输入控件，也称为文本域或文本框
Frame	框架控件，用来作为容器包含其他控件
Label	标签控件，用来显示文本或图像
Menu	菜单控件，用于实现下拉和弹出菜单的菜单栏
Menubutton	菜单按钮控件，用于显示菜单项
Message	消息控件，显示文本
Radiobutton	单选按钮，单击单选按钮设置变量值，并清除和该变量关联的其他单选按钮
Scrollbar	滚动条控件，当内容超过可视化区域时使用，如列表框
Text	文本控件

【例 3-15】 单击单选按钮并显示所选内容。

程序代码如下：

```
from tkinter import *
import tkinter.messagebox
root=Tk()                                          #创建一个窗口实例
```

```
            v=IntVar()                                                    #创建单选按钮关联变量
        language=['C++','C','Java', 'Python']
        #定义函数，设置选择某单选按钮后弹出对话框
        def callCB():
            for i in range(4):
                if v.get()==i:
                        tkinter.messagebox.showinfo("显示信息","你的选择是"+language[i]+"!")
                        Label(root,text='选择一门你喜欢的编程语言').pack(anchor=W)    #创建标签
        #创建 4 个单选按钮，并关联变量 v 及单击单选按钮后调用函数
        radiobutton=Radiobutton(root,text=language[0],value=0,command=callCB,variable=v)
        radiobutton.pack(anchor=W)
        radiobutton1=Radiobutton(root,text=language[1],value=1,command=callCB,variable=v)
        radiobutton1.pack(anchor=W)
        radiobutton2=Radiobutton(root,text=language[2],value=2,command=callCB,variable=v)
        radiobutton2.pack(anchor=W)
        radiobutton3=Radiobutton(root,text=language[3],value=3,command=callCB,variable=v)
        radiobutton3.pack(anchor=W)
        root.mainloop()
```

当用户单击第 4 个单选按钮后弹出对话框，如图 3-8 所示：

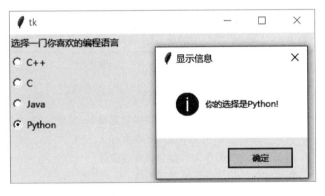

图 3-8　在窗口显示选择内容

3.5　Python 面向对象程序设计简介

　　Python 是一门面向对象的程序设计语言，完全支持面向对象程序设计的全部特性。面向对象的程序设计的三个基本特征：封装、继承和多态，可以大大增加程序的可靠性、代码的可重用性和程序的可维护性，从而提高程序开发效率。在面向对象程序设计中，把数据以及对数据的操作封装在一起，组成一个整体。不同对象之间通过消息机制来通信或者同步。对于相同类型的对象进行分类、抽象后，得出共同特征而形成了类。在面向对象程序设计中，类是程序的

基本元素，它将数据和操作紧密地联结在一起，并保护数据不会被外界的函数意外地改变。

3.5.1　类的定义与使用

在 Python 中使用 class 来创建一个新类，定义类的格式如下：

```
class <类名>:
    数据成员
    成员方法
```

创建类时用变量形式表示对象特征的成员称为数据成员，用函数形式表示对象行为的成员称为成员方法，数据成员和成员方法统称为类的成员。

【例 3-16】 设计 Rectangle 类来表示矩形，这个类包括：两个名为 width（矩形的宽度）和 height（矩形的长度）的数据成员，一个名为 getArea() 的方法返回这个矩形的面积，一个名为 getPerimeter() 的方法返回这个矩形的周长。创建两个对象，它们具有不同的 width 和 height 属性。

程序代码如下：

```
class Rectangle:
    def __init__(self,width=1,height=2):
        self.width=width
        self.height=height
    def getArea(self):
        return self.width*self.height
    def getPerimeter(self):
        return 2*(self.width+self.height)

r1=Rectangle()
r2=Rectangle(3,5)
print(r1.getArea())                    #通过 "." 来访问对象的方法
print(r1.getPerimeter())
print(r2.getArea())
print(r2.getPerimeter())
```

3.5.2　构造函数与析构函数

构造函数是一种特殊的方法，主要用于在创建对象时初始化对象。如果类中实现了 __init__() 方法，就调用这个方法，新创建的实例作为它的第一个参数 self 被传递进去，可以把要先初始化的属性放到这个方法里。当使用 del 删除对象时，会调用它本身的析构函数 __del__() 方法，或者是当对象在某个作用域中调用完毕，在跳出其作用域的同时析构函数也会被调用一次，其占用的内存空间将被释放。

3.5.3 类成员与实例成员

类中的数据成员有两种：一种是实例成员（实例属性），另一种是类成员（类属性）。类成员通常用来保存与类相关联的数据值，这些值不依赖于任何类实例。实例成员是与某个类实例相关联的数据值，这些值独立于其他实例或类。当一个实例被释放后，它的属性同时也被删除。实例成员一般是指在构造函数__init__()中定义的，定义和使用时必须以 self 作为前缀；类成员是在类中所有方法之外定义的数据成员。

【例 3-17】 设计 Book 类来表示书籍类型并创建两个对象。

```python
class Book:
    topic="Programming"                      #topic 是类成员
    def __init__(self,title):
        self.title="Python Programming"      #title 是实例成员
book1=Book("C Programming")                  #创建对象 book1
print(Book.topic)                            #访问类成员并输出
print(book1.topic,book1.title)               #访问实例成员并输出
Book.publishYear=2022                        #增加类成员
book1.pages=500                              #增加实例成员
print(Book.publishYear)                      #访问类成员并输出
print(book1.publishYear,book1.pages)         #访问实例成员并输出
print(Book.pages)                            #试图通过类名调用实例成员，程序报错
```

通过这个例子可以看出类成员属于类本身，可以通过类名进行访问或修改，也可以被类的所有实例访问或修改。在类定义之后，可以通过类名动态添加类成员，新增类成员也被类和所有实例共有。实例成员只能通过实例访问，在生成实例后，可以动态添加实例成员，但新增的实例成员只属于该实例。

3.6 Python 第三方库简介及应用实例

开源项目的蓬勃发展产生了信息技术领域的大量可重用资源，形成了"计算生态"。Python 语言作为开源项目的代表，围绕 Python 语言建立了超过 12 万个第三方库，建立了全球最大的编程计算生态。

3.6.1 Python 第三方库简介

Python 不仅具有强大的标准库，而且还有种类丰富的第三方库。随着 Python 的不断发展，一些稳定的第三方库也被加入到标准库中。Python 常用的第三方库如表 3-12 所示。

表 3-12 Python 常用第三方库

分类	名称	用途描述
Web 框架	django	开源 Web 开发框架
	tornado	轻量级的 Web 框架
	zope	开源的 Web 应用服务器
科学计算	matplotlib	类 Matlab 的第三方库，用于绘制数学二维图形
	scipy	基于 Python 的 Matlab 实现
	numpy	基于 Python 的科学计算第三方库
GUI	wxpython	GUI 编程框架，与 MFC 架构类似
	pyqt	Python 的 QT 开发库
	pygtk	基于 Python 的 GUI 程序开发 GTK+库
其他	beautifulsoup	基于 Python 的 HTML/XML 解析器
	mysqldb	用于连接 MySQL 数据库
	pygame	基于 Python 的多媒体开发和游戏软件开发库

Python 第三方库需要安装后才能使用，最常用且高效的 Python 第三方库安装方式是采用 pip 工具安装。安装一个库的命令格式如下：

　　pip install <拟安装第三方库名>

例如，安装 matplotlib 库，在命令行状态下输入 pip install matplotlib，pip 工具默认从网络上下载 matplotlib 库安装文件并自动安装到系统中。安装完 matplotlib 库以后，可以在程序中通过语句 import matplotlib 来使用该库。

3.6.2 Python 第三方库应用实例

【例 3-18】 利用第三方库 jieba、wordcloud、matplotlib 和 collections 绘制词云。
程序代码如下：

```
from wordcloud import WordCloud
import jieba
import matplotlib.pyplot as plt
import collections
#读取文件
txt=open("新年贺词 2023.txt","r",encoding='utf-8').read()
#利用 jieba 进行分词
words=list(jieba.lcut(txt))
words_list=[]
#读取哈工大中文停用词表
stopwordsFile=open("hit_stopwords.txt","r",encoding='utf-8')
stopwordsList=[line.strip() for line in stopwordsFile.readlines()]
#将分词结果中包含的停用词表中的词语去掉
for word in words:
    if word not in stopwordsList:
```

```
        words_list.append(word)
font='C:\Windows\Fonts\STKAITI.TTF'
#统计词语出现的次数
freq=dict(collections.Counter(words_list))
#按词频生成词云
wc = WordCloud(font_path=font).fit_words(freq)
wc.to_file("result.png")
#显示词云
plt.imshow(wc,interpolation='bilinear')
plt.axis('off')
plt.show()
```

生成的词云如图 3-9 所示。

图 3-9　2023 年新年贺词的词云

【例 3-19】　使用泰坦尼克数据集分析获救旅客和客舱等级及年龄的关系。

程序代码如下:

```
import numpy as np
import pandas as pd
import matplotlib.pyplot as plt
from matplotlib import rcParams
import seaborn as sns

rcParams['font.family']=rcParams['font.sans-serif']='SimHei'
file='titanic.csv'
#读取数据文件并统计获救乘客数量
df=pd.DataFrame(pd.read_csv(file))
survivedNum=len(df[df['Survived']==1])
notsurvivedNum=len(df[df['Survived']==0])
print("有{}人获救，有{}人遇难".format(survivedNum,notsurvivedNum))

plt.figure(figsize=(10,6))
#绘制第一个子图
```

```
plt.subplot(1,2,1)
df.pivot_table(values='Survived',index='Pclass',aggfunc=np.mean)
sns.barplot(data=df,x='Pclass',y='Survived',errorbar=None)

#统计每列数据缺失的数量，发现年龄列中缺失数据较多
for col in df.columns:
    msg = '列: {:>10}\t 有: {}空值'.format(col,df[col].isnull().sum())
    print(msg)

#对年龄数据用中位值填充
df.Age.fillna(df.Age.median(),inplace=True)
# 将年龄按数值划分为五等份
df['AgeGroup'] = pd.cut(df['Age'],5)
df.AgeGroup.value_counts(sort=False)
#绘制第二个子图
plt.subplot(1,2,2)
sns.barplot(data=df,x='AgeGroup',y='Survived',errorbar=None)
plt.xticks(rotation=60) # 设置标签刻度角度
plt.show()
```

生成的图表如图 3-10 所示。

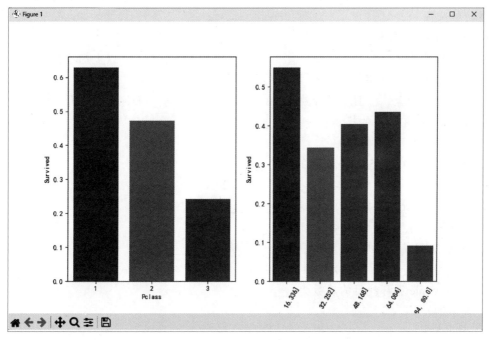

图 3-10　生存率和客舱等级、年龄的关系

习题

一、填空题

1. Python 语言是一种解释型、面向_____的计算机程序设计语言。

2. 用户编写的 Python 程序不需修改就可以在任何支持 Python 的平台上运行，这是 Python 的_____特性。

3. Python 脚本文件的扩展名是_____。

4. 在 Windows 操作系统上安装 Python 语言环境后，有__①__、__②__和集成开发环境三种运行模式。

5. Python 注释以符号_____开始，到行尾结束。

6. Python 程序有__①__、__②__和__③__3 种控制结构。在 Python 中用__④__语句来实现选择结构，__⑤__和__⑥__语句用来实现循环结构。

7. 在循环语句中，_____语句的作用是提前结束本层循环。

8. 函数代码块以关键字__①__开头，函数若有返回值时需用关键字__②__返回。

9. 要使用 Python 标准库 math 模块中的函数时应在程序中使用__①__来引入 math 模块，math 模块中用来计算平方根的函数是__②__。

10. Python 标准库 os.path 中用来判断指定文件是否存在的方法是_____。

11. Python 安装第三方库常用的是_____工具。

二、单选题

1. Python 语言属于_____。
   A. 机器语言　　　B. 汇编语言　　　C. 高级语言　　　D. 以上都不是

2. 下列选项中，不属于 Python 特点的是_____。
   A. 面向对象　　　B. 运行效率高　　C. 可移植性好　　D. 免费和开源

3. 在 Python 中合法的标识符是_____。
   A. abc　　　　　B. 3C　　　　　　C. it's　　　　　D. def

4. 表达式 16/4-2**5*8/4%5//2 的值为_____。
   A. 14　　　　　　B. 4　　　　　　C. 20　　　　　　D. 2.0

5. 执行语句 print(3<=4<5)的结果为_____。
   A. 3　　　　　　B. 4　　　　　　C. 5　　　　　　D. True

6. 将数值 11 赋值给变量 X1，下列语句正确的是_____。
   A. 11=X1　　　　B. X1=11　　　　C. X1="11"　　　D. 11->X1

7. 下述 while 循环执行的次数为_____。
   ```
   k=1000
   while k>1:
       print k
       k=k/2
   ```
   A. 9　　　　　　B. 10　　　　　　C. 11　　　　　　D. 100

8. 在 Python 中用_____函数来打开文件。

    A. open{}   B. open()   C. open[]   D. Open()

9. 以下语句不正确的是_____。

    A. 以读模式打开一个文件时，如果文件不存在，会打开一个空文件

    B. 以写模式打开一个文件时，如果文件存在，文件会被覆盖

    C. 以写模式打开一个文件时，如果文件不存在，会创建一个新文件来写入

    D. 以读模式打开一个文件时，如果文件不存在，会报错

10. 以下关于函数的语句正确的是_____。

    A. 定义函数时，即使该函数不需要接收任何参数，也必须保留一对圆括号

    B. 定义函数时必须指定函数返回值类型

    C. 函数中必须包含 return 语句

    D. 在定义函数时需要声明函数参数的类型

11. 在使用 Tkinter 模块进行 GUI 设计时，_____往往用来实现非互斥多选的功能。

    A. 复选框   B. 单选按钮   C. 标签控件   D. 文本框

三、多选题

1. Python 支持的数据类型有_____。

    A. Number（数字）   B. Array（数组）   C. String（字符串）

    D. List（列表）   E. Tuple（元组）

2. 以下合法的表达式是_____。

    A. x in range(6)   B. 3=a   C. e>5 and 4==f

    D. (x−6)>5   E. x>y?x:y

3. 已知 a=30，b=4，以下运算符使用正确是_____。

    A. a and b   B. a**3   C. a//b

    D. a<<3   E. a!=b

4. 以下能创建一个字典的语句是_____。

    A. dic1={}   B. dic2={123:345}   C. dic3={'a':1,'b':2}

    D. dic4=[1,2,3,4]   E. dic5=(1,2,3,4,5)

5. 下列关于 Python 中字典的说法正确的有_____。

    A. 字典中的"键"不允许重复   B. 字典中的"值"不允许重复

    C. 字典中的"键"可以是列表   D. 字典中的"键"可以是元组

    E. 可以使用字典中的"键"作为下标来访问字典中的值

四、设计题

1. 设计程序，产生三个 0～100 的随机数 a、b 和 c，并将三个数从小到大排列。

2. 设计程序，计算 $1^2+2^2+3^2+\cdots+100^2$ 的值。

3. 设计程序，判断某一年份是否为闰年。

4. 设计一个函数，计算 $n!$，并调用该函数。

5. 利用 calendar 模块的函数，设计输出某月日历的程序。

6. 利用 Tkinter 模块，设计一个具有加、减、乘、除功能的计算器。

思考题

1. Python 语言的主要特点和应用范围是什么？
2. 在 Python 中如何定义一个函数？如何引入一个模块？
3. Python 中列表、元组和字典的区别是什么？
4. Python 中的选择结构和循环结构分别用哪些语句来实现？
5. Python 程序的错误有哪些类型？请举例说明。

第4章

数据结构、算法及程序设计

电子教案

计算机程序主要对数据进行加工和处理。通常，程序要说明数据的组织形式和存储方式，即数据结构；也要给出处理数据的步骤和方法，即算法。在计算机程序设计中，数据组织和存储结构及数据处理步骤，都将直接影响程序的执行效率。因此，要写出更好的程序，程序设计人员不仅要掌握程序设计语言，还要掌握数据结构和算法的相关知识。

4.1 数据结构的基本概念

早期，计算机主要用于数值计算，所处理的数据都是整型、实型或字符型等简单数据，数据操作一般是+、−、×和÷等算术运算。例如，求圆的面积和体积等。利用计算机解决此类问题时，通常先要根据具体问题抽象出数学模型，然后设计一个解此模型的算法。此时，编程人员注重的是运算公式，而无须考虑数据结构。

随着计算机技术的发展，其应用领域越来越广。计算机应用已不再局限于数值计算，而是更多地用于数据处理和信息管理等非数值计算。例如，学生、图书、财务和人事等信息管理系统。在进行此类问题的数据处理时，需要处理的数据量很大，数据操作不再是单纯的数值计算，而是数据插入、删除、查找和排序等操作。例如，插入学生信息、查找图书信息和删除人员信息等。对大量数据进行此类操作时，如何更有效地组织数据将直接影响数据处理的效率。因此，程序设计者必须考虑数据的组织和存储问题。

1. 数据结构示例

党的二十大报告指出：十年来，"一些关键核心技术实现突破，战略性新兴产业发展壮大，载人航天、探月探火、深海深地探测、超级计算机、卫星导航、量子信息、核电技术、新能源技术、大飞机制造、生物医药等取得重大成果，进入创新型国家行列。""未来五年，强化经济、重大基础设施、金融、网络、数据、生物、资源、核、太空、海洋等安全保障体系建设。"

由此可以看出，今后我国会大力发展太空技术。太空技术的发展，会推进载人航天技术的发展。载人航天能够体现一个国家综合国力和提升国际威望，因为航天技术的水平与成就是一个国家经济、科学和技术等综合实力的反映，其意义深远、影响重大。我国载人航天是从神舟系列飞船开始的，从神舟一号到神舟四号是无人飞船，从神舟五号起是载人飞船，到目前为止一共发射了十五艘。表4-1所示为神舟飞船信息表。

在表4-1中，每艘飞船对应一行数据，由飞船名称、发射时间、返回时间、乘组和飞行时间多个数据项构成。表中任何两行数据都不完全相同，并且依据发射时间，飞船之间存在一种时间上的前后关系。

表 4-1　神舟飞船信息表

飞船名称	发射时间	返回时间	乘组	飞行时间
神舟一号	1999-11-20 06:30	1999-11-21 03:41	无人飞船	21 小时 11 分
神舟二号	2001-01-10 01:00	2001-01-16 19:22	无人飞船	6 天 18 小时 22 分
神舟三号	2002-03-25 22:15	2002-04-01 16:54	搭载模拟人	6 天 18 小时 39 分
神舟四号	2002-12-30 00:40	2003-01-05 19:16	搭载模拟人	6 天 18 小时 36 分
神舟五号	2003-10-15 09:00	2003-10-16 06:26	杨利伟	21 小时 26 分
神舟六号	2005-10-12 09:00	2005-10-17 04:32	费俊龙、聂海胜	4 天 19 小时 32 分
神舟七号	2008-09-25 21:10	2008-09-28 17:37	翟志刚、刘伯明、景海鹏	2 天 20 小时 30 分
神舟八号	2011-11-01 05:58	2011-11-17 19:32	搭载模拟人	18 天
神舟九号	2012-06-16 18:37	2012-06-29 10:03	景海鹏、刘旺、刘洋	12 天
神舟十号	2013-06-11 17:38	2013-06-26 08:07	聂海胜、张晓光、王亚平	15 天
神舟十一号	2016-10-17 07:30	2016-11-18 13:33	景海鹏、陈冬	32 天
神舟十二号	2021-06-17 09:22	2021-09-17 13:30	聂海胜、刘伯明、汤洪波	93 天
神舟十三号	2021-10-16 00:23	2022-04-16 09:56	翟志刚、王亚平、叶光富	183 天
神舟十四号	2022-06-05 10:44	2022-12-04 20:09	陈冬、刘洋、蔡旭哲	182 天
神舟十五号	2022-11-29 23:08		费俊龙、邓清明、张陆	

在设计程序时，编程人员根据表中数据之间的关系建立相应的数据结构，根据数据结构组织和存储数据，然后选择适当的算法编写处理相关数据的程序。

2. 数据结构定义

数据结构是指具有相同特征、相互关联的数据集合，数据也称为数据元素或结点。在现实世界中，一切客观事物都可以抽象成数据元素。例如，由季度名称组成的集合是数据结构，一季度、二季度、三季度和四季度为数据元素；家庭成员的数据结构中，祖父、父亲、儿子或女儿等是数据元素。总之，现实世界中每个对象都可以映像成数据元素。数据元素可以由一个数、一个字符或一个名称等单个数据项组成，也可以由多个数据项组成。例如，在季度名称数据结构中，数据元素都是由一个数据项构成；在学生信息数据结构中，数据元素由学号、姓名、性别、出生日期、班级和专业等多个数据项组成。由多个数据项组成的数据元素也称为记录。

数据结构中数据元素都具有某种共同的特征。例如，数据元素一季度、二季度、三季度和四季度具有共同的特征，即都是季度名称，构成季度名称集合；数据元素祖父、父亲、儿子或女儿等都是家庭成员，组成家庭成员集合。

数据结构中数据元素之间存在着某种关系，这种关系是数据元素之间所固有的一种结构。例如，季度名称数据结构中数据元素之间有时间上的前后关系；家庭成员数据结构中数据元素之间有层次上的高低关系。

一般来说，人们不会同时处理没有任何联系的数据。总而言之，数据结构是指带有结构特性的数据元素集合。主要从以下几个方面进行研究：

（1）数据集合中数据元素之间所固有的关系，即数据逻辑结构。

（2）处理数据时数据在计算机中的存储方式，即数据存储结构。

（3）对数据所进行的操作，即算法。

3. 数据逻辑结构

通常，将数据结构中数据元素之间所固有的关系描述成前后件（前驱与后继）关系。在季度集合中，一季度的后件是二季度，二季度的前件是一季度。同理，二季度与三季度、三季度与四季度有相同的关系。数据元素之间的前后件关系是它们之间的逻辑关系，与它们在计算机中的存储位置无关，因此将这种关系称为数据逻辑结构。一个数据结构可以表示为

$$S =(D,R)$$

式中，S 表示数据结构；D 表示数据元素的集合；R 表示 D 中数据元素之间前后件关系的集合，即数据逻辑结构。两个元素之间前后件关系用一个二元组表示。例如，D 中两个元素 a_1 和 a_2，用二元组（a_1,a_2）表示 a_1 是 a_2 的前件，a_2 是 a_1 的后件。D 中每两个元素之间前后件的关系都可以用这样的二元组表示。

【**例 4-1**】 季度数据结构可以表示为

$$S =(D,R)$$

式中，$D=$ { 一季度，二季度，三季度，四季度 }，$R=$ {（一季度，二季度），（二季度，三季度），（三季度，四季度）}。

一般来说，数据元素之间有集合、线性、树形和图形 4 种基本逻辑结构。

（1）线性结构：数据元素之间存在一对一关系（如图 4-1 所示），即除第一个结点无前件外，其他结点都只有一个前件；除最后一个结点无后件外，其他结点都只有一个后件。例如，向量和季度名称集合都属于线性结构。

（2）树形结构：数据元素之间存在一对多的关系（如图 4-2 所示），即一个结点最多有一个前件和多个后件，并且前件和后件之间有层次关系。例如，家庭成员集合，一个父亲可以有多个儿女，父亲与儿女之间有辈分（层次）之分，也称层次结构。

（3）图形结构：数据元素之间存在多对多关系（如图 4-3 所示），即一个结点可以有多个前件和多个后件，也称网状结构。

（4）集合：这是一种松散结构（如图 4-4 所示），数据元素之间的关系只是同属于一个集合，可以用其他结构来表示。例如，看同一场电影的观众集合，观众之间的关系只是看同一场电影，但按座号组织观众时，他们之间的关系就变成线性结构。

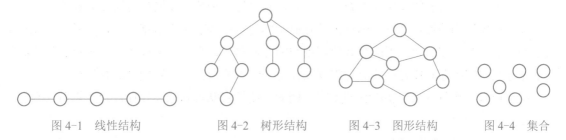

图 4-1　线性结构　　　　图 4-2　树形结构　　　　图 4-3　图形结构　　　　图 4-4　集合

根据数据结构中数据元素之间前后件关系的复杂程度划分，将数据逻辑结构分为线性结构和非线性结构。线性结构有且只有一个开始结点和一个终端结点，并且每个结点最多只有一个前件和一个后件，线性结构也称为线性表。

非线性结构可以有多个开始结点和多个终端结点，每个结点可以有多个前件或多个后件，树形结构和图形结构都属于非线性结构。

4．数据物理结构

数据逻辑结构从逻辑上描述数据元素之间的关系，独立于计算机。数据在计算机存储器中的存储方式称为数据存储结构（或数据物理结构）。数据结构中数据元素之间在计算机中的位置关系与逻辑关系不一定相同。例如，在季度数据结构中，一季度是二季度的前件，二季度是一季度的后件。在计算机存储器中，有可能一季度存储在二季度前面并且相邻，即数据存储结构与逻辑结构一致；也可能一季度存储在二季度后面，或它们不相邻，即数据元素在存储器中的位置关系与逻辑关系不同。

在数据存储结构中，不仅要存放各个数据元素，还要存放数据元素之间前后件关系的信息。数据存储结构是逻辑结构在计算机存储器中的表示。在计算机中，数据元素有 4 种存储方式，即顺序、链式、索引和散列，通常采用顺序存储结构和链式存储结构。

数据	地址
a_1	2000H
a_2	2001H
a_3	2002H
a_4	2003H
⋮	⋮

图 4-5　顺序存储结构

（1）顺序存储结构：在存储器中开辟一块连续的单元存放数据（如图 4-5 所示），逻辑上相邻的结点在物理位置上也邻接，结点之间的逻辑关系由存储单元的相邻关系体现出来。

（2）链式存储结构：结点由两部分组成（如图 4-6 所示）。一部分用于存放数据元素，称为数据域；另一部分用于存放前件或后件的存储地址，称为指针域。链式存储结构通过指针反映数据元素之间的逻辑关系。

地址	2000H	2001H		3001H	3002H		3003H	3004H		2016H	2017H
数据及指针	a_1	3001H	→	a_2	3003H	→	a_3	2106H	→	a_4	

图 4-6　链式存储结构

【**例 4-2**】　4 个结点的链式存储结构，如图 4-6 所示。

表 4-1 是神舟飞船信息的逻辑结构，它只有一个开始结点（前面无记录）和一个终结点（后面无记录），其他结点只有一个直接前件和后件（记录），因此，它也是线性结构。

表 4-1 中的数据既可以用一片连续的存储单元（如数组）顺序存放，也可以用分散的存储单元链式存储，这种数据的存储方式就是数据的物理结构。

对神舟飞船信息表的操作（如查询、修改、删除等）步骤以及操作方法即为算法。

顺序存储结构的优点是每个结点占用存储空间最少；缺点是当数据元素很多时，可能找不到足够大的连续存储单元，不能很好地利用空闲存储单元，容易产生碎片。链式存储结构的优点是充分利用空闲存储单元；缺点是需要保存每个结点的指针，占用较多的存储单元。

同一逻辑结构可以采用多种存储方式。例如，线性表既可以顺序存储，也可以链式存储。

4.2　算法的基本概念

在现实社会中，做任何一件事情都需要有一定的方法和步骤。例如，书写汉字要按汉字的笔画顺序写；做菜时，各种作料有一定的下锅顺序；等等。同理，计算机解决某一个具体问题时，也需要制定出解决问题的切实、可行的方法和步骤，即算法。将算法转化为一系列计算机指令输入到计算机并执行，计算机就能够完成指定的任务。程序中的语句，实际上就是算法的具体实现。

4.2.1　算法的定义

算法是解决问题的具体方法和步骤的描述，是一组有限的运算序列。

计算机所处理的数据分为数值和非数值两种类型。对数值型数据的主要操作是算术运算，而对非数值型数据的主要操作是插入、删除、查找和排序等运算。

算法是定义在逻辑结构上的操作，独立于计算机，但必须在计算机上执行，因此，算法的实现依赖于数据存储结构。例如，对于线性表的查找运算，在顺序和链式两种存储结构上具体实现的步骤和方法有所不同。一个算法应该具有以下特征。

（1）可行性：在现实生活中，人们做任何一件事情，都希望采取的方法和步骤可行。同样，针对实际问题而设计的算法，执行后必须能够得到满意的结果；否则即使这个算法构思再好，也不能正确地解决问题。

（2）确定性：算法中每一步骤的操作结果都必须确定，不能模棱两可，更不能有二义性。

（3）有穷性：一个算法必须由有限步组成，并能在有效时间内完成。如果一个算法由无限步组成，则会进入死循环；如果一个算法需要几百年或上千年才能完成，显然失去了实用价值。

（4）输入性：执行算法时能从外界得到数据。每次执行算法时，输入不同的数据，可能会产生不同的结果。例如，求两个数中较大者，要从键盘输入两个数。若第一次执行时输入 5 和 9，则执行结果为 9，若第二次执行时输入 9 和 15，则执行结果为 15。

（5）输出性：算法要解决问题，最终要有结果，并能输出结果。

4.2.2　算法的描述方法

用于描述算法的工具很多，通常有自然语言、伪代码、流程图和 N-S 图等工具。

（1）自然语言描述算法：自然语言就是人类语言。用自然语言描述算法通俗易懂，人们容易接受。

【例 4-3】　用自然语言描述 $n!$ 的算法，如图 4-7 所示。

用自然语言描述的算法通常不十分严谨，容易造成二义性，也不容易转换成计算机语言程序。因此，一般不采用自然语言描述算法。

（2）伪代码语言描述算法：伪代码语言既不是自然语言，也不是计算机程序设计语言，它介于两者之间，是人们为描述算法而规定的语言，它比较接近程序设计语言。

【例 4-4】　用伪代码语言描述 $n!$ 的算法，如图 4-8 所示。

```
S1: 输入n的值;
S2: 如果n<1, 则结束;
S3: 设t和i均为1;
S4: t×i存入t, i值增1;
S5: 如果i≤n, 则转S4;
S6: 输出t并结束。
```

```
Begin(算法开始)
  input  n
  if  n<1 then return
  1 ⇒ t
  1 ⇒ i
  do
     t×i ⇒ t
     i+1 ⇒ i
  until  i>n
  output t
End(算法结束)
```

图 4-7　自然语言描述 $n!$ 算法　　　　图 4-8　伪代码语言描述 $n!$ 算法

伪代码语言描述的算法不能在计算机上执行，但很容易转换成计算机语言程序。因此，此方法备受程序设计人员的青睐。

（3）流程图描述算法：流程图法用几何图形表示各种操作，用"流线"指示算法的执行方向。流程图法清晰、直观、形象地反映控制结构及其操作过程，但描述较复杂的问题时不够方便。图 4-9 所示为求 $n!$ 的流程图法表示。

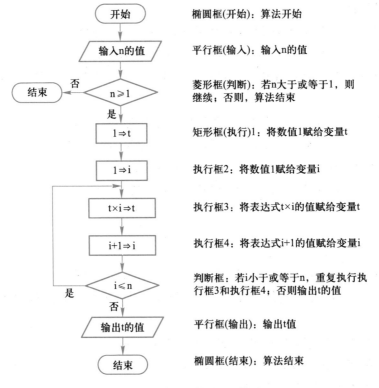

图 4-9　流程图描述 $n!$ 算法

（4）N-S 图描述算法：流程图的另一种形式。在这种流程图中，仍然用矩形表示执行框；图 4-10 表示分支结构；图 4-11 表示当型循环结构；图 4-12 表示直到型循环结构。

图 4-10　分支结构

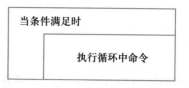

图 4-11　当型循环结构

【例 4-5】 用直到型循环结构的 N-S 图描述 $n!$ 的算法，如图 4-13 所示。

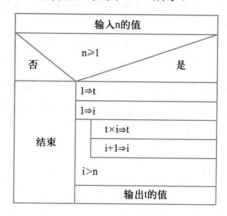

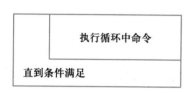

图 4-12　直到型循环结构

图 4-13　N-S 图描述 $n!$ 算法

【例 4-6】 依据图 4-13 所描述的算法，设计计算 $n!$的程序。

（1）启动 IDLE，单击 File→New File 选项，在编辑框中输入如下代码。

```
n=int(input("请输入 1 个正整数："))    #将输入的字符型数据转换成整型数据赋给 n
t=1                                  #将数值 1 赋给变量 t
if n<0:                              #判断 n 的值是否小于 0
    print("输入的数不能为负！")       #n 的值小于 0，执行输出语句
else:                                #n 的值大于或等于 0，执行下面语句
    for i in range(1,n+1):           #对从 1 到 n 范围内的整数逐一执行一次循环体语句
        t=t*i                        #将 t*i 的值赋给变量 t
    print(n,'!=',t)                  #输出 t 的值
```

（2）单击 File→Save As 选项，在"另存为"对话框中选择保存路径并输入文件名 li4-6。

（3）单击 Run→Run Module 选项运行程序，运行结果如下所示。

```
>>>
请输入 1 个正整数：6
6! = 720
>>>
```

再次运行结果如下：

```
>>>
请输入 1 个正整数：-3
输入的数不能为负！
>>>
```

4.2.3　算法的评价

在计算机程序设计中，某一个任务的算法设计的优与劣，将直接影响程序的运行效率、稳定性和可维护性。通常从正确性、可读性、健壮性和执行效率 4 个方面评价一个算法。

（1）正确性：算法本身没有错误，执行时输入正确数据能够得到正确的结果。

（2）可读性：算法容易理解和阅读，不提倡高深或晦涩的算法，使算法容易实现，便于维护和完善程序。

（3）健壮性：算法能够对各种输入数据进行处理，尤其输入非法数据时，也能做出反应，并给予适当的提示和处理。

（4）执行效率：执行算法的时间性能和空间性能。对于解决同一个问题的多个算法，执行时间短的算法时间效率高；占用存储空间少的算法空间效率高。

4.2.4　算法复杂度

算法复杂度是对算法效率的度量，是评价算法优劣的重要依据。一个算法复杂度的高低体现在运行算法所需要的资源多少。需要的资源越多，算法的复杂度越高。

计算机资源分为时间资源和空间（即存储器）资源，因此算法复杂度有时间复杂度和空间复杂度之分。

1. 算法时间复杂度

算法时间复杂度是指执行算法所需要的时间，可以表示为

$$执行时间 = 语句执行时间 × 语句执行次数$$

语句执行时间可能与计算机性能或编译程序所生成的目标代码质量等因素有关，即语句绝对执行时间不单纯反映算法效率，也反映运行算法的计算机的综合效率。算法复杂度用来比较解决同一个问题时不同算法的效率，而不比较计算机的性能。因此，用绝对运行时间度量算法时间复杂度并不合适。而语句执行次数只依赖于问题的规模，是问题的规模函数。规模指所需处理问题数据量的大小，数据量越大，所花费的时间就越多。语句执行次数表示成以数据量 n 为自变量的函数，记为 $f(n)$。

分析算法时间效率时，只研究算法本身，而不考虑各种硬件和运行环境等因素。因此，分析算法执行时间可以转换成对 $f(n)$ 的分析。这样，算法时间复杂度也变成数据量 n 的函数，通常记为 $T(n)$。

$f(n)$ 函数在正整数定义域内一定单调递增。好的算法应该是，在数据量 n 增长时，函数 $f(n)$ 增长的速度比较缓慢。由于很难精确地计算出 $T(n)$ 的值，实际中只能进行估算。当 $f(n)$ 与 n 无关时，定义为 $T(n)=O(1)$；当 $f(n)$ 与 n 为线性关系时，定义为 $T(n)=O(n)$；当 $f(n)$ 与 n 为二次方关系时，定义为 $T(n)=O(n^2)$，依此类推。

【例 4-7】　计算下列程序段的时间复杂度。

```
for i in range(1,n):        #对从 1 到 n-1 范围内的整数逐一执行一次循环体语句
```

```
        k=k+1                #①
```

本例中，语句①的执行次数（n−1 次）即为程序处理的数据量，即 $f(n)$ 与 n 为线性关系，因此 $T(n)=O(n)$。

【例 4-8】 计算下列程序段的时间复杂度。

```
for i in range(1,n):        #开始步长为 1 的外层循环，循环执行 n-1 次
    for j in range(1,n):    #开始步长为 1 的内层循环，循环执行 n-1 次
        k=k+1               #①
```

本例中，语句①的执行次数就是程序处理的数据量：$(n-1)(n-1)=n^2-2\times n+1$，即 $f(n)$ 与 n 为二次方关系，所以，$T(n)=O(n^2)$。

由此可见，如果算法的语句执行次数是关于数据量 n 的多项式，则该算法时间复杂度只与 n 的最高次方有关，而忽略系数和其他各项。

2．算法空间复杂度

算法空间复杂度是指算法在执行过程中所占用的附加空间数量。附加空间就是除算法代码本身和输入输出数据所占据的空间外，算法临时开辟的存储空间单元。与时间复杂度类似，空间复杂度也是问题规模 n 的函数，通常记为 $S(n)$。

【例 4-9】 计算下列程序段的空间复杂度。

```
m=int(input("请输入 1 个数："))    #将用 input 输入的字符型数据转换成整型数据赋给变量 m
n=int(input("请输入 1 个数："))    #将用 input 输入的字符型数据转换成整型数据赋给变量 n
if m>n :                          #如果 m 的值大于 n 的值，则交换 m 和 n 的值
    k=m                           #将 m 的值赋给 k
    m=n                           #将 n 的值赋给 m
    n=k                           #将 k 的值赋给 n
print('m=',m, ',n=',n)            #输出 m 和 n 的值
```

本例中，定义了 3 个整型变量 m、n、k，变量 m 和 n 用于存放输入数据，变量 k 是一个附加变量，交换 m 和 n 的值时，用于暂存 m 和 n 中的数据。因此，本算法临时开辟的存储空间单元是 k 所占的单元，与数据量 n 无关，所以 $S(n)=O(1)$。

4.3 线性表结构

数据逻辑结构分为线性结构和非线性结构。线性结构也称为线性表，栈、队列、数组和字符串等都是特殊的线性表。

4.3.1 线性表

线性表是一种最简单、最常用的线性结构，通常采用顺序存储或链式存储，其主要操作有插入、删除、查找和排序。

1．线性表的定义

线性表是一组特征相同数据的有限序列，表示为 $L = (a_1, a_2, a_3, \cdots, a_n)$。其中，$L$ 是线

性表名，a_1，a_2，a_3，…，a_n 是具有相同特征的数据元素。

　　线性表中的数据元素个数 n（$n \geqslant 0$）称为线性表的长度。当 $n = 0$ 时，称为空表。在非空线性表中，每个数据元素都有一个确定的位置，其位置取决于它的序号。例如，a_1 是第一个元素，a_2 是第二个元素，…，a_n 是最后一个元素。

　　非空线性表的特征是表中每个数据元素 a_i，除 a_1 无前件外，其他数据元素有且只有一个前件 a_{i-1}；除 a_n 无后件外，其他数据元素有且只有一个后件 a_{i+1}。

　　【例 4-10】　线性表举例。

　　季度名称｛一季度、二季度、三季度、四季度｝是一个线性表，每个数据元素是一个字符串，表长度为 4。

　　学生基本信息｛（20040001，刘强，男，1984/02/13，14001，机械制造），（20040002，王晓红，女，1986/05/06，14001，机械制造），（20040003，李明，男，1984/10/25，14001，机械制造）｝是一个线性表，每个数据元素是由学号、姓名、性别、出生日期、班级和专业 6 个数据项组成的记录，表长度为 3。

　　线性表通常采用顺序存储结构或链式存储结构。顺序存储的线性表也称为顺序表，链式存储的线性表也称为链表。

　　2．线性表的顺序存储

　　线性表顺序存储是指用一段连续的存储单元存放表中的数据元素，数据元素在存储空间中按逻辑顺序依次存放，即线性表的逻辑结构与存储结构相一致。

　　由于同一线性表中数据元素的类型相同，假设一个数据元素占用 d 个存储单元，线性表的首地址 $\text{Addr}(a_1)$ 为 K，则存储数据元素 a_i 的首地址为

$$\text{Addr}(a_i) = \text{Addr}(a_1) + (i-1) \times d = K + (i-1) \times d, \quad 1 \leqslant i \leqslant n$$

　　在访问线性表时，可以利用数学公式快速地计算出任何一个数据元素的存储首地址。通常，将这种存取数据元素的方法称为随机存取法，将这种存储结构称为随机存储结构。由此可见，在线性表中通过元素序号可以很方便地访问某一个元素。在程序设计中，通常用数组表示顺序表。

　　【例 4-11】　设计一个程序，创建 1 个线性表。运行时从键盘输入数据元素的值，输入感叹号 "!" 则结束输入。输入 1 个数据元素的序号，输出其元素值、前件值及后件值。

　　（1）启动 IDLE，单击 File→New File 选项，在编辑框中输入如下代码。

```
line=[]                        #创建 1 个空列表
while True:                    #循环条件为 True，执行循环体语句
    m=input("请输入数据：")     #输入数据赋给变量 m
    if m == '!' :              #判断 m 是否等于!
        break                  #m 等于!，则结束输入
    else:                      #m 不等于!，则执行下面一条语句
        line.append(int(m))    #将 m 添加到列表中
print("创建的线性表为：",line)   #输出列表
n=len(line)                    #求列表长度
i=int(input("元素序号："))      #输入元素序号赋给变量 i
if i<0 or i>=n:                #判断 i 的值是否小于 0 或大于或等于 n
```

```
        print("元素序号应在 0 至",n-1,"之间")        #i 的值满足条件，执行此语句
    else:                                        #i 的值不满足条件，执行下面语句
        print("其元素值为： ",line[i])             #输出元素值
        if i==0:                                 #判断 i 的值是否为 0
            input("其无前件")                      #i 的值为 0，输出"其无前件"
        else:                                    #i 的值大于 0
            print("其前件值为： ",line[i-1])        #输出其前件值
        if i==n-1:                               #判断 i 的值是否等于 n-1
            input("其无后件")                      #i 的值为 n-1，输出"其无后件"
        else:                                    #i 的值为 n-1，输出"其无后件"
            print("其后件值为： ",line[i+1])        #输出其后件值
```

（2）单击 File→Save As 选项，在"另存为"对话框中选择保存路径并输入文件名 li4-11。

（3）单击 Run→Run Module 选项运行程序，运行结果如下所示。

```
>>>
请输入 1 个整数：1
请输入 1 个整数：2
请输入 1 个整数：3
请输入 1 个整数：4
请输入 1 个整数：5
请输入 1 个整数：!
创建的线性表为：[1, 2, 3, 4, 5]
元素序号：3
其元素值为：4
其前件值为：3
其后件值为：5

>>>
```

3. 线性表的单链表存储

线性表顺序存储是一种简单、方便的存储方式。其优点是可以方便地随机读取表中的任意元素；缺点是插入和删除运算需要移动大量的元素，浪费大量的时间，效率较低。线性表链式存储能够克服顺序存储的缺点。

在链表中，结点的存储空间可以不连续，数据逻辑结构和存储结构互相独立，逻辑关系上相邻的结点物理位置上不一定相邻，结点之间的逻辑关系由指针域来确定。

每个结点只有一个指针域的链表称为单链表，如图 4-14 所示。通常，单链表中每个结点的指针域用于存放后件结点的存储地址，最后一个结点无后件结点，指针域为空，用 Null 或^表示。

图 4-14 单链表的结点结构

【例 4-12】 5 个结点的单链表如图 4-15 所示。

图 4-15 5 个结点的单链表

每个单链表都有一个头指针，存放表中第一个结点的存储单元地址，即指向表中第一个结点。已知一个单链表，就是明确了链表的首地址，即头指针，因此可以用"头指针"标识一个单链表。例如，头指针名是 head，则将其指向的链表称为表 head。访问一个单链表，就是通过头指针找到单链表中的第一个结点，再通过第一个结点指针域找到第二个结点，以此类推，直到最后一个结点（指针域为空）。

4．线性表的循环链表存储

如果将单链表中最后一个结点的指针域指向链表的第一个结点，则形成一个首尾相连的循环链表。通常，在循环链表中增设一个表头结点，其数据域的值可以任意或根据情况来设置，指针域指向第一个结点。循环链表也有头指针，用来指向表头结点。空循环链表只由一个表头结点组成，并自成循环。带表头结点的空循环链表和非空循环链表如图 4-16 所示。

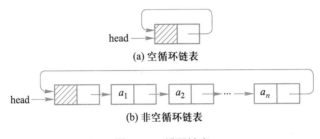

(a) 空循环链表

(b) 非空循环链表

图 4-16　循环链表

循环链表的特点是从表中任一个结点出发，均可以找到其他所有的结点。在任何情况下，带有表头结点的循环链表中至少有一个结点存在，从而使空表和非空表的运算能够完全统一起来。

循环链表运算与单链表运算基本相同，不同之处是对单链表进行操作时，要判断是否是表尾，即指针是否为 Null；而对循环链表进行操作时，要判断是否为头指针。

4.3.2　栈

栈属于线性结构，是一种特殊的线性表，其存储方式可以是顺序存储，也可以是链式存储。

1．栈的定义

栈是在表的同一端进行插入和删除运算的线性表。在这种线性表中，一端封闭，不能插入或删除元素；另一端开口，允许插入或删除元素。将允许插入和删除运算的一端称为栈顶（top），另一端称为栈底（bottom），不含元素的栈称为空栈。通常，将插入元素的运算称为入栈，将删除元素的运算称为出栈。

由于入栈和出栈只能在栈顶进行，因此每次出栈的总是栈顶元素，它最后入栈，也最先出栈，即栈遵循"先进后出"或"后进先出"的原则，因此也将栈称为"先进后出"或"后进先出"表。

设有一个栈 $S = \{a_1, a_2, \cdots, a_n\}$，入栈顺序是 a_1、a_2，最后是 a_n。栈的状态如图 4-17 所示。

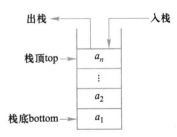

图 4-17　栈结构示意图

2．栈的基本运算

栈的基本运算包括以下几个方面。

（1）初始化栈：构造一个空栈。

（2）空栈判断：判断栈是否为空。

（3）入栈：在栈顶插入一个元素。

（4）出栈：在栈顶删除一个元素。

（5）读栈：仅读取栈顶元素，并不删除元素。

3．栈的顺序存储及其常用运算

栈的顺序存储结构是用一块连续的存储区域存放栈中的元素。后面的叙述中，假设低地址一端作为栈底，栈底固定不变。用变量 top 表示栈顶位置，n 表示栈中最多能容纳的元素个数。

（1）入栈运算：指在栈顶插入元素，其算法描述如下。

① S1：如果 top = n-1，则栈已满，入栈失败（栈"上溢"错误），并结束入栈。

② S2：top +1 $\Rightarrow$ top。

③ S3：将新元素放在当前栈顶位置。

（2）出栈运算：指取出栈顶元素，其算法描述如下。

① S1：如果 top = -1，则栈为空，出栈失败（栈"下溢"错误），并结束出栈。

② S2：将当前栈顶（top）元素赋给一个变量。

③ S3：top - 1 $\Rightarrow$ top。

【例 4-13】 设栈最多容纳 5 个元素，入栈和出栈时，栈的变化情况如图 4-18 所示。

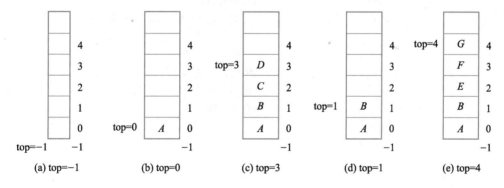

图 4-18　入栈和出栈情况

（1）图 4-18（a）：栈顶 top = -1，表示栈为空栈。此时，如果进行出栈运算，则将出现"下溢"错误。

（2）图 4-18（b）：栈顶 top = 0，表示已有一个元素 A 入栈。

（3）图 4-18（c）：表明又有元素 B、C、D 入栈，栈顶 top = 3。

（4）图 4-18（d）：表明元素 D、C 出栈，栈顶 top = 1。

（5）图4-18（e）：表示又有元素 E、F、G 入栈，栈顶 top=4，栈已满。此时，如果再进行入栈运算，则将出现"上溢"错误。

【例 4-14】 顺序栈入栈、出栈操作编程实现。

定义顺序栈类 SqStack，实现栈的基本操作。

（1）初始化栈：调用类的构造函数创建 1 个空栈，并设置栈顶位置。

（2）空栈判断：调用 empty()方法判断栈是否为空。

（3）入栈：调用 push()方法使元素入栈。

（4）出栈：调用 pop()方法使栈顶元素出栈。

设计过程如下。

（1）启动 IDLE，单击 File→New File 选项，在编辑框中输入如下代码。

```python
MaxSize=5                            #设置栈容量为 5
class SqStack:                       #顺序栈类
    def __init__(self):              #构造方法
        self.data=[None]*MaxSize     #创建空栈
        self.top=-1                  #设置栈顶位置
    def empty(self):                 #判断栈空方法
        return self.top==-1          #栈空返回 True,否则返回 False
    def push(self,e):                #入栈方法
        if self.top==MaxSize-1:      #判断栈是否满
            print("栈满，入栈失败！")  #栈满，输出"栈满，入栈失败！"
        else:                        #栈未满，执行下面语句
            self.top+=1              #栈顶位置加 1
            self.data[self.top]=e    #将 e 入栈
    def pop(self):                   #出栈方法
        if  self.empty():           #判断栈是否为空
            print("栈空，出栈失败！")  #栈空，输出"栈空，出栈失败！"
        else:                        #栈非空，执行下面语句
            n=self.data[self.top]    #将栈顶元素的值赋给 n
            self.data[self.top]=None #将栈顶元素的值置为 None
            self.top-=1             #栈顶位置减 1
            return n                 #返回栈顶元素
    def __str__(self):              #
        return str(self.data)

def main():                          #定义 main()函数
    stack = SqStack()                #创建并初始化栈
    stack.push(1)                    #元素 1 入栈
    stack.pop()                      #元素 1 出栈
    stack.pop()                      #出栈操作，但因为栈空，提示"栈空，出栈失败！"
    stack.push(2)                    #元素 2 入栈
    stack.push(3)                    #元素 3 入栈
    stack.push(4)                    #元素 4 入栈
    stack.push(5)                    #元素 5 入栈
    stack.push(6)                    #元素 6 入栈
    print(stack)                     #输出栈的内容
    stack.push(7)                    #入栈操作，但因栈满，提示"栈满，入栈失败！"
```

```
if __name__ == '__main__': main()
```

（2）单击 File→Save As 选项，在"另存为"对话框中选择保存路径并输入文件名 li4-14。

（3）单击 Run→Run Module 选项运行程序，运行结果如下所示。

```
>>>
栈空，出栈失败！
[2, 3, 4, 5, 6]
栈满，入栈失败！
>>>
```

对例 4-14 的程序进行修改，调用列表的 append()方法使元素入栈，调用列表的 pop()方法使元素出栈，代码的文件名为 li4-14-1.py，具体内容如下。

```
class SqStack:                              #顺序栈类
    def __init__ (self):                    #构造方法
        self.data=[]                        #用列表存放栈中元素，初始为空
    def empty(self):                        #判断栈空方法
        if len(self.data)==0:               #判断栈长度是否为 0
            return True                     #栈空，返回 True
        return False                        #栈非空，返回 False
    def push(self,e):                       #入栈方法
        self.data.append(e)                 #元素 e 入栈
    def pop(self):                          #出栈方法
        if self.empty():                    #检测栈是否为空
            print("栈空，出栈失败！")        #栈空，输出"栈空，出栈失败！"
        else:                               #栈非空，执行下面语句
            return self.data.pop()          #元素出栈
    def gettop(self):                       #取栈顶元素方法
        if self.empty():                    #检测栈是否为空
            print("栈空！")                 #栈空，输出"栈空"
        else:                               #栈非空，执行下面语句
            return self.data[-1]            #返回栈顶元素
    def __str__ (self):
        return str(self.data)


def main():
    stack = SqStack()                       #创建并初始化栈
    print(stack)                            #输出栈
    stack.push(1)                           #元素 1 入栈
    stack.push(2)                           #元素 2 入栈
    print(stack)                            #输出栈的内容
    stack.pop()                             #元素 2 出栈
    print(stack.gettop())                   #输出栈顶元素
    stack.pop()                             #元素 1 出栈
    print(stack)                            #输出栈的内容
    stack.pop()                             #出栈操作，因栈空，提示"栈空，出栈失败！"
```

```
        if __name__ == '__main__': main()
```
运行结果如下所示。
```
>>>
[]
[1, 2]
1
[]
栈空，出栈失败！
>>>
```

4.3.3　队列

队列也是一种特殊的线性表，其存储方式可以是顺序存储，也可以是链式存储。

1．队列的定义

队列（如图 4-19 所示）是一种允许在一端进行插入运算，而在另一端进行删除运算的线性表。允许删除的一端称为队头，允许插入的一端称为队尾。显然，先进队列的元素先出队列，后进队列的元素后出队列。因此，队列也称为"先进先出"线性表，或称为"后进后出"线性表。

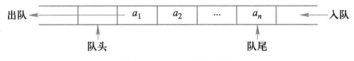

图 4-19　队列示意图

2．队列的基本运算

队列的基本运算如下。

（1）初始化队列：创建一个空队列。

（2）空队列判断：判断队列是否为空。

（3）入队运算：在队尾插入一个元素。

（4）出队运算：在队头删除一个元素。

（5）读队头元素：读取队头元素赋给一个变量，不删除队头元素。

（6）队列长度：求队列中元素的个数。

3．队列的顺序存储及其常用运算

通常，将顺序存储的队列称为顺序队列。由于入队和出队运算时队头和队尾位置要发生变化，因此设有两个变量（front 和 rear）分别存放队列头位置和尾位置。front 和 rear 都是整型变量，front 指向队列中第一个元素的前一个单元位置，rear 指向队列中最后一个元素的位置。另外，设队列中能容纳 n 个元素，下面是队列的几种常用运算算法。

（1）初始化队列：创建一个空队列，并设置 front = rear = -1。

（2）入队运算：向队尾插入一个新元素，队尾位置发生变化。其算法描述如下。

① S1：如果 rear = n-1，则队列已满，入队失败（"上溢"错误），并结束入队。

② S2：rear + 1 $\Rightarrow$ rear。

③ S3：将新元素放在当前队尾位置（rear）。

（3）出队运算：删除队头元素，队头位置发生变化，其算法描述如下。

① S1：如果 front = rear，则队列已空，出队失败（"下溢"错误），并结束出队。

② S2：front +1 ⇒ front。

③ 取出元素。

【例 4-15】 设队列中最多存放 5 个元素，入队和出队时队列变化情况如图 4-20 所示。

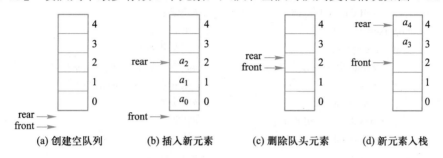

图 4-20　顺序队列元素入队和出队示意图

（1）图 4-20（a）：队列为空，front = rear = –1。

（2）图 4-20（b）：表示有 3 个元素 a_0、a_1 和 a_2 相继入队，队尾位置（rear）发生变化，队头位置（front）不变。

（3）图 4-20（c）：表示 3 个元素 a_0、a_1 和 a_2 先后出队，队头位置（front）发生变化，队尾位置（rear）不变。此时，队头和队尾相碰，表明队列为空。

（4）图 4-20（d）：表示又有两个元素 a_3 和 a_4 入栈，队尾位置（rear）发生变化。此时，队尾 rear = n–1，表示队列已满，不能再向队尾插入元素，而实际上队列并没有满，即元素的个数少于队列所能容纳的个数，此种现象称为"假溢出"现象。为了解决"假上溢"现象，较好的方法是采用循环队列。

【例 4-16】 顺序队列入队、出队操作编程实现。

定义顺序队列类 SqQueue，实现队列的基本操作。

（1）初始化队列：调用构造函数创建 1 个空队列，并设置队头、队尾位置。

（2）空队列判断：调用 empty()方法判断队列是否为空。

（3）入队：调用 push()方法使元素入队。

（4）出队：调用 pop()方法使队头元素出队。

（5）取队头元素：调用 gethead()方法取队头元素。

设计过程如下。

（1）启动 IDLE，单击 File→New File 选项，在编辑框中输入如下代码。

```
MaxSize=3                          #设置队列容量为 3
class SqQueue:                     #顺序队列类
    def __init__ (self):           #构造方法
        self.data=[None]*MaxSize   #创建 1 个空队列，用于存放队列元素
        self.front=-1              #设置队头位置
        self.rear=-1              #设置队尾位置
```

```
        def empty(self):                            #空队列判断方法
            return self.front==self.rear            #队列为空返回 True，否则返回 False
        def push(self,e):                           #入队方法
            if self.rear==MaxSize-1:                #判断队列是否为满
                print("队满，入队失败！")             #队满，输出"队满，入队失败！"
            else:                                   #队未满，执行下面语句
                self.rear+=1                        #队尾加 1
                self.data[self.rear]=e              #元素 e 入队
        def pop(self):                              #出队方法
            if self.empty():                        #判断队列是否为空
                print("队空，出队失败！")             #队空，输出"队空，出队失败！"
            else:                                   #队非空，执行下面语句
                self.front+=1                       #队头加 1
                n=self.data[self.front]             #队头元素赋给 n
                self.data[self.front]=None          #队头元素出队
                return n                            #返回队头元素
        def gethead(self):                          #取队头元素方法
            if self.empty():                        #判断队列是否为空
                print("队空，未取到对头元素！")        #队空，输出"队空，未取到对头元素！"
            else:                                   #队非空，执行下面语句
                return self.data[self.front+1]      #返回队头元素
        def _ _str_ _(self):
            return str(self.data)
    def main():
        queue = SqQueue()                           #创建并初始化队列
        print(queue)                                #输出空队列
        queue.push(1)                               #元素 1 入队
        queue.push(2)                               #元素 2 入队
        queue.push(3)                               #元素 3 入队
        print(queue)                                #输出队列的内容
        queue.pop()                                 #元素 1 出队
        print(queue)                                #输出队列的内容
        print(queue.gethead())                      #输出对头元素
        queue.pop()                                 #元素 2 出队
        print(queue)                                #输出队列的内容
        queue.pop()                                 #元素 3 出队
        print(queue)                                #输出队列的内容
        queue.pop()                                 #元素出队，队列为空，输出"队空，出队失败！"
    if _ _name_ _ == '_ _main_ _': main()
```

（2）单击 File→Save As 选项，在"另存为"对话框中选择保存路径并输入文件名 li4-16。

（3）单击 Run→Run Module 选项运行程序，运行结果如下所示。

```
>>>
[None, None, None]
[1, 2, 3]
```

[None, 2, 3]

2

[None, None, 3]

[None, None, None]

队空，出队失败！

>>>

4.3.4　循环队列

在实际应用中，队列的顺序存储结构一般采用循环队列的形式。

1．循环队列的定义

循环队列是将队列的存储空间想象成一个首尾相连的环状空间。在循环队列中进行入队运算时，如果存储空间的最后一个位置已被占用，而第一个位置空闲，便将元素放到第一个位置上，即存储空间的第一个位置作为队尾。

在循环队列中，仍然用 front 指向队头元素的前一个单元位置，用 rear 指向队尾元素的位置。因此，从 front 指向的后一个位置到 rear 指向的位置之间，所有元素均为队列中的元素。

2．循环队列的常用运算

在循环队列中，由于出队时队头指针追赶队尾指针，入队时队尾指针追赶队头指针，队列空或队列满时，队头和队尾指针都相等，如图 4-21（a）、（c）、（e）所示。因此，不能简单地通过 front=rear 来判断队列是空还是满。为了解决这个问题，可以增加一个标志变量 flag，初始化时 flag=0，入队成功时置 flag=1；出队成功时置 flag=0。队列空的判断条件是 front=rear 且 flag=0；队列满的判断条件是 front=rear 且 flag=1。

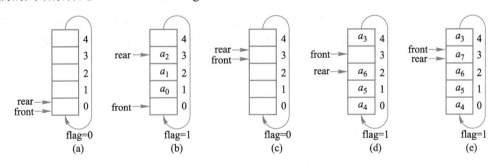

图 4-21　循环队列元素入队和出队运算示意图

设 n 为循环队列中所能容纳的最多元素个数，循环队列有如下基本运算。

（1）初始化队列：创建一个空队列，并设置 front=rear=0，flag=0，如图 4-21（a）所示。

（2）入队运算：先判断循环队列是否为满，若队列已满，则入队失败；否则将元素入队，队尾位置发生变化。其算法描述如下。

① S1：如果 front=rear 且 flag=1，则队列已满，如图 4-21（e）所示，入队失败（"上溢"错误），并结束入队。

② S2：如果（rear+1）=n，则 0⇒rear；否则 rear+1⇒rear。

③ S3：将新元素放在当前队尾位置（rear），1⇒flag。

（3）出队运算：删除队头元素，队头位置发生变化。其算法描述如下。

① S1：如果 front=rear 且 flag=0，则队列已空，如图 4-21（c）所示，出队失败（"下溢"错误），并结束出队。

② S2：如果（front +1）=n，则 0⇒front；否则 front+1⇒front。

③ S3：0⇒flag。

【例 4-17】 设循环队列中最多存放 5 个元素，进行入队和出队操作时，循环队列的变化情况如图 4-21 所示。

（1）图 4-21（a）：循环队列为空，front=rear=0，flag=0。

（2）图 4-21（b）：表示有 3 个元素 a_0、a_1 和 a_2 相继入队，队尾位置（rear）发生变化，队头位置（front）不变，每次入队时都置 flag=1。

（3）图 4-21（c）：表示 3 个元素 a_0、a_1 和 a_2 先后出队，队头位置（front）发生变化，队尾位置（rear）不变，每次出队时都置 flag=0。3 个元素出队后，队头和队尾相碰（front =rear 且 flag=0），循环队列为空，不能再进行出队运算。

（4）图 4-21（d）：表示又有 4 个元素 a_3、a_4、a_5 和 a_6 先后入队，队尾位置（rear）发生变化。a_3 入队后，rear 值为 4，a_4 要入队，此时（rear+1）=5，则 0⇒rear，即 a_4 放在位置 0。

（5）图 4-21（e）：元素 a_7 入队，队尾位置（rear）发生变化，队头位置（front）不变，并置 flag=1。此时队头和队尾相碰（front=rear 且 flag=1），循环队列为满，不能再进行入队运算。

4.4　树及二叉树

树是一种常用的非线性结构，树结构中结点之间既有分支关系又有层次关系。在现实世界中，树结构得到了广泛应用。例如，各单位行政组织机构和家族关系等都可以用树表示。

4.4.1　树

树是由 n（$n{\geqslant}0$）个结点组成的有限集合。当 $n = 0$ 时，称为空树；否则，有且仅有一个根结点。当 $n>1$ 时，非根结点被分成 m（$m>0$）个互不相交的子集 T_1，T_2，…，T_m，每个子集又是一棵树。树是递归定义的，即一棵树由根及若干棵子树构成，每棵子树又由更小的子树构成。

在用图形表示树时，通常表示成一棵倒挂树，如图 4-22 所示，逻辑上相邻的两个结点用直线连接起来，上端结点是前件，下端结点是后件。

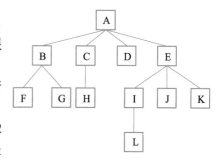

图 4-22　树结构

在树结构中，有且只有一个根结点，根结点没有前件，其他结点只有一个前件。在图 4-22 中，结点 A 是树的根结点。

在树结构中，每个结点可以有多个（包括 0 个）后件。将结点的后件称为该结点的子结点，该结点是其子结点的双亲结点。将没有后件的结点称为叶子结点。在图 4-22 中，B、C、D 和 E 是 A 的子结点，A 是 B、C、D 和 E 的双亲结点；I、J 和 K 是 E 的子结点，E 是 I、J 和 K 的双亲结点；结点 D、F、G、H、L、J 和 K 均为叶子结点。

　　一个结点所拥有后件的个数称为该结点的度。在图 4-22 中，结点 A、B、C 和 E 的度分别为 4、2、1 和 3，叶结点的度均为 0。树中所有结点的最大度称为树的度。在图 4-22 中，树的度为 4。

　　树结构具有层次结构的特点，各结点之间的层次关系是结点的层次从根结点算起，根结点在第一层，根的直接后继结点在第二层，同一层上所有结点的后继结点均在下一层。在图 4-22 中，根结点 A 在第一层，结点 B、C、D 和 E 在第二层，结点 F、G、H、I、J 和 K 在第三层，结点 L 在第四层。树中结点的最大层次称为树的深度或高度，在图 4-22 中，树的深度为 4。

　　在树结构中，以某结点的子结点为根的树称为该结点的子树。在图 4-22 中，根结点 A 有 4 棵子树，分别以 B、C、D 和 E 为根。叶结点没有子树。

4.4.2　二叉树的特点及性质

　　在树结构中，每个结点可能有多个后继结点，每个结点的后继结点数可能不同。因此，要在计算机中实现树结构存储，需要设置大量的指针域，并且每个结点的指针域都需要动态地分配或按树的度进行设置。如果动态地分配指针域，则在插入或删除元素时将浪费大量的时间；如果按树的度设置指针域，则空指针域将浪费大量的存储空间。在实际应用中，通常将普通树转换成二叉树进行存储。

1．二叉树及其特点

　　二叉树中每个结点最多只有两个后件。二叉树不同于普通树，但有相似之处。二叉树存储结构及操作比较简单，其特点如下：

　　（1）非空二叉树有且只有一个根结点。

　　（2）每个结点最多有两棵子树，且有左右之分。

　　在二叉树中，结点的最大度为 2。一个结点可以有左、右两棵子树，也可以只有左子树而没有右子树，或只有右子树而没有左子树。叶结点既没有左子树也没有右子树。二叉树有 5 种基本形态，如图 4-23 所示。

(a) 空二叉树　　(b) 只有根结点　　(c) 只有左子树　　(d) 有左、右子树　　(e) 只有右子树

图 4-23　二叉树的 5 种基本形态

2．二叉树基本性质

　　性质 1：在二叉树的第 i 层上，最多有 2^{i-1} 个结点（$i \geqslant 1$）。

　　证明：二叉树的第一层只有一个根结点，所以 $i=1$ 时，$2^{i-1}=2^0=1$ 成立。

假设对所有的 k（$1 \leqslant k < i$）成立，即第 k 层上最多有 2^{k-1} 个结点成立。若 $k=i-1$，则第 k 层上最多有 $2^{k-1}=2^{i-2}$ 个结点。由于二叉树中每个结点的最大度为 2，所以第 i 层最多的结点个数是第 $i-1$ 层最多结点个数的 2 倍，即最多有 $2^{i-2} \times 2 = 2^{i-1}$ 个结点。

在图 4-24 中，除叶结点以外，其他结点的度都为 2，即每层结点数都达到极点。第一层有 1 个根结点 A，结点数为 $2^{1-1}=1$；第二层有 2 个结点 B 和 C，结点数为 $2^{2-1}=2$；第三层有 4 个结点 D、E、F 和 G，结点数为 $2^{3-1}=4$；第四层有 8 个结点 H、I、J、K、L、M、N 和 O，结点数为 $2^{4-1}=8$。

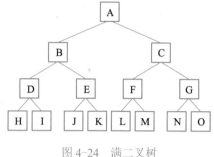

图 4-24 满二叉树

性质 2： 深度为 k 的二叉树最多有 2^k-1 个结点（$k \geqslant 1$）。

证明： 由性质 1 可以得出，1～k 层中每层最多的结点个数分别为 2^0，2^1，2^2，2^3，…，2^{k-1}。这是一个以 2 为比值的等比数列，前 k 项之和的计算公式为

$$\sum_{i=1}^{k} 2^{i-1} = \frac{a_1 - a_k \times q}{1-q} = \frac{2^0 - 2^{k-1} \times 2}{1-2} = 2^k - 1$$

深度为 k 的结点数最多的二叉树，每层一定都达到了最多结点数。图 4-28 是深度为 4 层的二叉树，其结点总数达到 $2^4-1=15$ 个。

性质 3： 对于任意一棵二叉树，度为 0 的结点（即叶子结点）总比度为 2 的结点多一个。

证明： 设度为 0 的结点个数为 n_0，度为 1 的结点个数为 n_1，度为 2 的结点个数为 n_2，结点总数为 n，k 为二叉树中的分支数，则二叉树的结点总数为

$$n = n_0 + n_1 + n_2 \tag{4-1}$$

在二叉树中，除根结点之外，每个结点有且只有一个前驱结点，即仅有一个从上向下的分支指向，因此结点总数 n 与分支数 k 之间的关系为

$$n = k + 1 \tag{4-2}$$

在二叉树中，度为 1 的结点产生一个向下的分支，度为 2 的结点产生两个向下的分支，度为 0 的结点不产生向下的分支，所以分支数 k 可以表示为

$$k = n_1 + 2n_2 \tag{4-3}$$

将式（4-3）代入式（4-2）得

$$n = n_1 + 2n_2 + 1 \tag{4-4}$$

将式（4-4）减去式（4-1），并整理后得

$$n_0 = n_2 + 1$$

即二叉树中度为 0 的结点比度为 2 的结点多一个。

在图 4-24 中，度为 0 的结点有 8 个，分别是 H、I、J、K、L、M、N 和 O，度为 2 的结点有 7 个，分别是 A、B、C、D、E、F 和 G。在图 4-25 中，度为 0 的结点有 6 个，分别是 F、G、H、I、J 和 K，度为 2 的结点有 5 个，分别是 A、B、C、D 和 E。度为 0 的结点都比度为 2 的结点多一个。

3. 满二叉树

如果一个深度为 k 的二叉树拥有 2^k-1 个结点，则称其为满二叉树，如图 4-24 所示。

在满二叉树中，每一层上的结点数都达到最大值，即在第 i 层上有 2^{i-1} 个结点，深度为 k 的满二叉树有 2^k-1 个结点。也就是说，除叶子结点之外，其他结点均有两棵深度相同的子树，叶子结点都在最下面的同一层上。而图 4-25 不是满二叉数。

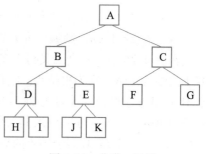

4. 完全二叉树及其性质

一棵深度为 k 的二叉树，如果第一层到第 $k-1$ 层是一棵满二叉树，第 k 层上的结点数可能没有达到最大值 2^{k-1}，但这些结点都满放在该层的最左边，则称此二叉树为完全二叉树。图 4-24、图 4-25 和图 4-26 都是完全二叉树，而图 4-27 不是完全二叉树。

图 4-25 非满二叉树

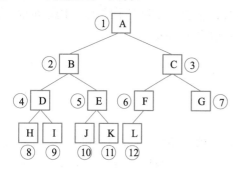

图 4-26 完全二叉树

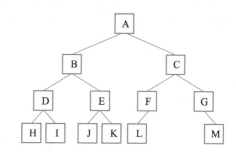

图 4-27 非完全二叉树

完全二叉树的叶子结点只能出现在最下层和次下层，并且最下层的叶子结点是从左向右满放的。如果某个结点没有左子树，则它一定没有右子树。满二叉树是完全二叉树，但完全二叉树不一定是满二叉树。

性质 4： 具有 n 个结点的完全二叉树深度为 $\lfloor \log_2 n \rfloor +1$。其中，$\lfloor \log_2 n \rfloor$ 表示取 $\log_2 n$ 的整数值。

证明： 假设具有 n 个结点的完全二叉树的深度为 k，则根据完全二叉树的定义及性质 2 可以得出

$$2^{k-1}-1<n\leq 2^k-1$$

将不等式各项加 1 得

$$2^{k-1}<n+1\leq 2^k$$

即

$$2^{k-1}\leq n<2^k$$

将不等式中的 3 项同取以 2 为底的对数后得到：$k-1\leq \log_2 n<k$。由于 k 是整数，于是得到：$k-1=\lfloor \log_2 n \rfloor$，即 $k=\lfloor \log_2 n \rfloor +1$。

图 4-26 的完全二叉树中有 12 个结点，树的深度为 $k=\lfloor \log_2 12 \rfloor +1=3+1=4$。

性质 5： 在有 n 个结点的完全二叉树中，将所有结点按从上到下、自左至右的顺序用 1, 2, …, n 进行编号，则对于编号为 k 的结点有如下结论。

（1）若 $k=1$，则该结点为根结点。

（2）若 $k>1$，则该结点的父结点编号为 int(k/2)。

（3）若 $2k{\leq}n$，则编号为 k 的结点的左子结点编号为 $2k$；否则无左子结点。

（4）若 $2k+1{\leq}n$，则编号为 k 的结点的右子结点编号为 $2k+1$；否则无右子结点。

在图 4-26 中，完全二叉树中有 12 个结点，按从上到下、自左至右的顺序进行了编号。编号 1 的结点是 A，它为根结点。结点 E 的编号为 5，可以推出其父结点的编号为 int(5/2)=2（结点 B），其左子结点的编号为 2×5=10（结点 J），其右子结点的编号为 2×5+1=11（结点 K）。结点 F 的编号为 6，可以推出其父结点的编号为 int(6/2)=3（结点 C），其左子结点的编号为 2×6=12（结点 L），其右子结点的编号应该为 2×6+1=13，即实际没有右子结点。

此性质是完全二叉树的一个重要性质。根据此性质，如果将一个完全二叉树按从上到下、自左至右的顺序存储，则很容易找到某个结点的双亲、左子结点和右子结点。由此可知，完全二叉树中结点之间的逻辑关系可以通过结点编号准确地表示出来。

4.4.3　二叉树的存储

1．二叉树的顺序存储

二叉树顺序存储是指用一组连续存储单元存储二叉树中的结点。结点存储按照从上到下、自左至右的顺序，这种存储结构适用于完全二叉树。根据二叉树性质 5，按照完全二叉树每个结点编号的顺序存放结点，结点之间的逻辑关系可以通过结点的编号准确地反映出来。完全二叉树采用顺序存储结构，既节省存储空间，又简化操作。图 4-28 所示为一棵完全二叉树的顺序存储结构示意图。

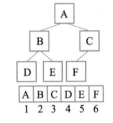

图 4-28　完全二叉树顺序存储

2．二叉树的链式存储

二叉树顺序存储结构适合于完全二叉树。对于非完全二叉树，则需要增添一些空结点，使之成为完全二叉树的形式。如果空结点较多，就会浪费许多存储空间，如图 4-29 所示。因此，对于非完全二叉树一般采用链式存储结构。

在链式存储结构中，二叉树每个结点由数据域和指针域组成。但由于每个结点可以有两个后件，因此二叉树结点有两个指针域：一个用于指向左子结点，另一个用于指向右子结点。常见二叉树的结点结构如图 4-30 所示。

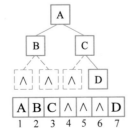

图 4-29　非完全二叉树顺序存储

LChild	Data	RChild

图 4-30　二叉树链式存储的结点结构

图 4-30 中，Data 表示数据域；LChild 和 RChild 分别表示左指针域和右指针域，用于存储左子结点和右子结点的存储地址。

图 4-31 所示为一棵二叉树及链式存储结构，BT 为头指针，指向根结点，用^表示空指针域。

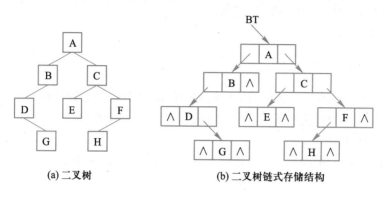

(a) 二叉树　　　　　　(b) 二叉树链式存储结构

图 4-31　二叉树及链式存储结构

4.4.4　二叉树遍历

二叉树是一种非线性的数据结构，在对其进行输出、比较或更新等操作时，往往需要逐一访问每个数据元素，这就是二叉树的遍历操作。遍历二叉树就是按照某种顺序访问二叉树中每个结点的过程，每个结点被访问一次且仅一次。

非空二叉树可以看成由根结点、左子树和右子树 3 部分构成。如果依次遍历这 3 部分，也就遍历了整个二叉树。根据对根访问的次序，二叉树的遍历分为先序遍历、中序遍历和后序遍历。

1. 先序遍历

先序遍历是指先访问根结点，然后遍历左子树，最后再遍历右子树。在遍历左子树或右子树时，同样，遵循先序遍历的规则。显然，先序遍历是一个递归过程，描述如下。

若二叉树为空，则结束遍历操作，否则：

① 访问根结点。

② 先序遍历左子树。

③ 先序遍历右子树。

在图 4-32 中，先序遍历二叉树的结果是 ABDGICEFHJ，其遍历过程如下：

① 访问根结点 A。

② 先序遍历以 B 为根的左子树，依次访问结点 B、D、G 和 I。

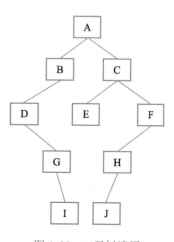

图 4-32　二叉树遍历

③ 先序遍历以 C 为根的右子树，依次访问结点 C、E、F、H 和 J。

2．中序遍历

中序遍历是指先遍历左子树，然后访问根结点，最后再遍历右子树。在遍历左子树或右子树时，同样遵循中序遍历的规则。中序遍历的递归过程如下。

若二叉树为空，则结束遍历操作，否则：

① 中序遍历左子树。

② 访问根结点。

③ 中序遍历右子树。

在图 4-32 中，中序遍历二叉树的结果是 DGIBAECJHF，其遍历过程如下：

① 中序遍历以 B 为根的左子树，依次访问结点 D、G、I 和 B。

② 访问根结点 A。

③ 中序遍历以 C 为根的右子树，依次访问结点 E、C、J、H 和 F。

3．后序遍历

后序遍历是指先遍历左子树，然后遍历右子树，最后再访问根结点。在遍历左子树或右子树时，同样遵循后序遍历的规则。后序遍历的递归过程如下。

若二叉树为空，则结束遍历操作，否则：

① 后序遍历左子树。

② 后序遍历右子树。

③ 访问根结点。

在图 4-32 中，后序遍历二叉树的结果是 IGDBEJHFCA，其遍历过程如下：

① 后序遍历以 B 为根的左子树，依次访问结点 I、G、D 和 B。

② 后序遍历以 C 为根的右子树，依次访问结点 E、J、H、F 和 C。

③ 访问根结点 A。

4.5 数值计算方法及程序设计

数值计算方法是一种研究并解决数学问题的数值近似求解的方法，是用计算机解决数学问题的方法。其中，迭代算法和递归算法是典型的数值算法。

4.5.1 迭代算法

迭代算法是一种不断用变量的旧值递推新值的过程，一般从一个初始估计出发寻找一系列近似解来解决问题。

在可以用迭代算法解决的问题中，至少存在一个直接或间接地不断由旧值递推出新值的变量，以及从变量的前一个值推出其下一个值的公式。

对迭代过程的控制通常可分为两种情况：一种是所需的迭代次数是个确定的值，可以构建一个固定次数的循环来实现对迭代过程的控制，如求 1+2+3+…+100 值；另一种是所需的迭代次数无法确定，需要进一步分析出用来结束迭代过程的条件，如求方程的根。

【例 4-18】 用迭代法设计求 1+2+3+…+n 值的程序。

运行程序时输入 1 个数，取整后赋给变量 n。如果 n 的值非负，则用迭代法求 1+2+3+…+n 的值并将结果输出。算法如图 4-33 所示，设计过程如下。

输入n的值
s=0
i=1
i≤n
s=s+i
i=i+1
输出s的值

图 4-33　迭代法 N-S 图

（1）启动 IDEL，单击 File→New File 选项，在编辑框中输入如下代码。

```
n=int(input("请输入 1 个整数：")) #将用 input 输入的字符型数据转换成整型数据
if n<0:                          #判断 n 是否小于 0
    print("输入的数不能为负！")   #n 小于 0，输出"输入的数不能为负！"
else:                            #n 大于等于 0，执行下面语句
    s=0                          #将数值 0 赋给 s
    for i in range(1,n+1):       #对从 1 到 n 范围内的整数逐一执行一次循环体语句
        s=s+i                    #将表达式 s＋i 值赋给 s
    print('1+2+...+',n,'=',s)    #输出 s 的值
```

（2）单击 File→Save As 选项，在"另存为"对话框中选择保存路径并输入文件名 li4-16。

（3）单击 Run→Run Module 选项运行程序，运行结果如下所示。

```
>>>
请输入 1 个整数：100
1+2+…+ 100 = 5050
>>>
```

4.5.2　递归算法

一个过程或函数在其定义或说明中又直接或间接调用自身的一种方法，称为递归算法。一般来说，递归需要有边界条件、递归前进段和递归返回段。当边界条件不满足时，递归前进；当边界条件满足时，递归返回。用递归法求 n!可以用下面的递归公式表示：

$$n!=\begin{cases}1 & (n=1)\\ n\times(n-1)! & (n>1)\end{cases}$$

定义递归函数 f(n)用于求 n!。例如，求 5! 的递归过程如图 4-34 所示。

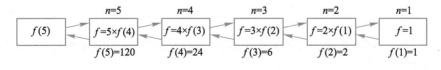

图 4-34　求 5! 的递归过程

【例 4-19】 用递归法设计求 n!值的程序。

函数 factorial(n)功能是递归求 n!，程序运行时输出 1!，2!，…，n!。

设计过程如下。

（1）启动 IDLE，单击 File→New File 选项，在编辑框中输入如下代码。

```
def factorial(n):                    #定义函数 factorial
    if n == 1:                       #判断 n 的值是否等于 1
        f = 1                        #n 的值为 1，将数值 1 赋给 f
    else:                            #n 的值不等于 1，则执行下面语句
        f=n * factorial(n - 1)       #调用 factorial 函数递归求(n-1)!
    return f                         #返回 f 的值
for i in range(1,10):                #对从 1 到 10 范围内的整数逐一执行一次循环体语句
    print(i,'!=', factorial(i))      #输出 i 的阶乘
```

（2）单击 File→Save As 选项，在"另存为"对话框中选择保存路径并输入文件名 li4-19。

（3）单击 Run→Run Module 选项运行程序，运行结果如下所示。

```
>>>
1! = 1
2! = 2
3! = 6
4! = 24
5! = 120
6! = 720
7! = 5040
8! = 40320
9! = 362880
>>>
```

4.6　数据排序算法及程序设计

为了方便查找数据，经常要将表中的数据元素按值进行有序排列。现实生活中利用排序提高查找速度的事例比比皆是。例如，字典、电话簿和图书馆等。

排序是将一组数据按值递增（或递减）进行重新排列。有许多排序算法，其中交换排序、选择排序和插入排序是 3 类基本排序方法。待排序数据序列可以是顺序存储或链式存储的结构。在下面排序算法中，待排序数据序列均采用顺序存储结构。

4.6.1　交换排序法

在排序过程中，通过数据元素之间不断地进行比较与交换，最终使数据有序。冒泡排序法是典型的交换排序法之一。

冒泡排序法的基本思想：对所有相邻的元素进行比较，若逆序，则将其交换，直到没有逆序的元素为止，最终达到排序的目的。

【例 4-20】 用冒泡排序法将 42、23、16、47、11、45、49 和 13 按升序排列。

冒泡排序法的基本过程（如图 4-35 所示）：从第一个元素开始，依次对相邻两个元素进行比较，若前者较大则交换，从而使大者"下沉"。第一遍扫描结束，最大元素排在最后位置上；接着对前 n–1 个元素进行第二遍扫描，扫描结果是第二大元素排在倒数第二位置上；依此类推，直到对最前面的两个元素进行最后一遍扫描或某遍扫描过程中没有产生任何元素交换为止。

原序列		42	23	16	47	11	45	49	13
第1遍		42 ⟷ 23 ⟷ 16		47 ⟷ 11 ⟷ 45			49 ⟷ 13		
	结果	23	16	42	11	45	47	13	49
第2遍		23 ⟷ 16	42 ⟷ 11		45	47 ⟷ 13		49	
	结果	16	23	11	42	45	13	47	49
第3遍		16	23 ⟷ 11	42	45 ⟷ 13		47	49	
	结果	16	11	23	42	13	45	47	49
第4遍		16 ⟷ 11	23	42 ⟷ 13		42	45	47	49
	结果	11	16	23	13	42	45	47	49
第5遍		11	16	23 ⟷ 13	42	45	47	49	
	结果	11	16	13	23	42	45	47	49
第6遍		11	16 ⟷ 13	23	42	45	47	49	
	结果	11	13	16	23	42	45	47	49

图 4-35　冒泡排序法

【例 4-21】　设计用冒泡排序法进行数据排序的程序。对 n 个整数进行冒泡排序的算法如图 4-36 所示。

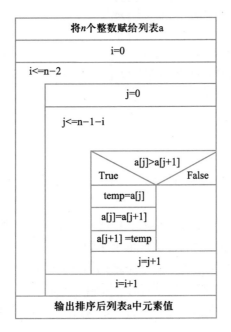

图 4-36　冒泡排序算法 N–S 图

程序中函数 bubbleSort(a, n)的功能是用冒泡排序法将列表 a 中的 n 个数据元素按升序排序，输出每遍排序结果。设计过程如下。

（1）启动 IDLE，单击 File→New File 选项，在编辑框中输入如下代码。

```
def bubbleSort(a,n):                             #定义 bubbleSort 函数
    for i in range(n-1):                         #外层循环进行 n-2 遍冒泡排序
        for j in range(n-1-i):                   #内层循环依次对相邻两元素进行比较
            if a[j] > a[j + 1]:                  #判断 a[j]是否大于 a[j + 1]
                a[j], a[j + 1] = a[j + 1], a[j]  #交换 a[j]和 a[j + 1]的值
        print("第",i+1,"遍:",a)                   #输出每遍排序结果
def main():                                      #定义 main 函数
    a = [120,97,86,75,69,55,43,31,28,16]         #定义列表 a
    n = len(a)                                   #将列表长度赋给 n
    bubbleSort(a,n)                              #调用 bubbleSort 将 a 中 n 个元素排序
if __name__ == '__main__': main()
```

（2）单击 File→Save As 选项，在"另存为"对话框中选择保存路径并输入文件名 li4-21。

（3）单击 Run→Run Module 选项运行程序，运行结果如下所示。

```
>>>
第 1 遍: [97, 86, 75, 69, 55, 43, 31, 28, 16, 120]
第 2 遍: [86, 75, 69, 55, 43, 31, 28, 16, 97, 120]
第 3 遍: [75, 69, 55, 43, 31, 28, 16, 86, 97, 120]
第 4 遍: [69, 55, 43, 31, 28, 16, 75, 86, 97, 120]
第 5 遍: [55, 43, 31, 28, 16, 69, 75, 86, 97, 120]
第 6 遍: [43, 31, 28, 16, 55, 69, 75, 86, 97, 120]
第 7 遍: [31, 28, 16, 43, 55, 69, 75, 86, 97, 120]
第 8 遍: [28, 16, 31, 43, 55, 69, 75, 86, 97, 120]
第 9 遍: [16, 28, 31, 43, 55, 69, 75, 86, 97, 120]
>>>
```

4.6.2　选择排序法

选择排序是指每次从待排序的数据序列中选择出最小（大）元素并定位到待升序（降序）序列的最前面。

选择排序法的基本思想：对于升序排列（如图 4-37 所示），首先扫描整个序列，从中选出最小元素，将它交换到最前面；然后再从剩余子序列中选出最小元素，交换到子序列最前面。依此类推，直到子序列长度是 1 为止。由于每遍扫描只能确定一个元素位置，所以对于长度为 n 的序列，需要扫描 $n-1$ 遍才能将每个元素的位置确定下来。

【例 4-22】　用选择排序法将 42、23、16、27、11、45、49 和 13 按升序排列，排序过程如图 4-37 所示。

原序列	42	23	16	27	<u>11</u>	45	49	13
第1遍选择	11	23	16	27	42	45	49	<u>13</u>
第2遍选择	11	13	<u>16</u>	27	42	45	49	23
第3遍选择	11	13	16	27	42	45	49	<u>23</u>
第4遍选择	11	13	16	23	42	45	49	<u>27</u>
第5遍选择	11	13	16	23	27	45	49	<u>42</u>
第6遍选择	11	13	16	23	27	42	49	<u>45</u>
第7遍选择	11	13	16	23	27	42	45	49

图 4-37　选择排序法

【例 4-23】 设计用选择排序法进行数据排序的程序。对 n 个整数进行选择排序的算法如图 4-38 所示。

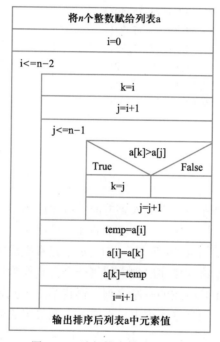

图 4-38　选择排序算法 N-S 图

程序中函数 selectionSort(a,n)的功能是用选择排序法将列表 a 中的 n 个数据元素按升序排序，输出每遍排序结果。

设计过程如下。

（1）启动 IDLE，单击 File→New File 选项，在编辑框中输入如下代码。

```
def selectionSort(a,n):              #定义 selectionSort 函数
    for i in range(n-1):             #外层循环进行 n-2 遍选择排序
        k = i                        #将 i 的值赋给 k,k 为最小元素序号
        for j in range(i + 1, n):    #内循环
            if a[k] > a[j]:          #查找最小元素的序号
                k = j                #将最小元素序号 j 赋给 k
```

```
            a[i], a[k] = a[k], a[i]                 #元素交换
            print("第",i+1,"遍:",a)                  #输出每遍排序结果
def main():                                         #定义 main 函数
    a = [59,12,77,64,72,69,46,75,31,29]             #定义列表 a
    n = len(a)                                      #将列表长度赋给 n
    selectionSort(a,n)                              #调用 selectionSort 函数将 a 中 n 个元素排序
if __name__ == '__main__': main()
```

（2）单击 File→Save As 选项，在“另存为”对话框中选择保存路径并输入文件名 li4-23。

（3）单击 Run→Run Module 选项运行程序，运行结果如下所示。

```
>>>
第 1 遍: [12, 59, 77, 64, 72, 69, 46, 75, 31, 29]
第 2 遍: [12, 29, 77, 64, 72, 69, 46, 75, 31, 59]
第 3 遍: [12, 29, 31, 64, 72, 69, 46, 75, 77, 59]
第 4 遍: [12, 29, 31, 46, 72, 69, 64, 75, 77, 59]
第 5 遍: [12, 29, 31, 46, 59, 69, 64, 75, 77, 72]
第 6 遍: [12, 29, 31, 46, 59, 64, 69, 75, 77, 72]
第 7 遍: [12, 29, 31, 46, 59, 64, 69, 75, 77, 72]
第 8 遍: [12, 29, 31, 46, 59, 64, 69, 72, 77, 75]
第 9 遍: [12, 29, 31, 46, 59, 64, 69, 72, 75, 77]
>>>
```

4.6.3　插入排序法

插入排序是不断地将待排序的元素插入到前面的有序序列中，直至所有元素都进入有序序列中。简单插入排序又称直接插入排序，是典型的插入排序法。

插入排序的基本思想：如图 4-39 所示，将由 *n* 个元素组成的序列分成前后两个子序列，前者有序，后者无序。一开始将待排序序列中的第一个元素作为有序序列，将第二个元素插入到有序序列中，形成由两个元素组成的有序序列。再将第三个元素插入到有序序列中。依此类推，直到将最后一个元素插入到有序序列中，形成 *n* 个元素组成的有序序列。

【例 4-24】 用插入排序法将 42、23、16、27、11、45、49 和 13 按升序排列，排序过程如图 4-39 所示。

原序列	42	23	16	27	11	45	49	13
第1遍	23	42	16	27	11	45	49	13
第2遍	16	23	42	27	11	45	49	13
第3遍	16	23	27	42	11	45	49	13
第4遍	11	16	23	27	42	45	49	13
第5遍	11	16	23	27	42	45	49	13
第6遍	11	16	23	27	42	45	49	13
第7遍	11	13	16	23	27	42	45	49

图 4-39　直接插入排序法

4.7 数据查找算法及程序设计

查找又称检索，是数据处理中使用最频繁的一种操作。查找是指在数据集合中检索某个数据元素的过程。若存在这样的数据元素，则查找成功；否则，查找失败。

有多种查找数据的算法，各有利弊和适用范围。当数据量相当大时，分析查找数据的算法效率，选择合适的算法显得十分重要。

4.7.1 顺序查找法

顺序查找是一种最简单的查找算法，适用于线性表。

顺序查找的基本思想：从线性表中第一个元素开始，依次将线性表中元素与给定值进行比较。若相等，则查找成功；若查找到最后一个元素还没找到与给定值相等的元素，则查找失败。

在进行顺序查找过程中，如果要查找的元素是第一个元素，这是最好的情况，其时间复杂度为 $O(1)$；如果要查找的元素是最后一个元素或不存在，这是最坏的情况，其时间复杂度为 $O(n)$。在平均情况下，利用顺序查找数据算法的平均时间复杂度是 $O(n/2)$。

顺序查找算法简单，但执行效率较低，特别是当表较大时，不宜采用此种查找算法。但是，对链式存储的线性表或顺序存储的无序线性表，只能使用顺序查找算法。

【例 4-25】 设计对顺序表（1, 3, 33, 8, 37, 29, 32, 15, 5, 56）用顺序查找法查找给定值的程序。其算法如图 4-40 所示。

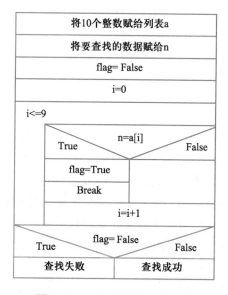

图 4-40 顺序查找算法 N-S 图

程序中函数 seqSearch(a, n)的功能是用顺序查找法查找列表 a 中是否有与 n 值相等的数据元素，如果找到，输出该元素的序号，否则输出查找失败。

设计过程如下。

（1）启动 IDLE，单击 File→New File 选项，在编辑框中输入如下代码。

```
def seqSearch(a, n):                          #定义函数 seqSearch 实现顺序查找法
    flag = False                              #将 False 赋给 flag
    i = 0                                      #将 0 赋给 i
    while i <= 9:                              #列表未结束并且还未找到则一直循环
        if n == a[i]:                          #判断 n 是否等于 a[i]
            flag = True                        #查找成功，把 True 赋给 flag
            break                              #结束循环
        else:                                  #n 不等于 a[i]，执行下面语句
            i = i+1                            #未找到，元素序号 i 的值加 1
    if flag == False:                          #判断 flag 是否等于 False
        print("查找元素",n,"失败！ ")           #输出查找失败
    else:                                      #flag 不等于 False，执行下面语句
        print("查找元素",n,"成功，元素序号为：",i)   #输出查找成功
def main():                                    #定义函数 main
    a = [1, 3, 33, 8, 37, 29, 32, 15, 5,56]    #定义列表 a
    seqSearch(a, 37)                           #调用函数 seqSearch 在列表 a 中查找数据 37
    seqSearch(a, 13)                           #调用函数 seqSearch 在列表 a 中查找数据 13
if __name__=='__main__': main()
```

（2）单击 File→Save As 选项，在"另存为"对话框中选择保存路径并输入文件名 li4-25。

（3）单击 Run→Run Module 选项运行程序，运行结果如下所示。

```
>>>
查找元素 37 成功，元素序号为： 4
查找元素 13 失败！
>>>
```

4.7.2   二分查找法

二分查找法又称折半查找，要求被查找的表采用顺序存储结构且数据元素升序或降序排列，即二分查找法只适用于有序表。

二分查找法的基本思想：设顺序表是按升序排列，首先将给定值与中间位置的元素进行比较，若相等，则查找成功；若给定值小于中间位置的元素，则对前半部分元素进行折半查找；若给定值大于中间位置的元素，则对后半部分元素进行折半查找。

每进行一次折半查找，要么查找成功，要么将查找范围缩小一半，如此重复，直到查找成功或查找范围缩为 0（查找失败）为止。

二分查找法效率较高。在最坏情况下，二分查找法的时间复杂度为 $O(\log_2 n)$。

【例 4-26】 在有序顺序表（8，15，23，37，46，63，66，71，80，86，88，101）中，用折半查找法查找值为 71 的数据元素。

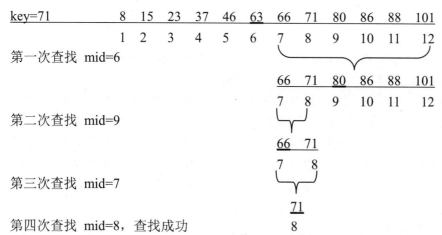

第四次查找 mid=8，查找成功

    设待查找序列的序号区间为[L…R]，则中间序号位置为 mid=⌊(L+R)/2⌋。在例 4-26 中，第 1 次查找的序号区间为[1…12]，中间序号位置为 mid=⌊(1+12)/2⌋=6，对应值 63 小于给定值 71；第 2 次查找的序号区间为其右子区间 [7…12]，中间序号位置为 mid=⌊(7+12)/2⌋=9，对应值 80 大于给定值 71；第 3 次查找的序号区间为其左子区间[7, 8]，中间序号位置为 mid=⌊(7+8)/2⌋=7，对应值 66 小于给定值 71；第 4 次查找的序号区间为其右子区间[8…8]，中间序号位置为 mid=⌊(8+8)/2⌋=8，对应值 71 等于给定值 71，查找成功。

习题

一、填空题

1. 数据结构是指具有__①__、相互__②__的数据__③__。

2. 数据结构主要研究数据的__①__、数据的__②__以及__③__。

3. 数据之间有 4 种逻辑结构，分别是__①__、__②__、__③__和__④__。

4. 根据数据结构中数据元素之间前件与后件关系的复杂程度，数据的逻辑结构分为__①__和__②__。

5. 在数据的存储结构中，不仅要存放__①__，还要存放数据元素之间的__②__信息。数据的存储结构是__③__在计算机存储器中的表示。

6. 数据元素在计算机中通常有 4 种存储方式，即__①__、__②__、索引和散列存储。

7. 顺序存储结构是指在内存中开辟一块__①__的单元用于存放数据，逻辑上相邻的结点在物理位置上也__②__，结点之间的逻辑关系由存储单元的__③__关系来体现。

8. 在链式存储结构中，结点由两部分组成：一部分用于存放数据元素的值，称为__①__；另一部分用于存放前件或后件的存储地址，称为__②__。链式存储结构通过__③__反映数据元素之间的逻辑关系。

9. 算法的设计基于数据的__①__，而算法的实现依赖于数据的__②__。

10. 算法的基本特征有__①__、__②__、__③__、__④__和__⑤__。

11. 算法的复杂度分为__①__和__②__。

12.　栈是　①　进行插入运算和删除运算的线性表。将允许进行插入和删除运算的一端称为　②　，另一端称为　③　。栈遵循　④　的原则。

13.　队列是允许　①　端运算（操作）的线性表。一端允许删除数据元素，称之为　②　；另一端允许插入数据元素，称之为　③　。队列遵循　④　的运算原则。

14.　所谓循环队列是将队列的存储空间想象成一个　①　的环状空间，判断循环队列为满的条件是　②　，判断循环队列为空的条件是　③　。

15.　树是一种常用的　①　结构，树结构中结点之间既具有　②　关系又具有　③　关系。

16.　在树结构中，有且只有一个根结点，根结点有　①　个前件，其他结点有　②　个前件。结点的　③　称为该结点的子结点，该结点是其子结点的　④　结点。将没有后件的结点称为　⑤　。一个结点所拥有后件个数称为该结点的　⑥　。

17.　二叉树的遍历分为　①　、　②　和　③　遍历。

18.　先序遍历先访问　①　，然后遍历　②　，最后再遍历　③　。

19.　中序遍历先遍历　①　，然后访问　②　，最后再遍历　③　。

20.　后序遍历先遍历　①　，然后遍历　②　，最后再访问　③　。

21.　二分查找法只适用于　①　存储结构的线性表，且　②　。

22.　在线性表（60，75，85，90，95，99）中查找 85，用顺序查找法比较　①　次，用折半查找法比较　②　次；在此线性表中查找 65，用顺序查找法比较　③　次，用折半查找法比较　④　次。

23.　对线性表（95，65，100，80，85，91，70）进行降序排列，用冒泡排序法要扫描　①　遍，用选择排序法要扫描　②　遍，用插入排序法要扫描　③　遍。

24.　迭代算法是一种不断用变量的　①　递推　②　的过程，一般从一个初始估计出发寻找一系列近似解来解决问题。

25.　在可以用　①　算法解决的问题中，至少存在一个直接或间接地不断由旧值递推出新值的变量，以及从变量的前一个值推出其下一个值的　②　。

26.　一个过程或函数在其定义或说明中又直接或间接调用　①　的一种方法，称为　②　算法。

二、单选题

1.　数据在计算机存储器中的表示称为＿＿＿＿＿。
　　A.　逻辑结构　　　　　　　　　　B.　物理结构
　　C.　顺序结构　　　　　　　　　　D.　链式结构

2.　根据数据结构中各元素之间前后件关系的复杂程度，数据逻辑结构分成＿＿＿＿＿。
　　A.　内部结构和外部结构　　　　　B.　线性结构和树形结构
　　C.　线性结构和非线性结构　　　　D.　图形结构和树形结构

3.　关于链式存储结构，下列叙述中错误的是＿＿＿＿＿。
　　A.　逻辑上相邻的结点物理上不必邻接　B.　插入、删除操作方便，不用移动结点
　　C.　便于随机存取　　　　　　　　　　D.　占用的存储空间较顺序存储多

4.　下列叙述错误的是＿＿＿＿＿。
　　A.　线性表采用顺序存储，必须占用一片连续的内存单元

B. 线性表采用链式存储，所占内存单元可以不连续

C. 顺序表便于进行插入和删除操作

D. 链表便于进行插入和删除操作

5. 以下数据结构中，_____是非线性结构。

    A. 二叉树   B. 队列   C. 栈   D. 循环队列

6. 设变量 front、rear 分别指向队头和队尾，判断队列是否为空的条件是_____。

    A. front=0   B. front=1   C. front=rear   D. front=rear=0

7. 若进栈顺序是 1、2、3、4，进栈和出栈可以穿插进行，则不可能的出栈序列是_____。

    A. 1、2、3、4   B. 2、3、4、1   C. 3、1、4、2   D. 3、4、2、1

8. 依次在初始为空的队列中插入元素 a、b、c、d 以后，紧接着进行两次出队操作，此时队头元素是_____。

    A. a B. b C. c D. d

9. 树形结构适合用来表示_____。

    A. 有序数据   B. 元素之间没有关系的数据

    C. 无序数据   D. 元素之间具有层次关系的数据

10. 算法指的是_____。

    A. 计算机程序   B. 排序算法

    C. 查找算法   D. 解决问题的有限运算序列

11. 一个深度为 k 的满二叉树结点个数是_____。

    A. 2^k B. 2^k-1 C. 2^{k-1} D. $2^{k+1}-1$

12. 有关二叉树的叙述中，正确的是_____。

    A. 二叉树的度一定为 2   B. 二叉树中任何一个结点的度都为 2

    C. 一棵二叉树的度可以小于或等于 2   D. 二叉树的深度一定为 2

13. 具有 3 个结点的二叉树有_____种。

    A. 3   B. 4   C. 5   D. 6

14. 含有 16 个结点的二叉树的最小深度是_____。

    A. 3   B. 4   C. 5   D. 6

15. 在一棵非空二叉树的中序遍历序列中，根结点的右边_____。

    A. 只有左子树上的部分结点   B. 只有左子树上的所有结点

    C. 只有右子树上的部分结点   D. 只有右子树上的所有结点

16. 如果一棵二叉树的后序遍历序列是 DBECA，中序遍历序列是 DBACE，则它的先序遍历序列是_____。

    A. ACBED   B. ABDCE   C. DECAB   D. EDBAC

17. 如果一棵二叉树的先序遍历序列是 ABDFCEG，中序遍历序列是 DFBACEG，则它的后序遍历序列是_____。

    A. ACFKDBG   B. GDBFKCA   C. KCFAGDB   D. FDBGECA

18. 在线性表（2，5，7，9，12，23，27，34，40，56，61）中，用顺序查找法查找数据 15，需要比较次数为_____。

　　　A. 1　　　　　　　B. 4　　　　　　　C. 6　　　　　　　D. 11

19. 对一个已按元素值排序的线性表（表长度大于 2），分别用顺序查找法和二分查找法查找一个元素，比较的次数分别为 a 和 b，当查找不成功时，a 和 b 的关系是_____。

　　　A. $a>b$　　　　　B. $a<b$　　　　　C. $a=b$　　　　　D. 无法确定

20. 有序表（2，5，8，15，26，31，39，46，50，55，66，98），当用二分法查找值 66 时，需要比较_____次。

　　　A. 1　　　　　　　B. 2　　　　　　　C. 3　　　　　　　D. 4

21. 对线性表进行折半查找时，要求线性表必须_____。

　　　A. 以顺序方式存储　　　　　　　　　B. 以链式方式存储
　　　C. 以顺序方式存储并排序　　　　　　D. 以链式方式存储并排序

22. 对线性表（12，43，65，30，25，67，5，23）采用冒泡法升序排序，第二次扫描后的结果是_____。

　　　A. （5，12，23，25，30，43，65，67）　　B. （12，43，30，25，65，5，23，67）
　　　C. （12，30，25，43，5，23，65，67）　　D. （5，12，65，30，25，67，43，23）

23. 对数据元素序列（49，72，68，13，38，50，97，27）进行排序，前三遍排序结束时的结果依次为：第一遍为 13，72，68，49，38，50，97，27；第二遍为 13，27，68，49，38，50，97，72；第三遍为 13，27，38，49，68，50，97，72，该排序采用的方法是_____。

　　　A. 选择排序法　　B. 直接插入排序法　　C. 冒泡排序法　　　D. 堆积排序法

24. 用直接插入排序法对下列 4 个线性表按升序排序时，比较次数最少的是_____。

　　　A. （102，34，41，98，87，48，25，73）
　　　B. （25，34，48，41，87，73，98，102）
　　　C. （34，41，25，48，73，102，98，87）
　　　D. （98，73，87，48，25，34，102，41）

三、多选题

1. 下面属于算法描述工具的有_____。

　　　A. 流程图　　B. N-S 图　　C. 折半法　　D. 伪代码　　E. 交换法

2. 评价算法效率的依据是_____。

　　　A. 算法在计算机上执行的时间　　B. 算法语句执行次数　　C. 算法代码行数
　　　D. 算法代码本身所占据的存储空间　E. 算法执行时临时开辟的存储空间

3. 下列关于数据逻辑结构叙述中，正确的有_____。

　　　A. 数据逻辑结构是数据元素间关系的描述　　B. 数据逻辑结构与计算机有关
　　　C. 顺序结构和链式结构是数据的逻辑结构　　D. 数据逻辑结构与计算机无关
　　　E. 线性结构和图形结构是数据的逻辑结构

4. 链表的优点有_____。

A. 便于插入　　　　　　B. 便于查找　　　　　　C. 便于删除

D. 节省存储空间　　　　E. 充分利用零散空间

5. 下面属于线性表的有_____。

　A. 队列　　　　B. 链表　　　　C. 栈　　　　D. 图　　　　E. 数组

6. 下面属于栈操作的有_____。

　A. 在栈顶插入一个元素　　B. 在栈底插入一个元素　　C. 删除栈顶元素

　D. 删除栈底元素　　　　　E. 判断栈是否为空

7. 下面属于队列操作的有_____。

　A. 在队头插入一个元素　　B. 在队尾插入一个元素　　C. 删除队头元素

　D. 删除队尾元素　　　　　E. 判断队列是否为空

8. 有6个元素按1、2、3、4、5、6的顺序入栈，可能的出栈序列有_____。

　A. 1、2、3、4、5、6　　　B. 2、3、4、1、6、5　　　C. 4、3、1、2、5、6

　D. 3、2、4、6、5、1　　　E. 5、4、6、3、2、1

9. 有6个元素按1、2、3、4、5、6的顺序入队，不可能的出队序列有_____。

　A. 1、2、3、4、5、6　　　B. 2、3、4、1、6、5　　　C. 4、3、1、2、5、6

　D. 3、2、4、6、5、1　　　E. 5、4、6、3、2、1

10. 下列叙述中属于树形结构特点的是_____。

　A. 每个结点可以有多个前件　　　　　　　B. 每个结点可以有多个后件

　C. 一个结点所拥有的前件个数称为该结点的度　　D. 树的最大层次称为树的深度

　E. 一个结点所拥有的后件个数称为该结点的度

11. 有关二叉树的描述中，正确的有_____。

　A. 可以只有左子树　　　　　　　　　　　B. 可以只有右子树

　C. 完全二叉树是满二叉树　　　　　　　　D. 可以既有左子树，又有右子树

　E. 可以既没有左子树，又没有右子树

12. 对数列{50，26，38，80，70，90，8，30}进行冒泡法排序，第2、3、4遍扫描后结果依次为_____。

　A. 26，38，50，70，80，8，30，90　　　　B. 26，8，30，38，50，70，80，90

　C. 26，38，8，30，50，70，80，90　　　　D. 26，38，50，70，8，30，80，90

　E. 26，38，50，8，30，70，80，90

13. 对数列{50，26，38，80，70，90，8，30}进行选择法排序，第2、3、4遍扫描后结果依次为_____。

　A. 8，26，30，38，50，90，70，80　　　　B. 8，26，30，38，70，90，50，80

　C. 8，26，38，80，70，90，50，30　　　　D. 8，26，30，80，70，90，50，38

　E. 8，26，30，38，50，70，90，80

14. 对数列{50，26，38，80，70，90，8，30}进行插入法排序，第1、2、4遍扫描后的结果依次为_____。

A. 26，38，50，80，70，90，8，30　　B. 26，50，38，80，70，90，8，30

C. 26，38，50，70，80，90，8，30　　D. 8，26，38，50，80，70，90，30

E. 8，26，30，38，50，70，80，90

四、设计题

1. 试画出向量（3，12，5，43，39）的顺序存储结构和链式存储结构示意图。

2. 试用流程图和伪码语言描述 1+2+3+…+50 的算法。

3. 对线性表（5，17，29，32，35，43，54，60，66，71，86，124），试写出折半查找 60 的过程。

4. 对线性表（15，7，29，42，35，54，16，2），试写出选择排序的过程。

5. 对线性表（15，7，29，42，35，54，16，2），试写出冒泡排序的过程。

6. 对线性表（15，7，29，42，35，54，16，2），试写出直接插入排序的过程。

7. 试用 N-S 图描述在由 n 个元素构成的有序表中查找给定值 x 的折半查找算法。

8. 试用 N-S 图描述对由 n 个元素构成的顺序表进行冒泡排序的算法。

9. 试用 N-S 图描述对由 n 个元素构成的顺序表进行直接插入排序的算法。

思考题

1. 算法与程序有何关系？对于一个任务，书写算法对程序设计有哪些益处？

2. 什么是数据的逻辑结构？什么是数据的物理结构？在日常生活中使用的表格属于哪种结构？

3. 在现实世界中，事物之间的关系往往是树形结构，但在计算机中为什么常用二叉树结构存储数据？

4. 顺序存储结构和链式存储结构各自的优缺点是什么？

5. 用于描述算法的工具有流程图、N-S 图、自然语言和伪代码等，哪种更接近计算机程序？哪种更接近人们处理事务的过程？

6. 算法时间复杂度是估算值，用它衡量算法的优劣是否有价值，是否有衡量算法的更好方法？

7. 判断循环队列满或空，除了书中给出的方法之外，还可以用什么方法？

8. 一棵具有 17 个结点的完全二叉树的深度是多少？

9. 若一棵二叉树的前序遍历序列和后序遍历序列分别为 AB 和 BA，试画出这棵二叉树，请问这棵二叉树是否唯一？

电子教案

第5章

数据库技术及应用

党的二十大报告明确指出"加快发展数字经济，促进数字经济和实体经济深度融合，打造具有国际竞争力的数字产业集群。"数字经济必须以数字技术为依托，数据库技术是数字技术的基础和重要组成部分，是数字技术实施落地的有效性工具和环境。

数据库技术是计算机科学中一个较新的方向，从理论到技术，逐渐走向成熟，它是近年来发展较迅速的一项计算机技术。在当今的信息化和数字化社会中，数据库技术是数据存储、处理和分析的核心，它在互联网、人工智能、大数据、软件开发及应用过程中起着极其重要的作用。

本章将以我国近代历史事件和学生选课数据库为案例，系统阐述数据库中的基本概念、基本原理和主要技术，以便读者能更透彻地了解和掌握数据库的基础知识，灵活地应用数据库技术为现代数字化社会服务。

5.1 实例数据库

在当今的信息化社会中，利用数据库技术存储数据的实例随处可见。例如，学籍管理、学生选课、图书管理、铁路售票、银行储蓄和网上购物等系统中都采用了数据库技术。

5.1.1 人工表格

在日常生产和生活中，人们为了准确、直观地表示各种事务，通常对客观事物进行抽象、提取、归纳和总结，最后通过表格描述客观事物（对象）的特征。例如，要完成学生选课任务，可能需要课程、教师和学生等对象，其中用表格描述教师信息的人工表如表 5-1 所示。

表 5-1　教师信息表

教师号	姓名	性别	出 生 日 期	职称	联 系 电 话	在职
103601	李晓光	男	2000-5-1	副教授	88922331、85166123、13019298657	√
103621	李　敏	女	2002-1-12	讲师	88456721、85660304、13809228127	√
106723	赵丹茹	女	1998-12-3	研究员	88499213、13019876502	
105721	张大伟	男	1995-3-11	教授	88426115、88499212、13902125631	√
...	...	...	...	...	...	...

5.1.2　关系数据库表

关系数据库表用于存储计算机要处理的数据，要利用计算机进行各种业务处理，其中一项重要工作就是将人工信息表格转换成计算机中的数据库表。在表格转换过程中，着重要做以下几项工作。

（1）对某些数据项（列、字段）进行拆分，使其意义更加明确，并转换成二维表。所谓二维表就是任何行和列的交汇处都有且仅有一个单元格的表。例如，将"联系电话"拆分成"办公电话""住宅电话"和"移动电话"3 项（如表 5-2 所示）。

（2）为数据项起容易记忆且有意义的名称；对某些数据项的数据进行必要的编码。这样，既便于信息标准化，又节省存储空间。例如，对性别项编码，用 1 表示男，2 表示女；对职称项编码，用 1 表示助教，2 表示讲师，3 表示副教授，4 表示教授，5 表示研究员等。

（3）数据库表是一种结构化、有数据类型的表格，对各个数据项要规定能存储数据的最大宽度（尺寸）和数据类型。在信息表转换成数据库表之前，要先定义数据库表结构。例如，教师信息表（如表 5-1 所示）转换成数据库表后，其结构如表 5-2 所示。

表 5-2　教师数据库表结构

字段名称	数据类型	字段宽度	说明
教师号	文本	6	
姓名	文本	8	最多 4 个汉字或 8 个字符
性别	文本	1	1 表示男，2 表示女
出生日期	日期	默认 8	
职称	文本	1	1 表示助教，2 表示讲师，3 表示副教授，4 表示教授，5 表示研究员
办公电话	文本	15	
住宅电话	文本	15	
移动电话	文本	15	
在职	逻辑	默认 1	True 表示在职，False 表示离职

（4）将信息表中的各项数据输入数据库表。例如，将教师信息表中的数据输入教师数据库表，内容如表 5-3 所示。

表 5-3　教师数据库表

教师号	姓名	性别	出生日期	职称	办公电话	住宅电话	移动电话	在职
103601	李晓光	1	2000-5-1	3	88922331	85166123	13019298657	True
103621	李　敏	2	2002-1-12	2	88456721	85660304	13809228127	True
106723	赵丹茹	2	1998-12-3	5		88499213	13019876502	False
105721	张大伟	1	1995-3-11	4	88426115	88499212	13902125631	True
…	…	…	…	…	…	…	…	…

5.1.3 关系数据库

关系数据库以文件（夹）形式存储在计算机系统中。例如，在 Access 数据库管理系统中，数据库文件的扩展名为 accdb 或 mdb。

关系数据库主要由若干数据表构成。例如，选课数据库.mdb（如图 5-1 所示）中包含"教师""课程""学生"和"成绩"4 个表，历史事件.accdb（如图 5-2 所示）由"代表性事件"和"国民经济状况"两个表构成。此外，数据库中还包含索引、表之间的联系、数据验证规则和安全控制规则等信息。

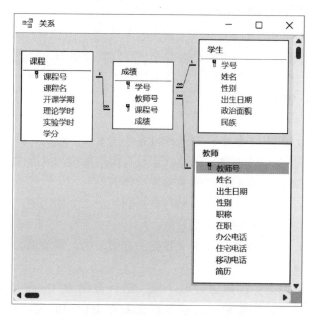

图 5-1 选课数据库"关系"对话框

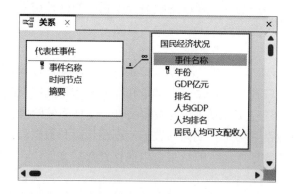

图 5-2 历史事件数据库的"关系"对话框

在图 5-1 和图 5-2 中，表之间的连线表示表之间存在着某种联系，线两端的"1"和"∞"表示关联数据记录是一对多的关系，小钥匙图标用于标识构成主键的字段（主属性）。

5.2　数据库系统概述

　　早期的计算机主要用于科学计算，处理的数据量并不大。随着计算机硬件和软件技术的发展，计算机应用领域不断扩大，逐渐应用到生产管理、商业贸易和情报检索等各个领域，数据需求量以惊人的速度增长。为了方便、有效地管理和利用数据资源，数据库技术产生了。

5.2.1　数据处理技术的发展历程

　　数据管理是数据处理的核心，主要是对数据进行收集、组织、分类、编码、存储、检索和维护。自计算机诞生以来，计算机数据管理技术主要经历了人工管理、文件系统、数据库系统和分布式数据库系统 4 个阶段。

　　1．人工管理阶段

　　自 1946 年至 20 世纪 50 年代中期，计算机系统技术水平较低，外存储器只有卡片、纸带和磁带，存储器容量小、存取速度慢；计算机还没有操作系统，只能通过人工输入数据，计算机主要用于科学计算。此阶段数据管理的主要特点如下。

　　（1）程序之间不能共享数据：程序代码与数据同处于一个程序中，即一组数据对应一个程序，一个程序不能使用另一个程序处理的数据。

　　（2）程序代码复杂：在程序中必须定义数据的存储结构，需要编写数据存取方法和输入输出方式等程序代码。

　　（3）无法长期保存数据：程序运行时，人工进行数据输入，输入的数据和运行结果都保存在内存中。随着程序运行结束，这些数据在内存中自动消失，很难实现大数据量的处理任务。

　　（4）数据重复输入率高：当一个程序用到另一个程序的处理结果时，需要重新输入这些数据。一个程序多次运行也可能导致人工重复输入数据。

　　2．文件系统阶段

　　自 20 世纪 50 年代后期至 60 年代中期，计算机软件和硬件技术有了很大发展。外存储器有了磁鼓和磁盘等直接存取设备，存储信息容量和存取速度得到很大改善。软件方面也有了操作系统和文件系统，程序通过文件系统访问数据文件。文件系统阶段的主要特点如下。

　　（1）程序之间共享数据且易于长期保存数据：程序代码和数据可以分别存储在各自的文件中。在一个程序中输入的数据或运行的结果可以保存到数据文件中，供其他程序使用，即多个程序可以共享一组数据。

　　（2）程序代码简化：数据存储结构、存取方法等都由文件系统负责管理，程序中通过文件名即可存取数据文件中的数据。

　　（3）数据冗余度大：数据文件（如图5-3 所示）通常是非结构化文件，例如，顺序文件或随机文件等都没有列标识，不便于多个程序员使用。通常，一个数据文件供一个程序员编写的一组程序使用，因此多个程序员的相同数据可能出现重复存储问题。

```
22110101林小辉 12111980120122长春市东朝阳路10委6号        1300210431-7899101
21100102李晓影 24101984022923黑龙江省哈尔滨市建设街5号    1500860431-5654654
24110903王强   14011984060322长春市民康路10号             1300240431-9874519
24110904张丽娜 23101984071122吉林珲春市第二高级中学       1333000440-7518864
13110101赵海燕 23011984021523黑龙江大庆市萨尔图区         1633110459-6379363
```

图 5-3　数据文件 XSXX.TXT 中的数据

（4）程序对数据依赖性较强：改变文件中数据项的位置或宽度，通常需要修改程序代码。

（5）专业性较强：对数据文件的访问（存取、分类、检索和维护等）通常需要编写程序代码，因此需要计算机用户具有很强的计算机专业知识，不便于计算机的推广使用。

3．数据库系统阶段

自 20 世纪 60 年代后期至 80 年代初期，计算机系统有了进一步发展，外存储器有了大容量磁盘，存取数据速度明显提高；数据库技术日趋成熟，出现了许多数据库管理系统。例如，在微型计算机上流行的 dBASE 系列，在大、中、小型计算机上使用的 Oracle 都是数据库管理系统。在此阶段，数据集中存储在一台计算机上，进行统一组织和管理。因此，人们也将此阶段称为集中式数据库管理阶段。

此阶段数据管理的主要特点是，数据集中式管理、高度共享；数据结构化并与程序分离；数据冗余度小，具有一定的数据一致性和完整性控制措施等。

4．分布式数据库系统阶段

自 20 世纪 80 年代初期至今，随着网络技术的发展，一个部门的多台计算机进行连接构成局域网，甚至跨地区、跨国别的多台计算机进行连接构成广域网或 Internet。网络技术的发展为分布式数据库系统提供了良好的运行环境。

分布式数据库将数据存放在多台计算机上，可在不同位置访问数据库中的数据。目前，支持分布式数据库的数据库管理系统有 Access、SQL Server、Oracle 和 MySQL 等。

分布式数据库管理系统比集中式功能更加强大，其主要特点是，数据局部自治与集中控制相结合，使数据具有很强的可靠性和可用性；强大的数据共享和并发控制能力，使数据的使用价值更高、应用范围更广；数据一致性和安全性控制措施更加完善，特别是在大数据挖掘和分析方面有着广泛的应用前景。

5.2.2　数据库系统的组成

数据库系统（database system，DBS）是指存储数据库的计算机系统，它为数据处理、多个用户同时访问和数据共享提供了便利条件。它由计算机硬件、软件和相关人员组成。计算机硬件搭建了系统运行和数据库存储的环境；计算机软件主要用于管理、控制和分配计算机资源，建立、管理、维护和使用数据库，它主要包括数据库、操作系统和数据库管理系统。图 5-4 所示的是一个选课数据库系统。

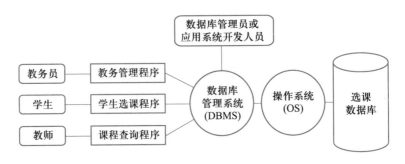

图 5-4　选课数据库系统

1．数据

数据（data）是描述事物的、存储于计算机系统中的符号。它既可以是数字，也可以是数字化的文字、图形、图像、音频、视频和动画等。

2．数据库

数据库（database，DB）是动态存储于计算机系统中，有组织、结构化的关联数据的集合。多数数据库以文件（如"选课数据库.accdb"）形式存储在计算机系统的外存储器中，每种数据库管理系统都有各自的文件扩展名。例如，Access 数据库文件的扩展名为 MDB 或 accdb，SQL Server 数据库文件的扩展名为 MDF 等。数据库中除包含数据库表以外，还包含数据索引、数据库表之间的联系、数据有效性规则和安全控制规则等信息。

3．数据库管理系统

数据库管理系统（database management system，DBMS）是建立、维护和管理数据库的系统软件，它提供数据安全性和完整性控制机制，具有完备的数据库操作命令体系，可以在交互方式下管理和访问（存取）数据库，也可以利用软件开发工具开发数据库应用程序。例如，MySQL、SQL Server、Oracle 和 Sybase 等都是目前应用较广泛的数据库管理系统。

4．数据库应用系统

数据库应用系统（database application system，DBAS）由数据库系统和数据库应用程序组成，是以数据库为核心的应用系统。例如，学生选课、成绩管理、人事管理、商品进销存管理、民航售票和银行储蓄等系统都是数据库应用系统。

数据库应用软件是利用数据库系统资源，针对某项业务开发而成的应用软件。此类应用软件可以用数据库管理系统或其他软件开发工具进行开发，由若干个程序模块组成。例如，学生选课系统由"教务管理程序""学生选课程序"和"课程查询程序"等程序模块组成。

5．相关人员

在实际应用中，数据库系统还包括数据库管理员、应用系统开发人员和应用程序用户，通常将他们统称为用户层。

（1）数据库管理员：主要负责安装数据库管理系统，通过数据库管理系统建立和维护数据库、制定安全策略，保障计算机系统硬件和软件的正常运行。

（2）应用系统开发人员：主要任务是按照应用领域的业务人员要求设计数据库，利用数据库系统资源开发符合业务要求的应用程序。有些简单的应用程序可以由非计算机专业人员开发，一些较复杂或大型的应用程序，通常由计算机专业人员开发。

（3）应用程序用户：通常是应用领域人员（如教务人员、学生和教师等），在客户机上通过应用程序来完成任务，有时也使用数据库管理系统中的简单命令或编写简单程序来实现一些应用系统中没有考虑到的功能。

5.2.3　数据库管理系统的功能

在数据库管理系统中，主要管理的对象是数据库，其功能包括以下几点。

（1）数据定义：通过 DBMS 数据定义语言（data definition language，DDL）可以建立和维护数据库、数据库表、视图和索引等数据库中的相关信息。

（2）数据操纵：通过 DBMS 数据操纵语言（data manipulation language，DML）对数据库表中的数据记录进行操作。例如，插入、修改或删除数据库表中的数据。

（3）数据查询：通过 DBMS 的数据查询语言（data query language，DQL）对数据库表中的数据进行查询、排序、汇总、分析和联接等操作。

（4）数据库运行管理和控制：这是 DBMS 的核心部分，主要包括数据库并发控制（协调多个用户对数据库同时进行操作，并确保数据的一致性）、安全性（密码和权限）检查、完整性约束条件检查、数据库内部资料（如索引、数据字典）自动维护等。只有在 DBMS 统一控制和管理下，用户才能实现对数据库的各种操作。

（5）数据库维护：数据库维护主要包括数据更新和转换（实现与其他软件的数据转换）、数据库转存和恢复、数据库重新组织和性能监视等。

（6）数据组织、存储和管理：DBMS 要对数据字典（存放数据库结构描述信息，如表 5-2 中字段名称和数据类型等）、用户数据和存储路径等信息进行分类组织、存储和管理，确定文件结构和存取方式，实现数据之间的联系，以便节省存储空间和提高数据的处理速度。

（7）数据通信：DBMS 要经常与操作系统打交道，进行信息交换，因此必须提供与操作系统的联机处理、分时处理接口。

5.2.4　数据库系统安全保护

随着计算机及网络技术的飞速发展，数据库技术在各个领域中得到了广泛应用，数据库中的数据资料在军事、科技、教育、经济、生产和生活等各项社会活动中起着非常重要的作用，越来越得到人们的重视。对于数据库中的数据，必须采取安全保护措施，避免黑客攻击、破坏或盗用，确保数据的一致性和正确性。数据库的保护措施可分为并发控制、数据安全性控制和数据库备份与恢复 3 个方面内容。

1. 并发控制

在事务处理系统中，通常允许多个事务同时访问数据库。从用户的角度来看，事务是完成某一任务的操作集合；从进程的角度来看，事务是访问和更新数据项的一个程序执行单元。多个事务并发更新数据容易引发数据的不一致性问题，系统必须通过并发控制机制对并发事务之间的相互影响加以控制。

假设有两个事务，一个事务对职工的工龄进行加 1 操作，另一个事务根据工龄调整工资。

如果并发执行这两个事务，则可能造成一部分职工按增加前的工龄调整工资，而另一部分职工按增加后的工龄调整工资，从而产生了数据不一致性的问题。

并发控制的方法之一是对数据项进行互斥访问。即当一个事务访问某个数据项时，其他任何事务都不能修改该数据项。实现该要求的最常用方法是只允许访问该事务当前锁定的数据项。锁有多种类型，不同的 DBMS 提供的锁类型也有些差异，常见的锁类型有以下 3 种。

（1）共享型锁：如果一个事务获得了某数据项的共享型锁，则该事务只能读但不能写此数据项。对一个数据项，可以有多个事务同时获得共享型锁。共享型锁适合于数据的查询操作。

（2）排他型锁：如果一个事务获得了某数据项的排他型锁，则该事务既可以读也可以写此数据项。在某一时刻，对一个数据项，只能有一个事务获得排他型锁，并且此时其他事务也不能获得此数据项的共享型锁。排他型锁适合于数据更新操作。

在实际应用中，为了便于实现，绝大多数 DBMS 都是对数据记录的，而不是对数据项（字段）实施排他型锁。

（3）独占数据库：当一个事务访问数据库时，其他事务不能以任何方式访问该数据库，此种方式将严重影响数据库的并发效率。在数据库维护或数据整理过程中，往往需要独占数据库。

2．数据安全性控制

数据安全性控制主要是为了防止数据失窃或遭到破坏所采取的一系列措施。DBMS 所采取的安全措施如下。

（1）用户标识和密码认证：为数据库用户设置用户账号和密码，不知道用户账号和密码将无法访问数据库。

（2）用户分级授权：对数据库用户进行分级授权管理，有许多分级办法。例如，某个（些）人具有添加、修改或删除数据的权限，而其他用户只有查询数据的权限。此外，也可以按部门或人员分工进行授权。

（3）数据加密：对数据进行一些数学变换处理，如果不知道加密算法或脱离数据库系统环境，将无法访问数据库。

3．数据库备份与恢复

数据库是一个面对众多用户的磁盘文件（夹），尽管人们采取了很多安全保护措施，但磁盘破损、操作人员失误或黑客攻击，都可能导致破坏数据库。当数据库中的数据丢失或遭到破坏时，应该立即恢复数据库。一般通过下列过程恢复数据库。

（1）备份数据库：周期性地转储（备份）数据库，使数据库留有多个备份，最好脱离数据库系统环境保存备份数据库。例如，将备份数据库存放于光盘、移动硬盘、U 盘或云空间等。

（2）建立日志文件：通过 DBMS 建立日志文件，以便系统自动记载每个用户操作数据库的时间和过程，为分析数据库遭到破坏的原因及恢复数据库提供有价值的资料。

（3）恢复数据库：一旦需要恢复数据库，要根据日志文件中记载的时间和内容分析出问题点，利用较理想的备份数据库，将数据库恢复到最近的可用状态。

5.3   3个世界与概念模型

计算机仅能处理数字化的符号,存于数据库中的数据是现实世界中客观事物的抽象表示。人们在从客观事物中获取计算机数据的过程中,需要用某种方法描述对象及对象之间的联系,通常将这种方法称为模型。

在现实世界到数据世界的转化过程中,人们通常用概念模型描述信息世界中的对象及对象之间的联系,用数据模型描述数据世界中的对象及对象之间的联系。

5.3.1   从现实世界到数据世界

要使计算机能应用于生产、生活的各项活动中,人们必须对现实世界中的客观事物进行抽象和提取,获取能真实反映事物的所有特征,找出事物内部及事物之间的联系,再通过数据模型将它们数据化后存于计算机系统中。计算机对数据进行分类、统计和分析等处理,得到人们所期望的结果数据,再将计算机处理的结果数据应用到现实世界中,从而达到对客观事物进行计算机处理的目的。

从现实世界、信息世界到数据世界的转化总体过程及三者之间的联系如图5-5所示。

图5-5   3个世界及其关系

(1)现实世界:现实世界由各种客观存在的事物构成,事物之间既存在联系又有差异。通常,人们通过事物的特征找出事物之间的差别,以便区分事物。例如,教师、学生和课程都是客观存在的事物。每个事物都不能孤立地存在,事物之间存在着某种必然的联系。例如,教师与学生通过教学进行联系;教师与课程通过讲授进行联系。

(2)信息世界:信息世界是现实世界在人们头脑中的反映,是人们对客观事物及其联系的抽象描述和概念化,通常也将信息世界称为概念世界。从本质上来看,信息世界是抽象化的现实世界。在信息世界中,人们将客观事物视为实体,将事物的特征视为属性,用概念模型描述实体及实体之间的联系。

(3)数据世界:数据世界是数据化的信息世界,即将信息世界中的实体进一步抽象、提取和规范化,使之成为计算机能处理的数据,最终保存到数据库中。在数据世界中,用数据模型描述实体及其之间的联系;用一行数据(记录)表示一个实体;用数据项、列或字段表示实体的属性。例如,在表5-3中,用"教师号"表示教师的编号,用"姓名"表示教师的姓名,而

147

表中每个记录都表示一个教师的信息。

5.3.2　信息世界与概念模型

信息世界是现实世界到数据世界的过渡阶段。在此阶段中，需要对事物进行提取和抽象，找出事物的特征以及事物之间的联系，用概念模型描述实体及实体之间的联系，为事物数据化做前期准备工作。

1．常用术语

（1）实体：客观事物的真实反映，可以是实际存在的对象。例如，一个教师、一本教材和一台机器等都是实体。实体也可以是某种抽象的概念或事件。例如，一门课程、一个专业、一次借阅图书和一个运行过程等也都是实体。

（2）实体属性：在信息世界中，将事物特征称为实体属性。每个实体都具有多个属性，即多个属性才能描述一个实体。例如，在表 5-3 中，教师号、姓名、性别、出生日期和职称等都是教师实体的属性。

（3）实体属性值：实体属性的具体化表示，属性值的集合表示一个实体。例如，在表 5-3 中，"103601"是教师号属性的值；"李晓光"是姓名属性的值；"1"是性别属性的值。而表中的一行数据表示一个教师。

（4）实体类型：用实体名及实体所有属性的集合表示一种实体类型，简称实体型，通常一个实体型表示一类实体。因此，通过实体型可以区分不同类型的事物。例如，用教师（教师号，姓名，性别，出生日期，职称，联系电话，在职）的形式描述教师类实体；用课程（课程号，课程名，开课学期，理论学时，实验学时，学分）的形式描述课程类实体。

（5）实体集：具有相同属性的实体集合称为实体集。实体型抽象地刻画了实体集。

在关系数据库（如 MySQL、Access、Oracle 和 Sybase 等）中，通常将同一实体型的数据存放在一个表中，实体型名作为表名；实体属性的集合作为表的结构（见表 5-2）；实体属性集合的一组值作为表中的一个数据记录，表示一个实体；实体集由表中全部的记录构成。

2．概念模型及 E-R 方法

概念模型是能够准确、直观地描述信息世界中的实体及其联系的方法，又称实体模型或信息模型。它与计算机系统环境和具体的 DBMS 无关，依赖于人们描述实体的目的，也依赖于人们对实体的观点和视角。因此，对相同实体可以建立多个概念模型。

人们用于表示概念模型的方法有许多，其中常用的方法是实体—联系方法（entity-relationship approach），简称为 E-R 方法。在该方法中，用图形方式描述实体及实体之间的联系。

（1）实体（型）：用矩形框□表示实体（型），框内文字注明实体（型）名。

（2）实体属性：用椭圆形框○表示实体属性，框内文字注明属性名；用线与实体连接，表示与实体的隶属关系。

（3）实体之间的联系：用菱形框◇表示实体之间的联系，框内文字注明联系形式；用连线连接关联的实体。

例如，在选课数据库系统中，"教师"与"学生"两类实体的 E-R 图如图 5-6 所示。

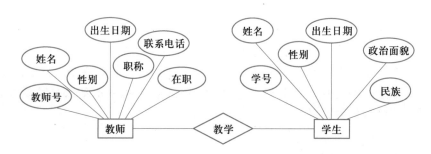

图 5-6 "教师"与"学生"实体的 E-R 图

3．实体之间的联系

分析实体之间的联系主要是找出信息世界中实体之间的外在联系，以便在数据库中正确地表示实体及其之间的联系。

现实世界中事物之间是相互关联的，这种关联在事物数据化过程中表现为实体之间的对应关系。通常，将实体之间的对应关系称为联系。实体之间的联系有一对一、一对多和多对多 3 种形式。

（1）一对一联系（1∶1）：一个实体与另一个实体之间存在一一对应关系。例如，一个班只有一个班长，一个人不会同时在两个（或以上）班担任班长，因此，班与班长之间是一对一联系。同样，行驶中的汽车与驾驶员之间也是一对一联系。

（2）一对多联系（1∶N）：一个实体对应多个实体，也称多对一联系（N∶1）。例如，一个班有多个学生，而某个学生只隶属于一个班。因此，班与学生之间是一对多联系。同样，出租车公司与出租车也是一对多联系。

（3）多对多联系（M∶N）：多个实体对应多个实体。例如，一个学生选修多门课程，而一门课程有多名学生选修，因此，学生与课程之间是多对多联系。又如，一个用人单位需要多个专业的学生，而一个专业的学生到多个用人单位工作，因此，用人单位与专业之间也是多对多联系。

随着时间、地点或范围的变化，实体之间的联系也可能发生变化。例如，在某一时刻，一个教师只能在一个教室为多名学生上课，而这些学生只能听到这个教师授课，此时教师与学生之间是一对多联系；而在不同时刻，一个教师可能在多个教室为学生上课，一个学生可能听取不同的教师授课。因此，教师与学生之间又变成了多对多联系。

5.4 数据模型

在数据世界中，将描述实体及其联系的方法称为数据模型。数据模型是信息世界中概念模型的数据化，是数据库的逻辑结构和设计基础。因此，数据模型是现实世界向数据世界转化的重要工具，一个数据模型的优劣将决定着数据库的性能。数据模型应该满足以下要求。

（1）通俗易懂：数据模型应该直观、易懂，容易被人们使用和理解。

（2）仿真性强：数据模型应该具有很强的仿真性，能够比较逼真地反映现实世界中的事物及其联系。

（3）易于存储和操作：在计算机中能够容易实现存储和操作。

常见的数据模型有层次数据模型、网状数据模型、关系数据模型和面向对象数据模型。数据库管理系统的类型由它支持的数据模型来决定，因此，数据库管理系统又分层次型、网状型、关系型和面向对象型几种类型。如目前广泛应用的 Access 和 MySQL 等都是关系型数据库管理系统，人们习惯简称为关系数据库。

5.4.1　层次数据模型

层次数据模型通过倒置树形结构表示实体（型）及实体之间的联系，"树"中每个结点表示一个实体（型），结点之间的箭头表示实体之间的联系（由父到子）。层次数据模型可分为基本层次数据模型和层次数据模型两种。

（1）层次数据模型：如图 5-7 所示为典型的层次数据模型示例，其主要特点是，有且仅有一个结点（如学校），其没有父结点，称之为树的根结点；每个非根结点（如学院、管理人员和教师等）有且仅有一个父（直接上层）结点。

在层次数据模型中，某些结点（如学院）具有子结点（学生、管理人员和教师等），这样的结点被称为父结点；另一些结点（如学生、教师和管理人员等）没有子结点，这样的结点被称为叶结点。

（2）基本层次数据模型：基本层次数据模型是仅描述两个实体（型）及其联系的简单层次数据模型，如图 5-8 所示是典型的基本层次数据模型示例。

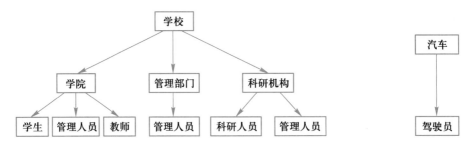

图 5-7　层次数据模型示例　　　　　　　　　　　图 5-8　基本层次数据模型示例

层次数据模型是最早出现的数据模型，在早期数据库设计阶段应用得比较广泛，它能够比较真实、直观地反映实体及其联系。由于每个结点（根结点除外）只有一个直接父结点，因此通过层次数据模型不能描述实体的多对多联系，它最适合表示实体的一对多联系。

5.4.2　网状数据模型

网状数据模型通过网状结构表示实体（型）及实体之间的联系，"网"中的每个结点表示一个实体（型），结点之间的箭头表示实体之间的联系（由父到子）。如图 5-9 所示是典型的网状数据模型示例。

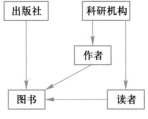

图 5-9　网状数据模型示例

网状数据模型是拓展的层次数据模型，其主要特点是，可能有多个（包括零个）结点（如出版社、科研机构）没有父结点，即有多个根结点；某些非根结点（如图书）可能有多个父结点（如出版社、作者和读者）。事实上，在网状数据模型中允许某些结点有多个父结点，也允许某些结点有多个子结点，因此网状数据模型适合于描述实体的一对一、一对多和多对多联系。

层次数据模型和网状数据模型在本质上没有区别，从逻辑结构上看，它们都由基本层次数据模型组成；从物理存储结构上看，它们的每一个结点（实体）都是一个存储记录，用链接指针实现记录之间的联系。

层次数据模型和网状数据模型的最大优点是直观、形象地描述实体及其联系，易于被人们理解和掌握；缺点是数据存储结构比较复杂，特别是网状数据模型，需要更多的链接指针。在检索数据时，需要考虑比较复杂的数据存储路径问题；在插入或删除数据时，涉及频繁地调整链接指针问题。因此，采用层次或网状数据模型不仅程序算法复杂，而且需要大量的存储空间和系统操作时间。

5.4.3　关系数据模型

关系数据模型通过二维表描述实体（型）及其联系。通常，将关系数据模型中的二维表简称为关系或表。

在人类历史发展过程中，人们将表格广泛地应用于信息记载、数据统计和分析，表格在生产和生活的各项活动中起着非常重要的作用，更容易被人们理解和接受。另外，关系数据模型是以数学理论为基础，以关系规范化理论为依据的数据模型。因此，它具有坚实的理论基础和实践基础，是目前最有发展前景的一种数据模型。

自 20 世纪 80 年代以来，几乎所有数据库管理系统都建立在关系数据模型的基础上。目前，广泛应用的数据库管理系统 MySQL、Access、SQL Server、Oracle 和 Sybase 等都支持关系数据模型，它们由此得名关系数据库管理系统。由它们管理的数据库被称为关系数据库。

在关系数据模型中用一个二维表描述一种实体或实体型之间的联系；表中的一行数据（记录）描述一个实体或实体之间的联系；表中的一列（字段或数据项）描述实体的一个属性。在图 5-10 中，教师、课程和学生表分别描述教师、课程和学生实体型；成绩表描述 3 种实体之间的联系。

关系数据模型直接支持实体的一对一和一对多联系，对于实体的多对多联系，在设计关系数据库时，需要对某些表进行分解，增设表示联系的表，使实体的多对多联系变成一对多联系。在图 5-10 中，成绩表就是为了描述学生与课程、教师与课程、教师与学生的多对多联系而增设的二维表，用于实现学生、课程和教师与成绩的一对多联系。

关系数据模型不能显式地表示实体之间的联系，实体之间的联系往往隐含在表的某些属性中，即通过属性的值可以分析出实体之间的联系；通过具有相同含义的属性（可能不同名）可以找出实体型（表）之间的联系。

教师

教师号	姓名	性别	出生日期	职称	办公电话	住宅电话	移动电话	在职	简历
103601	李晓光	1	2000-5-1	3	88922331	85166123	13019298657	是	
103621	李敏	2	2002-1-12	2	88456721	85660304	13809228127	是	
106723	赵丹茹	2	1998-12-3	5		88499213	13019876502	否	
105721	张大伟	1	1995-3-11	4	88426115	88499212	13902125631	是	
...	...	...	...	...	...	...	...		

课程

课程号	课程名	开课学期	理论学时	实验学时	学分
00001	计算机文化基础	1	20	24	2
00002	大学计算机基础	2	54	24	4
01001	大学英语基础	1	70	24	4
03001	毛泽东思想概论	1	54		2
...	...	...	...	...	

成绩

学号	教师号	课程号	成绩
01050101	107523	00001	80
01050102	107523	00001	70
01050103	107523	00001	60
01050103	108712	01002	-1
01050104	103601	00001	68
...	...	...	...

学生

学号	姓名	性别	出生日期	政治面貌	民族
01050101	马伟立	1	2005-12-31	团员	汉族
01050102	赵晓敏	2	2006-1 -31	党员	朝鲜族
01050103	周娜	2	2004-03-12	群众	汉族
01050104	方立军	1	2005-10-31	团员	满族
01050105	牛大柯	1	2004-01-01	团员	汉族
...	...	...	...		...

图 5-10　关系数据模型——选课数据库描述

在图 5-10 中，通过分析学生表中的民族属性值是否相等，可以分析出哪些学生（同类实体）属于同一个民族，从而得到学生之间的一种联系；通过分析成绩表中的教师号属性值，可以找出某位教师教哪些学生（不同类实体），从而得到教师与学生两种实体之间的联系；通过两个表中的公共属性教师号建立了教师与成绩两个表（实体型）之间的联系。在图 5-10 中，用连线表示这种联系，即使两个表中的属性名不同，只要意义相同，就可以建立这种联系。

5.5　关系数据库中的基本概念

关系数据模型具有坚实的数学理论基础，它是简单的、易于人们理解的、有效的、容易实现存储和操作的一种数据模型，它以数学的方法处理数据库中的数据。

关系数据库是支持关系数据模型的一类数据库。MySQL、Access、SQL Server、Oracle 和 Sybase 等都是关系数据库管理系统（relational database management system，RDBMS）。在关系数据库中有许多重要概念，常见的概念有以下几个。

（1）关系：二维表，是实体的属性信息（属性名、类型和宽度等）及其属性值的集合，也简称为表。将关系中所含属性的个数（n）称为关系的元或目，通常也称为 n 元关系或 n 目关系。

在大多数数据库管理系统（如 Access 和 SQL Server）中，表存储在数据库文件中。但在少数数据库管理系统中，表以独立的文件形式存储。例如，MySQL 的一个表对应一个文件名，其扩展名为 FRM。

（2）属性：表中的每一列称为一个属性，也称为列、域、字段或数据项。每个属性都有属性名，也称为列名或字段名。例如，学号和姓名都是属性名。

（3）元组：表中一行数据称为一个元组，也称为一个数据记录。通常，一个元组对应一个实体，每张表中可含多个元组。例如，（00002，大学计算机基础，2，54，24，4）是课程表中的一个元组。

（4）关键字：由一个或多个属性组成，该组属性的值能唯一地标识表中的每个元组（记录），如果从该组属性中去掉任何一个属性，表中就可能出现关于剩余属性重值的元组。简而言之，关键字是表中唯一地标识元组的最小属性集合。每个表都有关键字，通常将关键字也称为表的候选键或候选码。例如，教师号是教师表的候选码；课程号是课程表的候选码。

候选码可以由多个属性构成。例如，学号和课程号两个属性构成成绩表中的候选码。一个表中可能有多个候选码，例如，假设只允许每个教师上一门课程，则学号和教师号两个属性构成了成绩表中的另一个候选码。

在某个候选码中附加其他属性后，并不构成候选码。例如，学号是学生表中的候选码，而学号和姓名也能唯一地标识学生表中的每个元组，但这两个属性并不能构成学生表中的候选码。

（5）主属性：一个表由多个属性构成，通常将包含在候选码中的属性称为主属性，将不在任何候选码中的属性称为非主属性。例如，学号和课程号都是成绩表中的主属性，而成绩属性是成绩表中的非主属性。

（6）主关键字：一个表中可能有多个候选码，通常用户仅选用一个候选码。将用户选用的候选码称为主关键字，简称为主键、主码、键或码。主键除了标识元组外，在建立表之间的联系时也起着重要作用。

（7）外码：一个表 R 的一组属性 F 不是表 R 的候选码，如果 F 与某表 S 的主码相对应（对应属性含义相同），则 F 是表 R 的外码或外键。例如，教师号不是成绩表的候选码，而是教师表的主码，因此教师号是成绩表的一个外码。在建立表之间的联系时，通常用一个表的主码与另一个表的外码建立联系。

（8）关系模式：对数据库中每个关系的描述，是关系名及其所有属性的集合。关系模式用于描述表结构，其格式为

<关系名>（全部属性名表）

【例 5-1】 在图 5-1 和图 5-2 所示的两个数据库中，有 6 个表，各表的关系模式分别为：

教师（<u>教师号</u>，姓名，性别，出生日期，职称，办公电话，住宅电话，移动电话，在职，简历）

课程（<u>课程号</u>，课程名，开课学期，理论学时，实验学时，学分）

学生（<u>学号</u>，姓名，性别，出生日期，政治面貌，民族）

成绩（<u>学号</u>，教师号，<u>课程号</u>，<u>成绩</u>）

代表性事件（<u>事件名称</u>，时间节点，<u>摘要</u>）

国民经济状况(事件名称，<u>年份</u>，GDP 亿元，排名，人均 GDP，人均排名，居民人均可支配收入)

数据库中的一个表对应一个关系模式，其中带下画线的属性是关系模式中构成主关键字的

主属性。在实际应用中，关系模式中除包含模式名、属性名和主关键字外，还要包含各个属性的数据类型和取值范围等信息。

（9）关系子模式：是对用户所操作数据结构的描述，也称外模式、用户模式或应用模式。用户需要的数据可能来自一个表或多个表，因此，某个关系子模式可能由多个表中的属性构成。关系子模式的表示格式为：

    <子模式名> （所需属性名表）。

例如，学生民族（学号，姓名，民族）关系子模式中的属性来自学生表；学生听课（学号，姓名，教师名，课程名）关系子模式中的属性来自学生、教师和课程 3 个表。

5.6 数据模型的要素

数据模型主要由数据结构、数据操作和完整性约束 3 个要素组成。关系数据模型是通过二维表描述实体（型）及其联系的一种数据模型，同样具备这 3 个要素。

1. 数据结构

数据结构主要用于描述属性名、数据类型、数据以及数据之间的联系等，即数据存储的静态性。在关系数据模型中，用关系（表）实现数据存储，因此关系数据模型的数据结构主要体现在表的结构上。

表是关系数据库的核心内容，主要用于存储表的结构（属性名、数据类型和宽度等）和数据记录。一个表应该具有以下性质。

（1）属性的原子性：表中每个属性是不可以再分割的基本数据项。一个属性是否具有原子性，与地域文化和人们的习惯都有关系，没有严格的定义规则。如"姓名"这个属性，中国人一般习惯不再分割成多个属性，而西方人认为还要分割成"First Name"和"Last Name"两个属性。再如日期，从严格意义上讲，应该再分割成年、月和日 3 个原子性的属性，但人们习惯将日期作为一个属性，如出生日期、进货日期和销售日期等。

（2）属性名的唯一性：同一表中的属性不可以重名。

（3）属性次序的无关性：表中各个属性的前后顺序无关紧要，即仅各列（属性）前后顺序不同的两个表被视为同一个表。

（4）属性的有限性：一个表中属性个数有限，至少有一个属性，属性个数的上限由具体数据库管理系统决定。例如，在一个表中，Access 允许有 255 个属性（字段），而 SQL Server 最多可以有 300 个属性。

（5）属性值域的同一性：一个表中的同一个属性具有相同的值域，即表中同一列数据必须具有相同的数据类型和取值范围。

（6）关键字非空性：在任何元组中，主属性都不能出现空值（null），否则关键字将失去对数据记录的标识作用。这里的空值表示目前不确定的数据，并不是 0 或空格之类的数据。

（7）元组（数据记录）次序的无关性：表中各个元组的前后顺序无关紧要。

（8）元组的唯一性：表中任何两个元组不能完全相同，因此任何表都有关键字。

（9）元组的有限性：一个表中元组（记录）个数有限，表中可以没有记录，此时称之为空表。在目前流行的关系数据库管理系统中，一个表都能存储 10 亿条或更多的数据记录。

前 6 条性质用于限制表中的属性，后 3 条性质用于限定表中的元组（记录）。

2. 数据操作

数据操作主要是指对数据模型中的数据和联系所允许的各类操作以及操作规则，即描述数据模型的动态性。对数据模型的主要操作有插入、删除、修改和查询（检索）4 种。在关系数据库中，对关系数据模型的操作实质上是对关系（表）进行操作，操作的结果仍然是关系。

（1）查询数据：通过外模式检索（分析）数据库中的数据，同时可以检索一个表或多个表中的数据。在对多个表进行操作时，需要将表两两进行联接生成新的表。在查询数据时需要指明数据项（投影）和查找（选择）记录的条件。

（2）插入数据：向表中增加记录，一次操作仅能向一个表中插入记录。

（3）删除数据：从表中删除数据记录。在进行删除记录操作前，首先在表中查找（选择）待删除的记录，然后再从表中将其删除。一次操作仅能从一个表中删除数据记录。

（4）修改数据：修改表中相关记录的属性值，包括删除或添加属性的值。修改数据的过程是在表中查找（选择）要修改的记录，提取（投影）相关数据项到内存，从表中删除这个（些）记录，再修改内存中的数据，最后通过插入操作将修改后的记录插入表中。因此，修改数据可以视为查找、删除和插入数据 3 种操作的组合，一次操作仅能修改一个表中的数据。

对数据库的上述 4 种操作，可以归纳成数据项投影、记录选择、表联接、记录插入和记录删除 5 种基本操作的组合。在关系数据库管理系统中，通过关系的专用操作实现前 3 种基本操作；通过关系的集合运算（并集和差集）实现后两种基本操作。

3. 完整性约束

数据库中的数据是现实世界中事物的真实表示，各个属性的值受到数据语义的限制，所谓数据语义就是对数据项的规定及解释。例如，性别值只能是男或女，如果对性别进行编码，则只能取值 1 或 2；百分制成绩必须在 0~100 之间。数据语义不仅限制属性的值，也会制约属性之间的关系。例如，根据数据语义才能确定一个表的关键字，关键字用于标识表中其他属性的值。因此，关键字的值不能重复，主属性的值不能为空（null）。此外，数据语义还对不同表中的数据进行一些限制。例如，学生所选的课程必须是学校开设的课程，即在成绩表中每个数据记录的课程号必须在课程表中能找到相关的数据记录，教师号必须在教师表中也能找到其记录。

在关系数据模型中，将上述语义施加在数据上的限制称为完整性约束。在进行数据更新（插入、修改或删除）操作时需要完整性约束检查。由于这种检查需要系统的开销较大，因此目前的 DBMS 仅具有一部分完整性约束检查功能，其余部分交由用户负责。关系数据模型中有域、实体、参照和用户定义 4 类完整性约束。

（1）域完整性约束：域是指表中属性的值域，即属性值的数据类型和取值范围。例如，姓名属性的值域是所有人姓名的集合，文本（字符）型数据；性别属性的值域是{男，女}，文本（字符）型数据等。在计算机中，所有数据都是离散的，并且对长度（宽度）有限制。因此，所有属性的值域都是有限集合。

域完整性约束保证：表中的属性值具有确定的数据类型，并且在规定的范围内取值或者为空（null），是否允许某属性的值为空要由语义来决定。例如，在学生选课后，期末考试之前这段时间内，成绩属性的值可能为空，而学号作为各个表中的主属性不允许为空值。

在目前的 DBMS 中，对输入或修改数据都能检查属性值的数据类型和宽度，但无法检查属性值是否在指定的域内。例如，在教师表中对某记录的姓名输入"数据库"，而 DBMS 检查不出来此值不在姓名域内，只能依靠用户进行检查。

（2）实体完整性约束：每个表都必须有关键字，实体完整性约束要求主属性值不能为空，以确保关键字值的确定性且能唯一地标识记录。在多数 DBMS 中，通过主关键字实施实体完整性约束检查；在某些 DBMS 中，通过候选码也能对实体完整性约束进行检查。

（3）参照完整性约束：是表之间联系的基本约束，不允许一个表引用另一个表中不存在的数据。具体要求是，如果 F 是表 S 的主键，且为表 R 的外码，则表 R 中每个记录在 F 上的值必须等于表 S 中某个记录的主键值或者为空值。在增加、修改或删除数据时，多数 DBMS 通过表之间的联系实施参照完整性约束检查和控制。

例如，当更改教师表中的教师号时，需要同时修改成绩表中相关数据记录的教师号（见图 5-10）。又如，当取消某门课程时，如果在课程表中删除课程的数据记录，同时也要从成绩表中删除该课程的相关数据记录，等等。

（4）用户定义完整性约束：域完整性约束无法彻底检查属性值是否在指定的域内，对某些特殊的属性还需要通过用户定义规则限定数据的范围。用户定义完整性约束是用户根据具体的关系数据库设计的约束，它反映了实际应用中对某些属性（字段）的语义要求。在多数 DBMS 中，设计表时，允许通过属性的有效性规则或验证规则定义用户完整性约束。

例如，在 Access 选课数据库中，对学生表的性别属性设置验证规则为：[性别]="1" Or [性别]="2"；对教师表的职称属性设置验证规则为：[职称]>= "1" And [职称]<= "5"；对成绩表的成绩属性设置验证规则为：[成绩]>= –1 And [成绩]<=100，成绩为–1 表示目前还没有登记成绩。这些验证规则都是用户定义的完整性约束。

5.7　关系的基本操作

在关系数据库中，成批查询、删除或修改数据记录时，都需要指明查找（选择）记录的条件。在查询或修改数据时，需要确定要操作的外模式数据项（投影）。在查询数据时，可能需要多个关系联接成一个关系。为了满足这些要求，在关系数据模型中定义了选择、投影和联接 3 种专门的关系操作，这 3 种操作的结果仍然是关系。

1．选择操作

在对关系进行操作时，往往仅操作关系中的一部分元组（记录），需要指明被操作元组的条件。选择操作就是从关系中选取符合条件的元组。选择操作被形式上表示为

$$\sigma_{<选择条件>}（<关系名>）$$

选择条件是由<（小于）、<=（小于或等于）、=（等于）、<>（不等）、>=（大于或等于）、>（大于）比较运算符构成的表达式，比较运算符对关系中具有相同含义的属性或常数进行比较时，运算项可以是数值、日期或文本（字符）型数据，运算结果为逻辑值 True（真）或 False（假）。

选择条件还可以由 Or（或者）、And（并且）或 Not（否定）逻辑运算符构成更复杂的表达

式，运算项只能是逻辑值，运算结果也是逻辑值。当选择条件的值为真时，称为符合条件或满足条件。

【例5-2】 从图5-10的学生表中提取男生记录，选择操作为：

$$U = \sigma_{\text{性别}='1'}(\text{学生})$$

结果如表5-4所示。

表5-4 选择操作结果 U 关系

学　号	姓　名	性　别	出生日期	政治面貌	民　族
01050101	马伟立	1	2005-12-31	团员	汉族
01050104	方立军	1	2005-10-31	团员	满族
01050105	牛大柯	1	2004-01-01	团员	汉族

又如，提取中华人民共和国成立后具有代表性事件的操作为：

$$\sigma_{\text{时间节点} >= \#1949-10-1\#}(\text{代表性事件})$$

其中"#1949-10-1#"是中华人民共和国开国大典日期的常数表示。

2．投影操作

投影操作是从关系中选取若干个属性（列），用于指定要操作的属性名称，即确定外模式。选取各个属性时不受关系中属性顺序的约束。投影操作被形式上表示为

$$\Pi_{<属性名列表>}(<关系名>)$$

【例5-3】 从图5-10中提取学生表的学号、姓名、民族和政治面貌4个属性，投影操作为

$$V = \Pi_{\text{学号，姓名，民族，政治面貌}}(\text{学生})$$

结果如表5-5所示。

表5-5 投影操作结果 V 关系

学　号	姓　名	民　族	政治面貌	学　号	姓　名	民　族	政治面貌
01050101	马伟立	汉族	团员	01050104	方立军	满族	团员
01050102	赵晓敏	朝鲜族	党员	01050105	牛大柯	汉族	团员
01050103	周　娜	汉族	群众				

在关系数据库管理系统中，通常在语句中加条件短语完成选择操作，加属性名短语完成投影操作。

【例5-4】 用SQL的Select语句查询男生的学号、姓名、民族和政治面貌。

Select 学号，姓名，民族，政治面貌 From 学生 Where 性别='1'

　　　　└─────────────────┘　　　　　　　　└─────┘

　　　　　　　　投影操作　　　　　　　　　　　　　选择操作

结果如表5-6所示。

表5-6 对学生表选择且投影的关系

学　号	姓　名	民　族	政治面貌
01050101	马伟立	汉族	团员
01050104	方立军	满族	团员
01050105	牛大柯	汉族	团员

3. 联接操作

联接操作是对两个关系进行联接，同时生成一个新关系。设 R 和 S 是任意两个关系（不要求关系模式的目相同），则 R 与 S 的联接操作被形式上定义为

$$R \bowtie_{<联接条件>} S$$

其中，联接条件与前面叙述的选择条件相同，是运算结果为逻辑值真（True）或假（False）的表达式。

联接操作是对两个关系中满足条件的元组进行组合，操作结果为新关系。新关系将由两个关系中的全部属性和那些满足联接条件的元组组合起来。

【例 5-5】 对图 5-10 中的学生和成绩两个关系进行联接操作。

$$学生 \bowtie_{学生.学号= 成绩.学号} 成绩$$

联接操作的结果如表 5-7 所示。

表 5-7　学生与成绩关系的联接

学生_学号	姓名	性别	出生日期	政治面貌	民族	成绩_学号	教师号	课程号	成绩
01050101	马伟立	1	2005-12-31	团员	汉族	01050101	107523	00001	80
01050102	赵晓敏	2	2006-10-31	党员	朝鲜族	01050102	107523	00001	70
01050103	周　娜	2	2004-03-12	群众	汉族	01050103	107523	00001	60
01050103	周　娜	2	2004-03-12	群众	汉族	01050103	108712	01002	−1
01050104	方立军	1	2005-10-31	团员	满族	01050104	103601	00001	68

如果联接条件中所有比较运算符都是等号"="，则此种联接被称为等值联接。从表 5-7 可以看出，在等值联接的结果中，有些属性（学生_学号与成绩_学号同值）具有重复值。在实际应用中，要对这些重复属性进行整理，减少数据冗余。通常，将不包含冗余属性的等值联接称为自然联接。关系的自然联接操作是最常用的一种联接，也是关系数据库中最重要的一种操作。

【例 5-6】 对图 5-10 中的学生和成绩两个关系进行自然联接操作，操作结果如表 5-8 所示。

表 5-8　学生与成绩的自然联接

学生_学号	姓名	性别	出生日期	政治面貌	民族	教师号	课程号	成绩
01050101	马伟立	1	2005-12-31	团员	汉族	107523	00001	80
01050102	赵晓敏	2	2006-10-31	党员	朝鲜族	107523	00001	70
01050103	周　娜	2	2004-03-12	群众	汉族	107523	00001	60
01050103	周　娜	2	2004-03-12	群众	汉族	108712	01002	−1
01050104	方立军	1	2005-10-31	团员	满族	103601	00001	68
01050104	方立军	1	2005-10-31	团员	满族	108712	01002	−1
01050105	牛大柯	1	2004-01-01	团员	汉族	103601	00001	44
01050105	牛大柯	1	2004-01-01	团员	汉族	108712	01002	−1

将表 5-7 和表 5-8 进行对照分析，表 5-8 是去掉表 5-7 的重复属性成绩_学号（与学生_学号同值）的结果，实际上保留成绩_学号或学生_学号哪个属性都可以，对联接结果没有影响。

5.8　结构化查询语言简介

结构化查询语言（structured query language，SQL）是操作关系型数据库的通用语言。SQL由数据定义语言、数据操纵语言、数据查询语言和数据控制语言（用于设置用户访问数据库的权限）4 部分组成。

SQL 中语句并不多，但每条语句的功能都非常强大，有些 SQL 语句的结构也比较复杂。目前，各种大、中、小型关系数据库管理系统都支持 SQL，但不同的数据库管理系统支持的 SQL语句有些差异。

5.8.1　Access 生成、编辑和执行 SQL 语句的环境

在 Access 中，只有在当前数据库环境中才能生成、编辑和执行 SQL 语句。在 Windows 中，选择"开始"→"所有应用"→Microsoft Access 2019 选项，启动 Access 数据库管理系统，进入 Access 导航窗口，如图 5-11 所示。

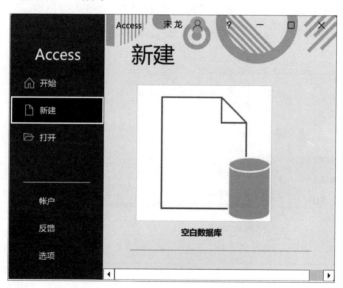

图 5-11　Access 导航窗口

1. 创建及打开数据库

在 Access 导航窗口中，单击"新建"→"空白数据库"选项，在新建"空白数据库"对话框（如图 5-12 所示）中，选择存储数据库文件的文件夹（如 D:\SJK），输入数据库文件名（如选课数据库或历史事件），扩展名为 accdb，最后单击"创建"按钮，即可新建数据库，并使之成为当前数据库，进一步可以创建该数据库中的表、查询等对象。

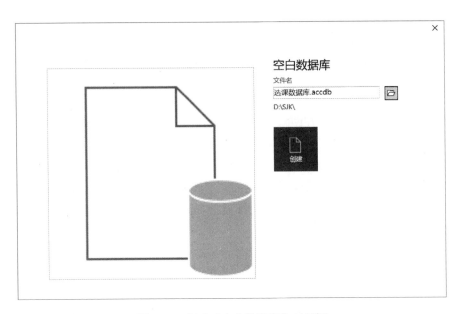

图 5-12 新建"空白数据库"对话框

对于已经存在的数据库文件，可以在 Access 导航窗口（图 5-11）中，单击"打开"→"浏览"选项，或双击"此电脑"选项，进入"打开"对话框，如图 5-13 所示，进一步选择要打开的数据库文件名（如历史事件或选课数据库），使之成为当前数据库，以便对数据库中的对象进行相关操作。

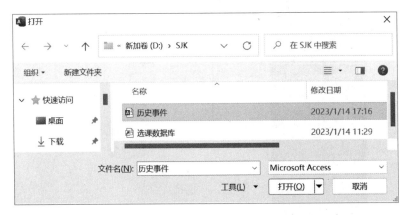

图 5-13 "打开"对话框

2. 生成 Select 语句

在当前数据库的"创建"选项卡中，通过"表格""查询""窗体""报表"和"宏与代码"组中的相关工具可以创建表和查询等数据库中的对象。

利用"查询向导"和"查询设计"选项均能以可视化方式对非空数据库创建查询对象。对非空数据库生成 Select 语句的过程如下。

（1）打开数据库：在 Access 导航窗口（图 5-11）中，单击"打开"→"浏览"选项，在"打开"对话框中，选择文件名为"历史事件"的数据库（如图 5-13 所示）。

（2）用可视化方式设计查询：单击"创建"选项卡→"查询设计"选项，在"设计视图"中，从"添加表"窗格中向数据源窗格拖曳"国民经济状况"表名；分别双击数据源窗格的"事件名称""年份""排名"和"人均排名"4 个字段；单击功能区中的"汇总"工具，在设计窗格中增加了"总计"行，从该行的"事件名称"列的下拉框中选择"Group By"，"年份"列的下拉框中选择"计数"，"排名"和"人均排名"列的下拉框中都选择"平均值"，"人均排名"列的排序行选择"升序"，如图 5-14 所示。

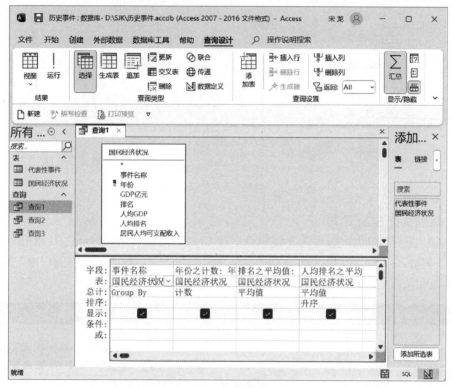

图 5-14 查询"设计视图"

（3）验证查询运行效果：单击功能区中的"运行"工具，运行效果如图 5-15 所示。

事件名称	年份之计数	排名之平均值	人均排名之平均值
十九大	5	2.0	75.0
十八大	5	2.0	95.6
十八大前	10	3.5	124.6

图 5-15 GDP 排名分析

从图 5-15 的统计结果可以看出，自中国共产党的十八大后的 10 年期间（2013~2022 年），我国 GDP 一直处于世界第二位，人均 GDP 排名已经进入世界前百位，并且逐年稳步攀升，十九大后的 5 年（2018~2022 年）中，人均 GDP 排名有着更大幅度的提升。

通过此例的设计和运行过程可以看出，数据库技术在数据统计分析方面简单易行，作用突显，因此，它在数字经济建设和实施方面将发挥巨大的作用。

（4）查看 Select 语句：选择"SQL 视图"选项，可以查看或再次运行 Select 语句，每条语句用分号（;）结束，如图 5-16 所示。

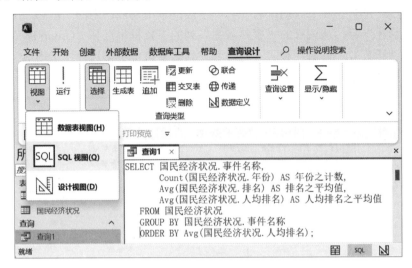

图 5-16 查询对象的"SQL 视图"

3. 输入和执行 SQL 语句

在"SQL 视图"中也可以输入、编辑及运行 Create Table、Insert Into、Update 和 Delete 等 SQL 语句。例如，单击"创建"选项卡→"查询设计"选项，在"设计视图"中，选择"SQL 视图"，输入和执行 Create Table 语句，如图 5-17 所示。

图 5-17 创建表的"SQL 视图"

无论用什么方式形成的 SQL 语句都可以存储为数据库中的"查询"对象，以便以后修改或重新运行使用。

5.8.2 数据定义语言

数据定义语言（data definition language，DDL）用于建立（Create）、删除（Drop）数据库

表以及修改（Alter）数据库表的结构。

1. 建立数据库表

语句格式为

Create Table <表名>

（<字段名 1> <类型描述>　[[Not] Null] [Primary Key]

…

[，<字段名 *n*> <类型描述>　[[Not] Null] [Primary Key]

[，Primary Key （<主属性名表>）]

…

）；

语句说明：此语句用于建立数据库表，具体说明如下。

（1）表名：用于指出新建立的数据库表名称。

（2）字段名 1，…，字段名 *n*：说明表中各个字段的名称。字段名通常以英文字母或汉字开头，由英文字母、汉字、数字和下画线组成的字符串，字段名中至少有 1 个字符，最多 64 个字符或汉字。字段用于存储表中各个属性的值。

（3）类型描述：用于描述字段的数据特征，例如，存储数据的类型和最大宽度。常用的书写格式为

<数据类型符号>[（<最大宽度>）]

在 Access 的 SQL 语句中，常用数据类型符号如表 5-9 所示。

表 5-9　常用数据类型符号

数据类型符号	表设计视图中的名称	存储数据空间	数据范围及其他说明
Char（n）或 Text(n)	短文本	*n* 个字符	1≤*n*≤255，文本串数据
LongText 或 Memo	长文本	与数据长度一致	长度超过 255 的文本串数据，最大 1 GB
Byte	数字→字节	1 个字节	0～255，无符号整数
SmallInt 或 Short	数字→整型	2 个字节	-32 768～32 767，较短整数
Integer 或 Long	数字→长整型	4 个字节	-2 147 483 648～2 147 483 647，较大整数
Single 或 Real	数字→单精度型	4 个字节	$-3.4 \times 10^{38} \sim 3.4 \times 10^{38}$，一般实数，小数点后 7 位有效数字
Double、Float、Number 或 Numeric	数字→双精度型	8 个字节	$-1.797\ 34 \times 10^{308} \sim 1.797\ 34 \times 10^{308}$，较大实数，小数点后 15 位有效数字
AutoIncrement	自动编号→长整型	4 个字节	1～4 294 967 295，无符号整数，由 1 开始自动编号，每个表最多有 1 个自动编号类型的字段，通常作为表的主键
Currency	货币	8 个字节	与双精度相同
DateTime、Date 或 Time	日期/时间	8 个字节	100 年 1 月 1 日～9999 年 12 月 31 日，存储日期和时间
Logical	是/否	1 个字节	存储逻辑型或布尔型数据，有 True 或-1（真），False 或 0（假）
LongBinary	OLE 对象	与数据长度一致	多媒体数据，如图片、音频和视频等，最大 1 GB

（4）[Not] Null：在输入数据时，Not Null 表示不允许字段的值为空，而 Null 表示字段值可以为空。

（5）Primary Key：一个表中只能有一个主键，当表中的主键由一个字段构成时，在对应字段之后写 Primary Key。

（6）Primary Key（<字段名表>）：当多个字段组成主键时，不能在每个字段后都写 Primary Key，只能在所有字段描述之后写 Primary Key（<字段名表>），用逗号"，"分开各个字段名。

【例 5-7】　用 SQL 语句建立选课数据库（如图 5-10 所示）中的 4 个表。

```
Create Table 教师 (教师号 Char (6)  Primary Key, 姓名 Char(8), 性别 Char(1),
          出生日期 Date, 职称 Char(1), 办公电话 Char(15),
          住宅电话 Char(15), 移动电话 Char(15), 在职 Logical, 简历 LongText) ;

Create Table 课程 (课程号 Char(5)  Primary Key，课程名 Char(30),
          开课学期 Byte，理论学时 Byte，实验学时 Byte，学分 Byte);

Create Table 学生 (学号 Char (8)  Primary Key, 姓名 Char(8), 性别 Char (1) , 备注 LongText,
          出生日期 Date, 政治面貌 Char (10), 民族 Char (20));

Create Table 成绩 (学号 Char (8), 教师号 Char(6), 课程号 Char (5) , 成绩 Short,
          Primary Key (学号, 课程号));
```

执行这 4 条语句后，系统将在当前数据库中产生教师、课程、学生和成绩 4 个表，并为每个表都定义了主关键字。

2．修改数据库表结构

语句格式为

```
Alter Table  <表名> Add <字段名> <类型描述> |
             Alter <字段名> <类型描述> |
             Drop <字段名>;
```

语句说明：此语句可以在表中增加（Add）新字段，修改（Alter）表中已经存在的字段类型描述（数据类型和宽度）或删除（Drop）字段。

【例 5-8】　向课程表中加"负责人"字段；将课程表中理论学时字段的数据类型改成长整型；删除课程表中的"备注"字段。

```
Alter Table 课程 Add 负责人 Char(8);
Alter Table 课程 Alter 理论学时 Integer；
Alter Table 学生 Drop 备注。
```

3．删除表

语句格式为

```
Drop Table  <表名>;
```

语句说明：此语句用于删除数据库表。

【例 5-9】　从数据库中删除表 TEST。

```
Drop Table  TEST;
```

5.8.3   SQL 语句中的表达式

表达式是 SQL 语句的重要组成部分，是完成较复杂的计算和逻辑判断任务的重要工具。常数、字段、对象属性和函数都是基本表达式，通过运算符号连接表达式可构成较复杂的表达式，运算符号与数据的类型有关。在 Access 的 SQL 视图中，可以用 Select <表达式>语句进行测试和输出表达式的值。如输入 Select 2^10,81^(1/4)语句，运行和输出效果如图 5-18 所示。

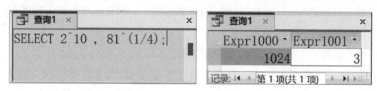

图 5-18   Access 输入、运行 SQL 语句及输出效果

其中，2^10 表示 2 的 10 次幂，即 2^{10}，81^(1/4)表示 81 开 4 次方。

1．常数表示方法

在 SQL 语句中经常要用到一些常数，在不同的数据库管理系统中，常数的表示方法可能有些差异。在 Access 中，常见数据类型的常数表示方法如下。

（1）数字型常数：包括字节型、短整型、长整型、货币型、单精度和双精度等数据，常数的表示方法与数学中表示数的方法基本相同，如 2、10、3.14 和-1.414 等都是常数。

（2）文本型常数：用于表示一段文字，也称字符串型。用半角单引号（'）或双引号（"）将数据引起来，如'王晓伟'、'0431'、"1/31/1990"都是文本型常数。

（3）逻辑型常数：只有真或假两个值。在输入数据时，用 True 或非 0 数值表示真，用 False 或数值 0 表示假；在输出数据时，真值输出-1，假值输出 0。

（4）日期/时间型常数：用井号（#）将日期或时间括起来，格式为#年月日 时分秒#或者#月日年 时分秒#，年、月和日之间用斜杠（/）或减号（-）分隔，日期与时间之间用空格分隔，时分秒之间用冒号（:）分隔，并且时间可以不写。例如：#1949/10/1 15:0:0#、#1931/9/18#、#7-1-1921#和#2023-9-18 9:18:00#都是日期时间常数。

2．算术运算符号

常用算术运算符有+（加法）、-（减法或取负运算）、*（乘法）、/（除法，如 13 / 4 的值为3.25）、\（整数商，如 13 \ 4 的值为 3）、^（幂运算，如 2^10 的值为 1024）和 Mod（求模，即余数运算，如 13 Mod 4 的值 1）。

算术运算的优先级别遵循数学规范，可以加小括号"（）"改变运算的优先级别，并且小括号可以多层嵌套，内小括号中的算式优先于外小括号。例如，7*5 Mod 3 的值为 2；而 7*（5 Mod 3）的值为 14。

3．日期时间运算符

（1）"-"运算符：可以对两个日期时间数据进行减法运算，结果为两个日期时间相差的天数。例如，#2049-10-1# - #1949-10-1#的运算结果为 36525 天，#2022-12-31 8:0:0# -#2023-1-1 20:0:0#的值为-1.5（小日期减大日期得负值）。

（2）"±"运算符：可以对一个日期时间数据加减一个数字型数据 n，得到该日期 n 天后或 n 天前的日期。例如，#1949/10/1# + 100 的值为 1950/1/9，#1949/10/1# - 100 的值为 1949/6/23。

4．文本连接运算符

文本连接运算符"+"和"&"都能将两个文本串连接成一个文本串。如"数据库" & "123" 和"数据库" + "123"的值都是"数据库123"。

（1）"+"连接运算符：当一个文本串与日期时间或数字型数据进行"+"运算时，系统先将文本串转换成数字型数据（首字符不是数字时转换成0），然后再与另一个日期时间或数字型数据进行加法运算，结果不再是文本型数据。例如，#1931/9/18#+"7"的值为日期型数据 1931/9/25，50+"25"的值为数字型数据 75。

（2）"&"连接运算符：能将其他类型的数据连接成文本串。例如，"数据库" & 123 表示文本串与数字连接，值为文本串"数据库123"，100 & 5 的表示两个数字连接，值为文本串"1005"；#1949-10-1# & 100 表示日期和数字连接，值为文本串"1949/10/1100"。

5．比较运算符

<表达式 1> <比较运算符> <表达式 2>可对同类型的数据进行比较运算，结果为逻辑型数据。如果比较结果成立，则运算结果为真（True，-1），否则运算结果为假（False, 0）。比较运算符有=、<、<=（小于或等于）、<>（不等）、>=（大于或等于）和>。例如 1>5 运算结果为假（False,0）。

常见数据类型的比较规则是数字（逻辑）型数据遵循数学规定的大小关系；日期（时间）型数据，时间在前的数据小；文本型数据比较时，相对复杂一些。运算项之一或两项均为 Null 时，运算结果为 Null。

（1）文本型数据的比较规则：两个文本串比较时，先去掉文本串尾部空格，再自左至右按对应位置的字符进行比较。如果比较到某位字符不等，则包含小字符的文本串较小；如果比较到较短的文本串末尾还没有比较出大小关系，则短文本串较小；如果两个文本串一样，则运算结果相等。

（2）单个字符的比较规则：'0'<'1'< … <'9'<'A'<'B'<…<'Z'，英文字母不区分大小写，即 'A'='a' … 'Z'='z'；英文字母小于汉字。其他英文符号按其 ASCII 的顺序，汉字按其机内码顺序进行比较。例如，'2'>'10'、'A1'>'999'和'阿'>'ZX'的值均为真（True，-1）。

6．逻辑运算符

逻辑运算符是对逻辑型数据进行运算，常用有 Or（或）、And（并且）和 Not（否定）运算符。

（1）逻辑或运算：<逻辑表达式 1> Or <逻辑表达式 2>，仅当两个逻辑表达式的值都为假（False）时，运算结果为假（False，0），否则运算结果为真（True，-1）。例如，5>3 Or '123' = 'ABC' 运算结果为真（True，-1）。

（2）逻辑并且运算：<逻辑表达式 1> And <逻辑表达式 2>，仅当两个逻辑表达式的值都为真（True）时，运算结果为真（True，-1），否则运算结果为假（False，0）。例如，5>3 And '123' = 'ABC' 运算结果为假（False，0）。

（3）逻辑否定（非）运算：Not <逻辑表达式>，运算结果与该逻辑表达式的值相反。例如，1>5 运算结果为假（False，0），Not 1>5 运算结果为真（True，-1）。

7．谓词运算符

在数据库管理系统中，定义了一些谓词运算，它们能对一些常用数据类型（如数字、文本和日期时间等）进行运算，甚至有些谓词还能对数据集合进行运算，运算结果均是逻辑型数据。几种具有代表性的谓词运算如下。

（1）区间运算：<表达式 1> Between <表达式 2> And <表达式 3>，从功能上等价于：（<表达式 1> >= <表达式 2>）And （<表达式 1> <= <表达式 3>）。同样可以对数字型、日期时间型和文本型数据进行运算。例如，5 Between 0 And 10 运算结果为真（True，-1），#2023/1/31# Between #1949/10/1# And #2049/10/1#运算结果为真（True，-1）。

（2）属于运算：<表达式 1> In（<表达式表>），如果表达式 1 的值等于表达式表中某个表达式的值，则运算结果为真（True，-1），否则运算结果为假（False，0）。例如，10 In（5，10，15）运算结果为真（True，-1），而 'X' In（'AX'，'XB'，'C'，'D'）运算结果为假（False，0）。

（3）文本串匹配运算：<文本表达式 1> Like <文本表达式 2>，如果两个文本串匹配，则运算结果为真（True），否则运算结果为假（False）。在文本表达式 2 的值中，星号"*"表示其出现位置的任意多个字符（包括没有字符），问号"?"表示其出现位置的一个字符或汉字。例如，('李大明' Like '李*') 和 ('李大明' Like '李??') 的值都为真（True，-1），而（'李大明' Like '李?'）的值为假（False，0）。

（4）判断空值运算：<表达式> Is [Not] Null，用于判断一个表达式的值是否为空（Null）。例如，0 Is Null 和 "" Is Null 的值均为假（0），0+Null Is Null 的值为真（-1）。

【例 5-10】 用 Select 语句从"代表性事件"表中输出中华人民共和国成立到 2022 年 12 月 31 日发生的、摘要中含"社会主义"的事件名称、时间节点和摘要信息。

  Select 事件名称，时间节点，摘要 From 代表性事件
  Where 时间节点 Between #1949-10-1# And #2022-12-31# And 摘要 Like "*社会主义*"；

语句中 From 短语用于指定数据来源，Where 短语用于设置提取记录的条件，应用到谓词Between、Like 以及逻辑运算符 And，输出结果如表 5-10 所示。

表 5-10　摘要中含"社会主义"一词的事件

事件名称	时间节点	摘要
二十大	2022-10-16	主题是高举中国特色社会主义伟大旗帜，全面贯彻新时代中国特色社会主义思想，弘扬伟大建党精神，自信自强、守正创新，踔厉奋发、勇毅前行，为全面建设社会主义现代化国家、全面推进中华民族伟大复兴而团结奋斗。选举习近平为中共中央总书记，于 10 月 22 日闭幕
十九大	2017-10-18	主题是不忘初心，牢记使命，高举中国特色社会主义伟大旗帜，决胜全面建成小康社会，夺取新时代中国特色社会主义伟大胜利，为实现中华民族伟大复兴的中国梦不懈奋斗。选举习近平为中共中央总书记，10 月 24 日闭幕
……	……	……
中华人民共和国成立	1949-10-01	1949 年 10 月 1 日，随着毛泽东主席在天安门城楼上庄严宣告"中华人民共和国中央人民政府今天成立了！"。中国开辟了历史新纪元，结束了国民党统治和一百多年来被侵略、被奴役的屈辱历史，真正成为独立自主的国家，中国人民从此站起来了，成为国家的主人。壮大了世界和平、民主和社会主义的力量，鼓舞了世界被压迫人民争取解放的斗争

5.8.4　Access 的标准函数

标准函数是数据库管理系统提供的一些计算功能，也称系统函数或内置函数。在一个表达式中可以通过函数名、小括号和参数调用函数，获得处理（运算）后的一个结果，也称为函数的返回值，作为表达式中的一个运算项。

函数的参数也是表达式，甚至可以是另一个函数调用，即函数的嵌套调用。例如，执行 Int(Sqr(15))时，先调用开平方函数 Sqr(15)得到 3.872983，继而调用函数 Int 函数再对该值进行向下取整运算，最后结果为 3。

不同的数据库管理系统提供的函数有些差异，Access 也提供了许多函数，本节将分类介绍常用的部分函数。

1．数字函数

（1）Int(X)：其中 X 是数字表达式，返回 X 值的向下取整，即小于或等于 X 的最大整数，也称地板函数。例如，Int(5.2)和 Int(5.9)的值均为 5，Int(-5.2)和 Int(-5.9)的值均为-6。

（2）Fix(X)：返回 X 值的整数部分。例如，Fix(5.9)的值 5，Fix (-5.9)的值为-5。

（3）Sqr(X)：X≥0，返回 X 值的平方根。例如，Sqr (100)的值为 10。

（4）Round(X,n)：n≥0，返回 X 值的四舍五入值，保留 n 位小数，在小数点后第 n+1 位进行四舍五入，当 n=0 时保留到个位。例如，Round(5.54,1)和 Round(5.46,1)的值均为 5.5，Round(5.54,0)的值为 6。

2．文本函数

（1）Len (文本串 T)：返回 T 中的字符个数，即计算文本串的长度，一个汉字长度也为 1。例如，Len("ABC 计　算　机")的值为 8，每个空格计算在内。

（2）Left(文本串 T,n)：返回 T 最左侧 n 个字符(汉字)的子串。例如，Left("ABC 计算机",5)的值为"ABC 计算"。

（3）Right(文本串 T,n)：返回 T 最右侧 n 个字符(汉字)的子串。例如，Right("ABC 计算机",5)的值为"BC 计算机"。

（4）Mid(文本串 T, s, n)：返回 T 中从 s 开始的 n 个字符(汉字)的子串。例如，Mid("ABC 计算机",3,2) 的值为"C 计"。

（5）InStr(文本串 S,子串 T)：返回 T 在 S 中从左端出现的开始位置。例如，InStr("数据处理与数据库","数据")的值为 1。

（6）InStrRev(文本串 S,子串 T)：返回 T 在 S 中从右端出现的开始位置。例如，InStrRev("数据处理与数据库","数据")的值为 6。

3．日期时间函数

（1）Now()：无参数，返回当前计算机系统的日期时间。

（2）Date()：无参数，返回当前计算机系统的日期，不含时间。

（3）Time()：无参数，返回当前计算机系统的时间，不含日期。

（4）Year(日期)：返回对应日期参数值的年份。

与 Year(日期)相近的函数还有月份 Month(日期)、日 Day(日期)、时 Hour(日期时间)、分钟

Minute(日期时间)和秒 Second(日期时间)函数。

（5）Weekday(日期)：返回日期参数值对应星期几。函数返回值 1 表示星期日，2 表示星期一，…，7 表示星期六。

（6）DateAdd("H|D|YYYY",n,日期时间)：返回日期时间参数值加 n 后的日期时间。第一个参数为 "H"，n 表示小时数；为 "D"，n 表示天数；为 "YYYY"，n 表示年数。n≥0 表示之后的日期时间；n<0 表示之前的日期时间。

（7）Datediff("H|D|YYYY",日期时间 1,日期时间 2)：返回日期时间 1 到日期时间 2 之间相差的小时（H）、天（D）或年（YYYY）数。当日期时间 1 在日期时间 2 之后时，函数返回值为负数。

4．空值函数

Isnull(表达式)：如果表达式的值为空（Null），则函数返回值为真（-1），否则，函数返回值为假（0），与谓词表达式<表达式> Is Null 的功能完全相同。

5．分支函数

Iif(逻辑值表达式，表达式 1，表达式 2)：如果逻辑值表达式的值为真，则函数返回表达式 1 的值，否则，返回表达式 2 的值。

总之，通过调用系统提供的标准函数，可以解决比较复杂的问题，特别是通过函数嵌套（即一个函数作为另一个函数的参数），能解决许多实际问题。

【例 5-11】 用 Select 语句从 "代表性事件" 表中输出各个事件的名称、时间节点、对应星期几、到语句运行时（如 2023 年 1 月 16 日）的年数和天数。

```
Select 事件名称，时间节点,
    IIf(Weekday(时间节点)=1,"日",IIf(Weekday(时间节点)=2,"一",
    IIf(Weekday(时间节点)=3,"二",IIf(Weekday(时间节点)=4,"三",
    IIf(Weekday(时间节点)=5,"四",IIf(Weekday(时间节点)=6,"五","六")))))) AS 星期,
    DateDiff("yyyy",时间节点,Date()) AS 年数,DateDiff("d",时间节点,Date()) AS 天数
From 代表性事件
Order By 5 ;
```

在这个语句中，IIf 函数自身套用了 5 层，IIf 函数中又套用了 WeekDay 函数，同时，DateDiff 函数中也套用了 Date 函数，语句中 "Order By 5" 表示按输出结果的第 5 列进行升序排列。输出结果如表 5-11 所示。

表 5-11 代表性事件信息

事件名称	时间节点	星期	年数	天数
二十大	2022/10/16	日	1	92
十九大	2017/10/18	三	6	1916
十八大	2012/11/8	四	11	3721
……	……	……	……	……
改革开放	1978/12/18	一	45	16100
中华人民共和国成立	1949/10/1	六	74	26770
日本宣布投降	1945/8/15	三	78	28278
七七事变	1937/7/7	三	86	31239
九一八事变	1931/9/18	五	92	33358
中国共产党建党	1921/7/1	五	102	37089

从表 5-11 的数据可以看到，1931 年 9 月 18 日，星期五，日本开始侵华战争，中国人民将这一天作为国耻日。到 2023 年 1 月 16 日已经过去近 92 年，即 33358 天，日本宣布投降已近 78 年，28278 天，从侵华到投降长达 14 年，中国人民经历抗日战争 5080 天。每年 9 月 18 日上午，全国各地以拉响防空警报的方式警示国人勿忘国耻，奋发图强，决不允许历史的悲剧再次重演。

中国共产党建党已经接近 102 年，即 37089 天。习近平总书记在庆祝中国共产党成立 100 周年大会上指出"一百年来，中国共产党团结带领中国人民，以'为有牺牲多壮志，敢教日月换新天'的大无畏气概，书写了中华民族几千年历史上最恢宏的史诗。"

5.8.5　数据操纵语言

数据操纵语言（data manipulation language，DML）用于完成数据库表中数据记录的增加（Insert）、删除（Delete）和修改（Update）操作。

1．增加数据记录

语句格式为

　　　　Insert　Into　<表名>　[（<字段名表>）] Values　（<表达式表>）;

语句说明：此语句在指定表的尾部追加新记录，"字段名表"指出要填写值的各个字段名，用"表达式表"中的各个表达式的值填写对应的字段值，表达式与字段按前后顺序一一对应，并且表达式值的数据类型必须与对应字段的数据类型一致。如果省略"字段名表"，则表示要填写表中所有的字段值，并按表中的字段顺序与表达式一一对应。

【例 5-12】　向表中增加数据记录。

　　　Insert Into　课程　Values（'01003', '大学英语基础一', 2，70，20，4, '陈明'）;
　　　Insert Into　课程（课程号，开课学期，理论学时，实验学时，学分）
　　　　　　　　　　　　　　　Values　（'01004'，2，70，20，4）;
　　　Insert Into　学生　Values（'21120199', '王晓伟', '1',
　　　　　　　　　　　　　　#2006/6/10#, '团员', "汉族"）;

向课程表中增加两条新记录，第一条语句填写了记录中全部字段的值，而第二条语句没有填写课程名和负责人字段的值，第三条语句向学生表中填写了一个学生的完整数据。

2．修改数据记录

语句格式为

　　　　Update <表名> Set <字段名 1> =<表达式 1>
　　　　[…，<字段名 n> =<表达式 n>][Where <条件>];

语句说明：执行此语句时，用表达式的值修改对应字段的值。如果省略 Where 短语，则修改表中全部记录中相关字段的值；如果使用 Where <条件>，则仅修改那些使"条件"值为真（True）的记录。

【例 5-13】　为成绩表中所有记录的成绩字段填写–1。

　　　　Update　成绩　Set　成绩=–1;

【例 5-14】　在课程表中，将课程号为 01003 和 01004 的课程实验学时改成 0，学分改成 3。

　　　　Update 课程 Set 实验学时=0，学分=3　Where 课程号='01003'　Or 课程号='01004'；

【例 5-15】 将课程表中理论学时为 0，实验学时在 16～24 的课程学分改成 1。

　　　　Update 课程 Set 学分=1　Where 理论学时=0　And 实验学时>=16　And 实验学时<=24；

【例 5-16】 将教师表中非在职教师的办公电话填写成：无。

　　　　Update 教师 Set 办公电话='无'　Where　Not 在职；

【例 5-17】 将成绩表中学号的 3、4 位（年级）小于或等于 12，并且成绩在 57～59 的记录中成绩改成 60。

　　　　Update 成绩 Set 成绩=60 Where Mid(学号，3，2)='12'　And 成绩 Between 57 And 59；

其中 Mid(学号,3,2)是 Access 的取子字符串函数，表示从学号的第 3 位开始取两位字符。

【例 5-18】 用 In 运算实现例 5-17 的要求。

　　　　Update 成绩 Set 成绩=60 Where Mid(学号，3，2)='12'　And 成绩 In (57，58，59)；

在成绩为整数的情况下，此语句与例 5-17 中的语句功能相同。

【例 5-19】 将课程名中涉及"计算机"的课程的理论学时改成 56，实验学时改成 24。

　　　　Update 课程 Set 理论学时=56，实验学时=14　Where 课程名 Like　'*计算机*'；

3．删除数据记录

语句格式为

　　　　Delete From <表名>　[Where <条件>]；

语句说明：执行此语句时，如果省略 Where 短语，则删除表中的全部记录使之成为空表；如果使用 Where <条件>短语，则仅删除那些满足"条件"的记录。

【例 5-20】 从学生表中删除学号的第 3、4 位（年级）等于 08 的所有记录。

　　　　Delete　From 学生 Where　Mid(学号,3,2)='08'；

【例 5-21】 从教师表中删除全部非在职教师。

　　　　Delete From 教师 Where Not 在职；

　　逻辑型字段的值本身就是逻辑型数据，不需要再对其进行比较运算。因此，本例中没有对"在职"字段进行比较运算。大多数数据库管理系统都遵循这一规则。

5.8.6　数据查询语言

　　在数据查询语言（data query language，DQL）中，通过 Select 语句对数据进行查找、排序、汇总和表联接等输出操作。

语句格式为

　　　　Select [Distinct] * | <表达式 1>[As <别名 1>]
　　　　　　　　[，…，<表达式 n> [As <别名 n>]]
　　　　　　　　From　　<表名 1>[，…，<表名 n>]
　　　　　　　　[Where <条件>]
　　　　　　　　[Order By <排序关键字表>　[ASC | DESC]]
　　　　　　　　[Group By <分组关键字表> [Having <条件>]]；

语句说明：执行此语句时，将数据库表中满足 Where <条件>的数据记录按各个表达式进行计算和提取，形成查询结果。

1. 表达式——数据项投影

｜<表达式 1> [，…，<表达式 n>]用于对表中的数据进行投影操作。系统按各个表达式对表中的数据进行计算和提取，得到相关数据项的值；表达式 i（i=1，2，…，n）可以是一个字段名，也可以是包含各种运算符和函数的表达式；用星号（）表示输出各个表中所有字段的值。

【例 5-22】　输出成绩表中全部记录的学号、课程号和成绩。

　　　Select 学号, 课程号, 成绩 From 成绩;

【例 5-23】　输出"国民经济状况"表中所有记录各个字段的值。

　　　Select * From 国民经济状况;

输出数据结果如表 5-12 所示。

表 5-12　近 20 年的国民经济状况

事件名称	年份	GDP/亿元	排名	人均 GDP/元	人均排名	居民人均可支配收入/元
十八大前	2003	137422.0	6	10666	129	5007
……	……	……	……	……	……	……
十八大前	2012	538580.0	2	39771	110	16510
十八大	2013	592963.2	2	43497	105	18311
十八大	2014	643563.1	2	46912	101	20167
十八大	2015	688858.2	2	49922	91	21966
十八大	2016	746395.1	2	53783	91	23821
十八大	2017	832035.9	2	59592	90	25974
十九大	2018	919281.1	2	65534	85	28228
十九大	2019	986515.2	2	70078	83	30733
十九大	2020	1013567.0	2	71828	75	32189
十九大	2021	1143670.0	2	80976	69	35128
十九大	2022	1210207.0	2	85698	63	36883

从表 5-12 的输出结果可以看出，自 2009 年以后，我国 GDP 稳居世界第二位，成为世界第二大经济体；十八大之后第 3 年（2015 年）开始，我国人均 GDP 排名开始进入世界前百位；十九大之后第 4 年（2021 年）开始，人均 GDP 排名已跨过世界平均水平线（2021 水平线为 1.22 万美元，排名 70 位），世界一些经济评估机构预期中国共产党的二十大期间，中国人均 GDP 排名将逐年攀升。

2. 别名——定义输出的列名

<别名 1> [，…，<别名 n>]为输出表达式指定对应的列名称标题。如果省略此项，当表达式是一个字段名时，字段名即为列名称；当表达式是一个较复杂的表达式时，系统自动生成列名称。

【例 5-24】　输出课程表中的课程号、课程名和总学时，查询结果如表 5-13 所示。

　　　Select 课程号, 课程名, 理论学时+实验学时 As 总学时 From 课程;

表 5-13　通过 As 定义列名

课程号	课程名	总学时	课程号	课程名	总学时
00001	计算机文化基础	44	01001	大学英语基础	94
00002	大学计算机基础	78	03001	毛泽东思想概论	54

如果语句中出现的字段名是 From 之后的多个（两个或两个以上）表中的字段名，则字段名前应该加表名和圆点（.）。在表达式 i 中还可以使用表 5-14 中的统计（聚类）函数，以便对数据进行统计。

表 5-14　SQL Select 语句中的常用统计（聚类）函数

函数名称	函数格式	功　能　说　明
求平均值	Avg(<数字表达式>)	计算非 Null 值的数字表达式在相关记录上的平均值。如果有分组，则计算各组内平均值；如果没有分组，则计算总平均值
计数	Count(<参数>|*)	如果参数是表达式，则统计与非 Null 值的表达式相关数据行数，如果参数是 "*"，则统计相关记录总行数。如果有分组，则统计各组内数据行数；如果没有分组，则统计表中数据总行数
求最大值	Max(<数字表达式>)	计算非 Null 值的数字表达式在相关记录上的最大值。如果有分组，则计算各组内最大值；如果没有分组，则计算全部数据行的最大值
求最小值	Min(<数字表达式>)	计算非 Null 值的数值表达式在相关记录上的最小值。如果有分组，则计算各组内最小值；如果没有分组，则计算全部数据行的最小值
求合计	Sum(<数字表达式>)	计算非 Null 值的数值表达式在相关记录上的累加和。如果有分组，则计算各组内小计；如果没分组，则计算全部数据行的合计

【例 5-25】　统计图 5-10 学生表中的学生人数和平均年龄。

　　　Select Count(姓名) As 人数, Avg(Year(Date( )) – Year(出生日期))　As 平均年龄 From 学生；

语句中 Date( )为系统日期函数，Year( )为取日期型数据中年份的函数。此语句仅输出一行数据。此例被操作的记录可能有多条，输出的结果数据却仅有一行。

另外，此例仅统计填写了姓名（非 Null）的记录个数。如果将语句中的 Count(姓名)改为 Count(*)，则姓名为空（Null）的记录也参加计数，即统计学生表中的记录总数。

3. Distinct——不输出重复数据行

系统默认情况下，输出的数据中可能有重复的数据行（对应列值均相同）。如果使用 Distinct，则对那些重复的数据行仅输出其中的一行。

【例 5-26】　输出图 5-10 中成绩表的教师号和课程号。

　　　Select　教师号, 课程号　From 成绩；

在查询结果（见表 5-15）中，关于元组（107523，00001）有 3 行重复数据。

执行下列语句，查询结果如表 5-16 所示。

　　　Select　Distinct　教师号, 课程号　From 成绩；

表 5-15　无 Distinct 的结果

教师号	课程号
107523	00001
107523	00001
107523	00001
108712	01002
103601	00001

重复记录

重复记录仅保留一个

表 5-16　用 Distinct 的结果

教师号	课程号
107523	00001
108712	01002
103601	00001

从表 5-15（含重复记录）和表 5-16（不含重复记录）中可以看出，使用 Distinct 短语可以消除重复的数据行。

4．From——数据源

From 之后可以使用多个表名，表名之间用逗号"，"分开，用于指出数据的来源，即从这些表中提取要操作的数据。特别是对多个表进行联接时，需要在此说明被联接的各个表名。

5．Where——查询条件与多表联接

Where <条件>短语不仅用于说明选择数据记录的条件，也用于设置多个表的联接条件。这里的"条件"是运算结果为逻辑真（True）或假（False）的表达式，可以含比较运算、逻辑运算、谓词运算或函数运算，但不能包含表 5-14 中的聚类函数。

【例 5-27】 输出学生表中 2005 年以后出生的全部男同学的信息。

　　　　Select ＊ From 学生 Where year(出生日期)>2005 And 性别='1' ;

【例 5-28】 输出学生表中少数民族姓"张"的同学信息。

　　　　Select ＊ From 学生 Where 民族 <> "汉族" And 姓名 Like '张*' ;

【例 5-29】 输出图 5-10 中目前还没有登记成绩的学生学号、姓名、任课教师和课程名。

　　Select 学生.学号, 学生.姓名, 教师.姓名 As 任课教师, 课程名

　　　　　　From 教师,课程,学生,成绩

　　　　　　Where 学生.学号=成绩.学号 And 课程.课程号=成绩.课程号

　　　　　　　　And 教师.教师号=成绩.教师号 And 成绩=-1;

这个 Select 语句对教师、课程、学生和成绩 4 个表进行联接，产生的查询结果如表 5-17 所示。其中，Where 短语前半部分实现表联接条件，而后半部分"成绩=-1"是从表中提取记录的条件。

表 5-17　多个表联接与筛选的结果

学号	姓名	任课教师	课程名
01050103	周娜	王平	大学英语精读
01050104	方立军	王平	大学英语精读
01050105	牛大柯	王平	大学英语精读

用查询设计视图完全可以实现此任务的查询，并且更便捷、易行。其操作过程如下。

（1）打开数据库"选课数据库"。

（2）单击"创建"选项卡→"查询设计"选项，在"设计视图"中，从"添加表"窗格中分别向数据源窗格拖曳"学生""教师""课程"和"成绩"4 个表。在数据源窗格中，分别双击学生表中的"学号"及"姓名"、教师表的"姓名"、课程表的"课程名"和成绩表的"成绩"5 个字段；在设计窗格中，将"字段"行中教师的"姓名"改为"任课教师:姓名"，取消"显示"行中"成绩"列的选项，输入"条件"行中"成绩"列的值为=-1，如图 5-19 所示。

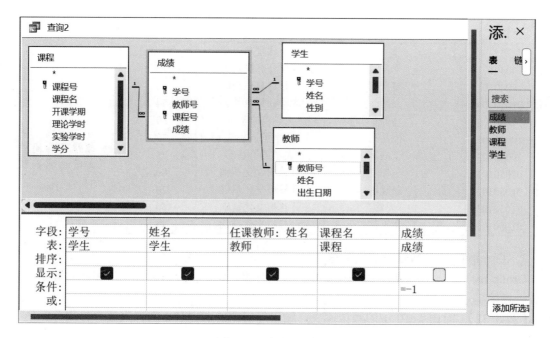

图 5-19 查询设计视图

优化后系统生成的 SQL-Select 语句为：

    Select 学生.学号, 学生.姓名, 教师.姓名 As 任课教师,课程名

        From 学生 Inner Join (课程 Inner Join

        (教师 Inner Join 成绩 On 教师.教师号 = 成绩.教师号)

        On 课程.课程号 = 成绩.课程号) On 学生.学号 = 成绩.学号 WHERE 成绩=-1;

此语句中的 Inner Join 是表之间的联结操作，On 用于设置表间的联结条件。

6. Order By——数据排序

Order By 用于说明查询结果的排序关键字。排序关键字可以是字段，也可以是表达式。系统默认查询结果按排序关键字的值升序（ASC）排列，也可以使用 DESC 使查询结果按排序关键字的值降序排列。

【例 5-30】 对图 5-10 中的数据库表，按成绩由高到低输出选择了课程号为"00002"的所有学生学号、姓名和成绩。

    Select 学生.学号, 姓名, 成绩 From 学生, 成绩

    Where 学生.学号= 成绩.学号 And 成绩.课程号='00002' Order By 成绩 DESC；

当有多个排序关键字时，仅当前面的关键字值相同时，才按后面的关键字值排序。

【例 5-31】 对图 5-10 中的数据库表，输出所有学生的学号、姓名、课程名和成绩，按课程名进行升序排列（汉字和全角符号按机内码由小到大排序，其他符号按 ASCII 码由小到大排序）；当课程名相同时，按成绩由高到低排序，如表 5-18 所示。

    Select 学生.学号, 姓名, 课程名, 成绩 From 学生, 成绩, 课程

      Where 学生.学号= 成绩.学号 And 课程.课程号= 成绩.课程号 And 成绩>=0

      Order By 课程名, 成绩 DESC；

表 5-18 按课程名和成绩排序

学号	姓名	课程名	成绩
19040102	于占江	大学计算机基础	70
18040101	赵启明	大学计算机基础	66
01050204	王丽丽	大学计算机基础	54
19040104	马爱军	大学英语基础	89
19040105	仇易平	大学英语基础	77
19040103	王立本	大学英语基础	75
01050101	马伟立	计算机文化基础	80
01050102	赵晓敏	计算机文化基础	70
01050103	周娜	计算机文化基础	60
01050105	牛大柯	计算机文化基础	44

> 课程名相同，成绩由高到低

7. Group By——数据分组与汇总

Group By 用于说明数据分组的关键字。所谓分组，就是将分组关键字值相同的数据记录汇总成一行输出。

【例 5-32】 对图 5-10 中的数据库表，输出每门课的课程名、选课人数、平均分、最高分和最低分，结果如表 5-19 所示。

```
Select  课程名, Count(学号)  As 选课人数,  AVG(成绩)  As 平均分,
                 Max(成绩) As 最高分, Min(成绩) As 最低分
   From 课程, 成绩
   Where 课程.课程号 = 成绩.课程号 And 成绩>0
   Group By 课程名;
```

> 同一课程汇总成一行

表 5-19 选课及成绩统计

课程名	选课人数	平均分	最高分	最低分
大学计算机基础	3	63.33	70	54
大学英语基础	3	80.33	89	75
计算机文化基础	4	63.50	80	44

在使用 Group By 进行分组时，可以利用 Having <条件>短语对汇总后的数据行进一步筛选，得到一些满足"条件"的汇总数据行，条件中可以含表 5-11 中的聚类函数。

【例 5-33】 对图 5-10 中的数据库表，输出平均分小于或等于 70 分的课程名、选课人数、平均分、最高分和最低分，结果如表 5-20 所示。

```
Select  课程名, Count(学号)  As 选课人数, AVG(成绩)  As 平均分,
                 Max(成绩)  As 最高分, Min(成绩)  As 最低分
   From 课程, 成绩
   Where 课程.课程号 = 成绩.课程号 And 成绩>0
   Group By 课程名 Having  AVG(成绩)<=70;
```

表 5-20 对汇总行进一步筛选

课程名	选课人数	平均分	最高分	最低分
大学计算机基础	3	63.33	70	54
计算机文化基础	4	63.50	80	44

利用 Group By 也可以对多个关键字进行分组，实现多级分组汇总。

【例 5-34】　对图 5-10 中的数据库表，统计每个教师的各门课程情况，查询结果包括教师名、课程名、选课人数、平均分、最高分和最低分，并按课程名升序排列，课程名同时再按平均分降序排列，结果如表 5-21 所示。

Select　教师.姓名, 课程名, Count(学号)　As　选课人数, Avg(成绩)　As　平均分,

Max(成绩)　As　最高分, Min(成绩)　As　最低分

From　教师, 课程, 成绩

Where　教师.教师号=成绩.教师号　And　课程.课程号=成绩.课程号　And　成绩>0

Group By　教师.姓名, 课程名

Order By　课程名, Avg(成绩)　DESC;

表 5-21　按教师和课程分组统计

姓名	课程名	选课人数	平均分	最高分	最低分
李敏	大学计算机基础	3	63.33	70	54
齐晓燕	大学数学基础二	4	77.25	90	61
齐晓燕	大学数学基础一	3	65.00	76	50
王平	大学英语基础	3	80.33	89	75
胡晓丽	计算机文化基础	2	70.00	80	60
李晓光	计算机文化基础	2	56.00	68	44

> 同一教师，不同课程分别汇总

由此可以看出，利用 SQL 的 Select 语句不仅可以对表进行选择、投影和联接操作，也可以对数据进行排序和分组汇总，从而达到多表联接和数据统计分析的目的。

5.9　常见的关系数据库管理系统简介

在当代信息化社会中，数据库技术是数据处理的核心和基础，它是大数据挖掘与分析过程中最有效的工具。随着关系数据库技术的发展和不断成熟，已经诞生了许多数据库技术的软件产品——关系数据库管理系统，这些产品在各个领域都得到了不同程度的应用。

目前，常见的 DBMS 还有 MySQL、SQL Server 和 Oracle 等，这 4 种 DBMS 都为建立和管理数据库提供了可视化的工具和向导，它们支持 SQL 语句，能完成数据库的建立和管理等常规操作。例如，建立和管理数据库表、索引、表间联系、数据完整性控制规则、数据查询和数据导入导出等。

1. MySQL 简介

MySQL 是近些年流行的、基于互联网的关系型数据库管理系统，支持 SQL 的数据定义、数据操纵、数据查询和数据控制 4 种子语言以及存储过程程序设计，具有完善的数据库用户及其权限管理功能。

MySQL 比较适合管理和维护互联网服务器端的数据库，与 Apache（Web 服务器管理软件）、Dreamweaver（静态网页可视化设计软件）、PHP（动态网页程序设计语言）和 PHPMyAdmin

（MySQL 数据库可视化管理软件）结合，可以完成网站设计和管理的系列任务，它是目前用于网站设计的主流开发工具之一。

PHPMyAdmin 以网页浏览器的可视化方式管理 MySQL 数据库及其数据表，如图 5-20 所示。

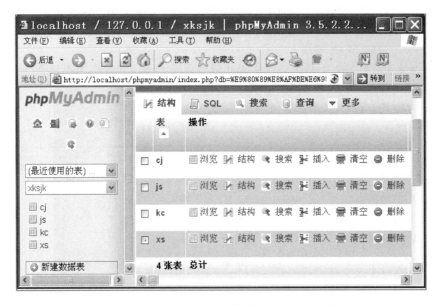

图 5-20　PHPMyAdmin 的数据库管理可视化窗口

一个 MySQL 数据库对应一个文件夹（如 ……\xksjk），如图 5-21 所示。文件夹下存储该数据库中的数据表对应的各个文件，文件扩展名为 frm（如 cj.frm 和 js.frm 等）。

图 5-21　MySQL 数据库管理系统的 xksjk 数据库文件夹

2．SQL Server 简介

SQL Server 是面向高端的数据库管理系统，在数据库服务器端需要安装 SQL Server 的服务器管理软件；在用户端可以安装 SQL Server 的客户端管理软件或通过 ODBC 访问数据库。

SQL Server 数据库管理系统支持数据安全性控制规则和存储过程（主体用 SQL 语句编写的

程序）等对象，具有比较完备的数据安全措施，支持 SQL 的数据控制语言。

SQL Server 配有较完善的数据库及其表的维护和管理功能，如图 5-22 所示。

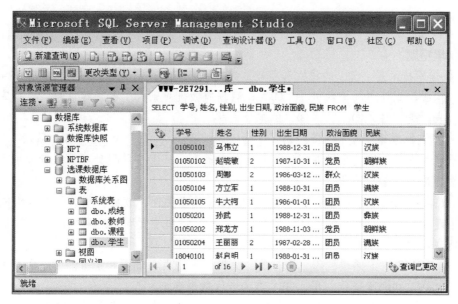

图 5-22　SQL Server 数据库管理器

一个 SQL Server 数据库对应两个文件，扩展名分别为 mdf 和 ldf。mdf 文件存放 SQL Server 数据库管理系统建立的所有对象；ldf 文件存放事务日志。SQL Server 通常用于建立和管理大中型数据库，所建立的数据库适合数据库服务器端、局域网和广域网用户访问。

3．Oracle 简介

Oracle 功能比较强大，能涵盖上述几种数据库管理系统的功能，几乎能运行在任何类型（从微型计算机到巨型计算机）的计算机上。Oracle 系统支持结构化程序设计、面向对象程序设计和 Web 程序设计，它将数据库与 Internet 技术有机地结合在一起，使数据库的利用价值更高，用户更广泛。它具有很广泛的应用前景。

在使用 Oracle 数据库管理系统时，需要在数据库服务器端安装 Oracle 的服务器端管理软件，在用户端安装 Oracle 的客户端管理软件或通过 ODBC 访问数据库。Oracle 通常用于建立和管理大型数据库，所建立的数据库适合数据库服务器端、局域网和广域网用户访问。

总之，数据库管理系统是用于建立、维护和管理数据库的最有效工具。目前，有许多可供选用的数据库管理系统，只要读者掌握一种数据库管理系统的使用方法，就很容易学会其他数据库管理系统的使用方法。

数据库是数据库应用软件的重要组成部分，要灵活、高效地使用数据库，除了掌握一种数据库管理系统的使用方法外，还要至少掌握一种程序设计语言（开发工具），以便开发实用的数据库应用软件。目前，有许多可供选用的软件开发工具，如 PHP、Visual Basic、Power Builder、Visual C++、Java 和 Delphi 等。其中，Java 和 PHP 在 Internet 编程方面更为直接和快捷。

习题

一、填空题

1. 数据库技术是___①___的核心和基础。数据库以___②___形式存储在计算机系统中，主要由___③___构成，此外还包含索引、___④___、数据有效性规则和___⑤___等信息。数据库表必须是___⑥___表，是一种___⑦___、___⑧___的电子表格。

2. 计算机数据管理技术主要经历了___①___、___②___、___③___和___④___4个阶段，___⑤___阶段数据不能共享，___⑥___阶段并行访问数据效率最高，___⑦___阶段处理数据量最小，集中式数据库管理是指___⑧___阶段。

3. 数据库系统的英文简称为___①___，它由计算机硬件、软件和相关___②___组成，计算机硬件搭建了系统运行和存储___③___的环境；___④___除用于管理、控制和分配计算机资源外，还用于建立、管理、维护和使用___⑤___。软件主要包括___⑥___、操作系统和___⑦___。

4. 在 DBMS 中，通过___①___语言建立数据库中的表、视图和索引；用___②___语言进行数据插入、修改和删除操作；用___③___语言进行数据查询。

5. 从用户角度来看，事务是完成某一任务的___①___集合。多个事务并发更新数据容易引发数据___②___问题。实现数据互斥访问要求的常用方法是锁定数据项，常见的数据共享锁定方式是___③___和___④___。

6. 在现实世界到数据世界的转化过程中，中间要经历___①___世界；人们用___②___描述信息世界中的对象及其联系，用___③___表示事物，用___④___表示事物的特征；用___⑤___描述数据世界中的对象及其联系，用___⑥___表示事物，用___⑦___表示事物的特征。

7. 在数据安全性控制方面，DBMS 所采取的措施有___①___、___②___和___③___。

8. 在数据模型中，除了描述实体本身以外，还要对___①___进行描述；实体之间存在___②___、___③___和___④___3 种联系；对于学生实体而言，"姓名"是___⑤___，"李明"是___⑥___。

9. 在数据模型中，常见的数据模型有___①___、___②___、___③___和___④___，基本层次数据模型用于描述___⑤___实体（型），数据库管理系统的类型由它支持的___⑥___决定。可能有多个根结点，每个非根结点可能有多个父结点，这是___⑦___数据模型；有且仅有一个根结点，而每个非根结点有且仅有一个父结点，这是___⑧___数据模型。在关系模型中，用二维表描述___⑨___；表中每行数据描述___⑩___；通过___⑪___能分析出同类实体之间的联系，通过___⑫___能分析出不同类实体之间的联系。

10. 用 E-R 方法描述学生实体时，用___①___图形表示学生，用___②___图形表示学号，用___③___图形表示学生与教师的联系。

11. 在关系数据库中，通常将关系也称为___①___；将一个数据记录称为___②___，用于表示___③___；将属性的取值范围称为___④___；如果一个关系中包含 n 个属性，则称该关系为___⑤___。

12. 关系模式用于描述表的___①___，除包含模式名、属性名和主关键字外，还要包含属性的___②___和___③___信息。

13. 数据模型主要由___①___、___②___和___③___3 个要素组成。

14. 对关系数据库表中的数据主要有 ① 、 ② 、修改和 ③ 4 种操作。这 4 种操作可以归纳成 ④ 、 ⑤ 、 ⑥ 、 ⑦ 和 ⑧ 5 种基本操作。

15. 在关系数据模型中，有 ① 、 ② 、 ③ 和 ④ 4 类数据完整性约束。

16. 在关系数据模型中定义了选择、投影和联接等专门的关系操作。从表中选取若干列的操作被称为 ① ；从表中取出若干行的操作被称为 ② ；由两个表生成一个新表的操作被称为 ③ 。对 SQL 语句 Select * From 学生 Where 性别='1'来讲， ④ 部分为选择操作， ⑤ 部分为投影操作；SQL 语句 Select Count（*）From 学生，将输出 ⑥ 行数据。

17. SQL 是关系数据库的结构化查询语言，它由 ① 、 ② 、 ③ 和 ④ 4 部分组成。Select 语句属于 ⑤ ；Alter Table 语句属于 ⑥ ；Update 语句属于 ⑦ 。

18. 填写各个表达式的值: 10 / 4= ① , 10 \ 4= ② , 8^2/4= ③ , 8^(1/3)= ④ , 15 Mod 4= ⑤ , #1949/10/1# + 5= ⑥ , "1949/10/1" & 5= ⑦ , "" Is Null = ⑧ , '2'>'10'= ⑨ 。

19. 填写各个表达式的值: '数据库与大数据' Like '*数据*'= ① , '数据库与大数据' Like '?数据*'= ② , '数据库与大数据' Like '*数据'= ③ , InStr('数据库与大数据', '数据')> 0 = ④ , InStr('数据库与大数据', '数据*')>0 = ⑤ 。

20. 在 Access 的 Create Table 语句中，字段的数据类型符号（英文名）有短文本 ① 、长文本 ② 、整型 ③ 、长整型 ④ 、单精度 ⑤ 、日期时间 ⑥ 和逻辑型 ⑦ 。

21. 在 Access 中创建表: 学生（学号，姓名，出生日期，性别，身高，简历，照片，在读），其中学号是主键，姓名中最多 8 个汉字，性别 1 个汉字，身高最高 250cm，简历不少于 300 个字符，在籍学生的在读字段值为真，否则为假。用最恰当的内容填空: Create Table ① （学号 Char(9) ② ，姓名 ③ ，出生日期 ④ ，性别 ⑤ ，身高 ⑥ ，简历 ⑦ ，照片 ⑧ ，在读 ⑨ ）。

22. 将课程名包含"基础"，实验不足 16 学时的课程实验学时改成 16。完成语句: Update 课程 Set ① Where 课程名 ② 。

23. 删除课程表中课程名为空（Null）的记录。完成语句: Delete From ① Where ② 。

24. 输出 2000 至 2009 年出生学生的学号、姓名、年龄及周几出生。完成语句: Select 学号, 姓名, ① As 年龄, ② As 周几出生 From 学生 Where ③ 。

二、单选题

1. 在数据处理的人工阶段，程序与数据组的关系是_____。

　　A. 一一对应　　　　　B. 一对多　　　　　C. 多对一　　　　　D. 多对多

2. _____不是数据库管理系统。

　　A. MySQL　　　　　B. Access　　　　　C. SQL Server　　　　D. Windows

3. _____是数据库管理系统。

　　A. MDB 文件　　　　B. Oracle　　　　　C. Word　　　　　D. 文件系统

4. _____不是数据库系统的组成要素。

　　A. 用户　　　　　　B. 操作系统　　　　C. Excel　　　　　D. 硬件平台

5. _____是数据库系统的简称。

    A. DBS　　　　　　　B. DBMS　　　　　　C. ODBC　　　　　　D. DBAS

6. _____是数据库管理系统的简称。

    A. DBAS　　　　　　B. DBMS　　　　　　C. ODBC　　　　　　D. DB

7. _____是一对一联系。

    A. 辅导员与班级　　　　　　　　　　B. 校长与学校

    C. 学生与课程　　　　　　　　　　　D. 服务器与计算机

8. _____是一对多的联系。

    A. 行驶的汽车与驾驶员　　　　　　　B. 校长与学校

    C. 网络系统中的服务器与客户机　　　D. 课堂上的教师与讲台

9. 关于数据库应用系统的正确说法是_____。

    A. 用数据库管理系统开发的应用程序

    B. 数据库管理系统以外的开发工具开发的应用程序

    C. 以数据库为核心的应用系统

    D. 数据库管理系统带来的应用程序

10. DBMS 是指_____。

    A. 数据库　　　　　　　　　B. 数据库应用程序

    C. 数据库管理系统　　　　　D. 数据库系统

11. 数据库的数据安全和完整性控制机制由_____完成。

    A. OS　　　　　B. DBMS　　　　　C. DBAS　　　　　D. 硬件平台

12. 在关系数据库中，表中所有的记录构成_____。

    A. 实体　　　　B. 实体型　　　　C. 实体集　　　　D. 实体属性集

13. 在关系数据库中，表结构用于存放_____。

    A. 实体　　　　B. 实体型　　　　C. 实体集　　　　D. 实体属性集

14. E-R 方法用图形方式描述实体及其联系。在此种方法中没用到_____图形。

    A. 矩形　　　　B. 椭圆形　　　　C. 三角形　　　　D. 菱形

15. 在关系数据库中，外码的主要作用是_____。

    A. 唯一确定记录　　　　　　B. 提取外模式

    C. 唯一确定表　　　　　　　D. 与其他表关联

16. 在关系数据库中，主属性是_____中的属性。

    A. 主表　　　　B. 主键　　　　C. 主关键字　　　　D. 候选码

17. 在关系数据库中，元组是_____。

    A. 关系模式　　B. 表结构　　　C. 表中记录　　　D. 表中列数

18. 在关系数据库中，通过_____不能唯一确定表中的记录。

    A. 主关键字　　B. 关键字　　　C. 外码　　　　D. 候选码

19. 在关系数据库中，对外码的正确说法是_____。

    A. 本表的主关键字　　　　　B. 同时为本表和其他表的主关键字

    C. 不能是本表中的属性　　　D. 非本表关键字，其他表主关键字

20. 在关系数据库中，限定年龄属性值的范围属于_____。

A. 域完整性约束　　　　　　　　B. 实体完整性约束

C. 参照完整性约束　　　　　　　D. 用户定义完整性约束

21. 在 SQL 中，用 Create Table 语句建立表时，对_____数据类型的字段需要说明最大宽度。

A. 日期型　　　B. 逻辑型　　　C. 短文本　　　D. 长文本

22. 在 SQL 中，用 Create Table 语句建立表时可以使用 Not Null，其含义是_____。

A. 字段名不能为空　　　　　　　B. 字段值不能为空

C. 字段值不能为 0　　　　　　　D. 字段值不能填 Null

23. 在 SQL 中，用 Create Table 语句建立表时，用 Primary Key 进行定义_____。

A. 主关键字　　　B. 关键字　　　C. 候选码　　　D. 外码

24. 向教师表中添加"单位"属性应该使用的 SQL 语句是_____。

A. Alter Drop　　B. Alter Table　　C. Create Table　　D. Update

25. 在学生表中添加"赵晓惠"的有关数据，应该使用_____SQL 语句。

A. Insert Into　　B. Alter Table　　C. Select　　　　D. Update

26. _____与 Select * From 成绩 Where 成绩>=55 And 成绩<=59 语句等价。

A. Select * From 成绩 Where 成绩>=55 Or 成绩<=59

B. Select * From 成绩 Where 成绩>=55 Like 成绩<=59

C. Select * From 成绩 Where 成绩 In（55，59）

D. Select * From 成绩 Where 成绩 Between 55 And 59

27. _____与 Select * From 成绩 Where 成绩=59 Or 成绩=80 的功能等价。

A. Select * From 成绩 Where 成绩=59 And 成绩=80

B. Select * From 成绩 Where 成绩 Like（59，80）

C. Select * From 成绩 Where 成绩 In（80，59）

D. Select * From 成绩 Where 成绩 Between 59 And 80

28. 在 SQL 中，_____短语在 Select 语句中实现按关键字段分组统计。

A. Order On　　B. Group On　　C. Group By　　D. Order By

29. 在 SQL 中，_____语句能删除表中的记录。

A. Delete … While <条件>　　　B. Delete … By <条件>

C. Delete … For <条件>　　　　D. Delete … Where <条件>

30. 在 SQL 中，_____语句用于删除表中的部分字段而保留表。

A. Select　　　B. Alter　　　C. Delete　　　D. Drop

31. 在 SQL 中，_____语句用于删除表。

A. Select　　　B. Alter　　　C. Delete　　　D. Drop

32. 在 SQL 中，_____语句用于更新表中的数据记录。

A. Insert　　　B. Alter　　　C. Update　　　D. Select

33. 在 SQL 中，Update 语句属于_____语言。

A. 数据定义　　B. 数据操纵　　C. 数据查询　　D. 数据控制

34. 在 SQL 中，_____语句属于数据定义语言。

  A．Insert   B．Alter   C．Update   D．Select

35．在 SQL 的 Select 语句中，用函数 Avg（＜字段名＞）能计算相关字段的_____。

  A．合计   B．平均值   C．记录个数   D．均方差

36．在 SQL 的 Select 语句中，要使查询结果中没有重复行，应该加_____短语。

  A．Where   B．From   C．Distinct   D．Order By

37．下列数据中，_____是日期时间型。

  A．2023/10/2 B．"2023/10/2" C．'2023/10/2' D．#2023/10/2#

38．能输出选课人数大于 2 的语句是_____。

  A．Select 课程号, Count(学号) As 人数 From 成绩
   Group By 课程号 Having 人数>2

  B．Select 课程号, Count(学号) As 人数 From 成绩
   Group By 课程号 Having Count(学号)>2

  C．Select 课程号, Count(学号) As 人数 From 成绩
   Where Count(学号)>2 Group By 课程号

  D．Select 课程号, Count(学号) As 人数 From 成绩
   Where 人数>2 Group By 课程号

三、多选题

1．在_____阶段实现了数据与程序完全分离。

  A．人工管理 B．文件系统 C．数据库系统

  D．分布式数据库系统   E．机器语言

2．关于数据库和数据库管理系统的正确说法是_____。

  A．数据库是软件，而数据库管理系统是数据

  B．数据库管理系统是软件，而数据库中存放数据

  C．数据库以文件形式存储，而数据库管理系统在内存中存储

  D．数据库管理系统用于建立、维护和管理数据库

  E．数据库用于建立、维护和管理数据库管理系统

3．关于数据库系统和数据库管理系统的正确说法是_____。

  A．数据库系统和数据库管理系统都是软件

  B．数据库系统和数据库管理系统都含硬件资源

  C．数据库系统含硬件资源，而数据库管理系统是软件

  D．数据库管理系统包含数据库系统

  E．数据库系统包含数据库管理系统

4．对关系数据库表的正确说法是_____。

  A．与实际生产、生活中的表完全相同 B．必须是二维表

  C．同一张表中不能有重名属性 D．表中属性顺序至关重要

  E．表中同一属性可以有不同的数据类型

5．在关系数据库系统中，包括_____。

　　A．人工表　　　　　　B．DB　　　　　　C．DBMS

　　D．E-R 图形　　　　　E．OS

6. 在 Access 数据库管理系统的 SQL 中，_____能作为数字型常数。

　　A．5^2　　　　　　B．|125|　　　　C．55　　　　　D．#1949#

　　E．3.45　　　　　　F．[2012]

7. 在 Access 数据库管理系统的 SQL 中，_____能作为文本型常数。

　　A．True　　　　　　B．'10'　　　　C．{1949}　　　　D．"计算机"

　　E．（10/1/2012）　　F．[刘为]

8. 在 Access 数据库管理系统的 SQL 中，_____能作为日期型数据。

　　A．{10/1/2012}　　　B．[10/1/2012]　　C．(10/1/2012)　　D．#10/1/2012#

　　E．|10/1/2012|　　　F．#2030-1-1#

9. 关于数据库表的正确叙述是_____。

　　A．数据库表中至少包含一个字段　　　B．数据库表中至少包含一个记录

　　C．不含任何字段的数据库表为空表　　D．表中最多能包含 255 条记录

　　E．不含任何记录的数据库表为空表　　F．数据库表中字段和记录个数没有限制

10. 数据库中主要包括_____。

　　A．数据库表　　　　B．操作系统　　　C．数据索引　　　D．数据库表之间的联系

　　E．外存储器　　　　F．DBMS

11. _____是数据库管理系统的名称。

　　A．Access　　　　　B．Windows　　　C．MySQL　　　　D．ODBC

　　E．SQL Server　　　F．DB

12. 在数据库系统中，_____属于数据完整性约束范畴。

　　A．属性值范围　　　　　　　　B．密码验证　　　　　C．用户授权

　　D．关键字的值非空　　　　　　E．数据类型

13. 在数据库系统中，_____属于数据安全性控制范畴。

　　A．用户授权控制　　　　　　　B．密码验证　　　　　C．数据量控制

　　D．表间关联控制　　　　　　　E．数据加密

14. 在关系数据库中，_____能唯一确定表中的记录。

　　A．主属性　　　　　B．主键　　　　　C．外键

　　D．候选码　　　　　E．关联

15. 在关系数据库中，对关键字、主关键字和外码的正确说法是_____。

　　A．一个表只能有一个主关键字　　　　B．一个表只能有一个关键字

　　C．一个表只能有一个外键　　　　　　D．一个表可以有多个主关键字

　　E．一个表可以有多个关键字　　　　　F．一个表可以有多个外键

16. 对表、关系模式和关系子模式的正确说法是_____。

　　A．关系子模式一定是某个关系模式的子集

B.　表与关系子模式一一对应

C.　关系子模式中的属性可能来自多个关系模式

D.　表与关系模式一一对应

E.　关系子模式中的属性可能仅来自一个关系模式

17.　_____是关系数据库表的性质。

A.　属性不可重名 　　　　　　　　B.　属性的有限性

C.　属性顺序非常重要 　　　　　　D.　元组的无限性

E.　元组顺序无关紧要 　　　　　　F.　同一属性具有相同的值域

18.　关于联接操作的正确说法是_____。

A.　联接就是等值联接 　　　　　　B.　等值联接是联接的一种特例

C.　自然联接就是等值联接 　　　　D.　去掉联接结果的冗余属性便是自然联接

E.　去掉等值联接结果的冗余属性便是自然联接

19.　对于"关系"描述的正确说法是_____。

A.　一个关系中允许有完全相同的元组　B.　一个关系中不能有完全相同的元组

C.　关系中元组必须按关键字排序存放　D.　关系中必须将关键字作为第一属性

E.　一个关系中不能出现相同的属性名　F.　一个关系中可以出现相同的属性名

20.　假设姓名中最多有 3 个汉字，在"Select * From　学生"语句中加_____短语将输出全部姓"马"的学生记录。

A.　Where　姓名　Like　'马?' 　　　B.　Where　姓名　Like '马?' Or 姓名 Like '马??'

C.　Where　姓名　Like　'马*' 　　　D.　Where　'马*' Like　姓名

E.　Where　姓名　In　（'马*'） 　　　F.　Where　'马?'　In　（姓名）

21.　执行 Create Table TEST（编号　Char（10），单价 Number）语句后，下列_____语句能够正确执行。

A.　Insert Into TEST Values ('030201')

B.　Insert Into TEST Values ('030201'，3.14)

C.　Insert Into TEST Values ('030201'，'3.14')

D.　Insert Into TEST (编号) Values ('030201'，3.14)

E.　Insert Into TEST (编号，单价) Values ('030201')

F.　Insert Into TEST (编号) Values ('030201')

22.　执行 Create Table SP（编号　Char（5）Primary Key，品名　Char（20））语句后，向数据库表 SP 中输入数据时，下列正确的叙述是_____。

A.　编号字段的值不能为空　　　B.　品名字段的值不能为空

C.　不能向 SP 中输入重编号的记录　D.　不能向 SP 中输入重品名的记录

E.　编号字段的值不能含汉字　　F.　品名字段的值不能含数字

23.　在 Access 的 Create Table 语句中，_____用于说明双精度数据类型。

A.　Double 　　B.　Float 　　C.　Integer 　　D.　Number 　　E.　Numeric

24. X 和 Y 均为数字表达式，下列值相同的表达式是_____。

    A. X\Y   B. X/Y   C. Int(X/Y)   D. Fix(X/Y)   E. X Mod Y

25. X 为数字表达式（X≥0），下列值相同的表达式有_____。

    A. X^1/2   B. X^(1/2)   C. Sqr(X)   D. X\(1/2)   E. X Mod 2

26. 下列表达式中_____的值相等。

    A. Datediff("D", Date(),#1949/10/1#)

    B. Datediff("D",#1949/10/1#, Date())

    C. Datediff("H",#1949/10/1#, Date())

    D. Datediff("YYYY",#1949/10/1#, Date())

    E. Date()-#1949/10/1#

27. n 为整数，下列表达式中_____的值相等。

    A. Date()+ n   B. Date()- n   C. DateAdd ("H",n, Date())

    D. DateAdd ("D",n, Date())   E. DateAdd ("YYYY", Date(),n)

28. X 为字段名，下列表达式中_____的值相等。

    A. X=Null   B. X Is Not Null   C. X If Null

    D. Isnull(X)   E. X Is Null

29. 下列值为-1（真）的表达式有_____。

    A. "计算机数据库" Like "*数据*"   B. "*数据*" Like "计算机数据库"

    C. InStr("大数据处理","数据")   D. InStr("大数据处理","数据")>0

    E. InStrRev("数据分析","数据")   F. InStrRev("数据分析","数据")>0

30. 下列表达式中_____的值相等。

    A. 1949 & 10   B. 1949 + 10   C. 1949 * 10

    D. "1949" & "10"   E. "1949" + "10"

31. 下列功能相同的语句有_____。

    A. Select 学号,姓名 From 学生

    B. Select 学生.学号,姓名 From 学生,成绩 Where 学生.学号 = 成绩.学号

    C. Select Distinct 学生.学号,姓名 From 学生,成绩

        Where 学生.学号 = 成绩.学号

    D. Select 学生.学号,姓名 From 学生,成绩

        Where 学生.学号 = 成绩.学号 Group By 学生.学号, 姓名

    E. Select 学生.学号,姓名 From 学生,成绩

        Where 学生.学号 = 成绩.学号 Order By 学生.学号, 姓名

32. _____能将空课程名改为"待定义"。

    A. Update 课程 Set 课程名="待定义" Where 课程名= ""

    B. Update 课程 Set 课程名="待定义" Where 课程名= 空

    C. Update 课程 Set 课程名="待定义" Where 课程名= Null

    D. Update 课程 Set 课程名="待定义" Where 课程名 Is Null

    E. Update 课程 Set 课程名="待定义" Where IsNull(课程名)

思考题

1. 要将人工表转换成数据库表要完成哪些工作？数据库表有哪些特点？

2. 在图 5-1 给出的选课数据库中，对学生表如何改进能节省磁盘存储空间？

3. 数据文件和数据库都以文件形式存储在外存储器上，两者有哪些区别？

4. 数据库管理系统要实现用户并发访问控制，如果没有并发访问控制会带来哪些问题？

5. 通过实例说明现实世界、信息世界和数据世界的特点与关系。用什么方法描述信息世界中的实体？用什么方法描述数据世界中的实体？

6. 教师与学生的关系，在什么情况下是一对一联系？在什么情况下是一对多联系？在什么情况下是多对多联系？

7. 层次数据模型、网状数据模型和关系数据模型各自的优缺点是什么？

8. 关系数据库中关键字与主码、主码与外码之间的关系是什么？

9. 关系的联接操作与自然联接操作的异同是什么？

10. MySQL 与 Access、SQL Server 和 Oracle 相比，哪些方面更强一些？哪些方面更弱一些？

第6章

软件设计基础

电子教案

　　完整的计算机系统由硬件系统和软件系统共同组成，其中硬件是物理实体，是计算机系统的基础；软件是逻辑实体，是计算机系统运行的灵魂，缺少必要软件支持的计算机是无法使用的。软件（software）是程序、数据及相关文档的集合，是用户与硬件之间的接口。一般来说，软件是功能、性能相对完整的程序系统。软件中不仅有程序，还包括程序要处理的数据、功能及使用说明等信息，程序仅是软件中的核心内容。

　　软件与硬件不同，它是一种逻辑实体，具有抽象性，只有执行时才能发挥作用。同时，软件又依附于硬件，没有硬件的存储和执行，软件也无法完成自身的任务。软件的开发和运行一般依赖于计算机的类型，在一类计算机中开发的软件，一般不能通过简单地复制到另一类计算机中运行，往往要做大量的修改工作，这就是软件的移植性问题。

　　中国共产党的二十大报告指出"坚持把发展经济的着力点放在实体经济上，推进新型工业化，加快建设制造强国、网络强国、数字中国"。软件是新一代信息技术的灵魂，是数字经济发展的基础，是制造强国、网络强国、数字中国建设的关键支撑，发展软件和信息技术服务业，对于加快建设现代产业体系具有重要意义。

6.1　程序设计语言分类

　　任何程序，不论其种类、作用或操作方式等方面的差别有多大，都是通过程序设计语言设计出来的，即程序设计语言是程序的开发工具。程序设计语言种类很多，虽然每种程序设计语言都有自己的语法规则和适用方向，但它们仍具有很多共同的特征。

　　从第一种程序设计语言诞生至今，有千余种程序设计语言问世。目前最常用的程序设计语言也有数十种，并且每种语言又随着软件技术的发展而不断更新版本。程序设计语言经历了由低级到高级、由面向过程到面向对象的演变过程，进一步发展就是自然（智能）语言。

6.1.1　机器语言

　　机器语言是计算机硬件系统能唯一识别并执行的语言，基本要素是计算机指令。

1. 指令

　　计算机指令是硬件唯一能识别的、实现计算机基本功能的二进制编码，是指挥计算机工作的基本命令。计算机指令由计算机设计者定义，每条指令由若干位二进制数构成。指令由操作码和操作数两部分组成（见图6-1）。

操作码	操作数

　　【例6-1】　计算 8＋7 的机器语言程序示例。

　　　　10111000 00001000 00000000　　；将8存入累加器AX中

图6-1　计算机指令格式

　　00000101 00000111 00000000　　；7 与累加器 AX 中的内容相加，结果仍存放在 AX 中

其中，10111000 和 00000101 都是操作码，分别表示取数据和加法操作；0000100000000000（8）和 0000011100000000（7）都是 16 位二进制操作数，在内存单元中其低位字节存储在前，高位字节存储在后。

　　指令中的操作码用于指明操作（功能），不同指令具有不同的操作码。操作数可能是数据（称为立即数）、存放操作数的内存单元地址或寄存器地址，也可能有多个操作数。

2．指令系统

　　一台计算机中全部指令的集合称为指令系统。从计算机组成来看，指令系统与计算机系统的性能和硬件结构的复杂程度密切相关，因此，同类型计算机具有相同的指令系统。计算机的指令系统决定了硬件功能的发挥水平。现代计算机的指令系统中都有数百条指令。

　　机器语言程序具有执行效率高、可以直接操作硬件等特点。但用机器语言编写程序需要掌握计算机硬件内部结构和工作原理等专业知识。另外，由于每条指令的功能单一且二进制编码不容易记忆，使编写程序的工作量相当庞大，调试程序也十分困难，不利于计算机的普及应用。在计算机飞速发展的今天，几乎没有人用机器语言编写程序。

6.1.2　汇编语言

　　在汇编语言中，指令由英文单词或缩写构成，用符号、十进制数或十六进制数代替机器语言中的二进制编码，便于人们记忆和书写。

　　【例 6-2】 计算 8＋7 的汇编语言程序示例。

　　　Mov　AX，8　；将 8 存入累加器 AX 中
　　　Add　AX，7　；7 与累加器 AX 中的内容相加，结果仍存放在 AX 中

　　为了方便阅读，上述程序段中每条指令之后添加了注释信息（计算机不执行注释信息）。

　　机器语言和汇编语言都与计算机类型有关，指令系统因计算机类型而异，通常将它们统称为面向机器的语言，也称为低级语言。这里的"低级"并不是说语言的功能性差，而是指与计算机硬件密切相关，编写程序难度较大。

　　汇编语言与机器语言比较，在助记方面有了较大的改善。汇编语言一般用于编制硬件接口软件和过程控制软件，程序占用内存空间小且运行速度快，有着高级程序设计语言无法比拟的优越性。目前，汇编语言在编写硬件接口（如设备驱动程序）、外部设备（如机床、智能仪表）控制和通信（如网络和手机）等底层软件方面仍然发挥着重要的作用。

6.1.3　结构化程序设计语言

　　20 世纪 50 年代后期，出现了许多脱离具体计算机硬件结构的程序设计语言，被人们称为结构化程序设计语言或高级程序设计语言。例如，Basic（VB 的前期版本）、FORTRAN、Pascal和 C 等。结构化程序设计语言是面向用户的语言，将人们的注意力从机器转移到问题本身，它致力于用计算机能理解的逻辑来描述解决问题的具体方法和步骤。程序设计的核心是数据结构和算法，通过数据结构定义数据的存储方式，通过算法研究如何用快捷、高效的方法来组织解

决问题的具体过程。

每一种结构化程序设计语言都有各自的专用符号、语法规则和语句结构，基本要素是语句（命令）。一条语句具有机器或汇编语言一段程序的功能，格式近似于自然语言的语法结构，功能强大、通用性强，程序设计方法简单。

【例 6-3】 计算并输出半径为 5 的圆的面积的高级语言程序示例。

```
Print   3.14*5*5              ' 输出半径为 5 的圆的面积
```

1. 结构化程序的基本特征

（1）程序模块化：一个大程序由若干功能独立、相互关联的程序模块（子程序、函数等）组成，即程序模块之间通过调用关系实现程序的整体功能。

（2）模块内部结构化：程序由顺序、选择（分支）和重复（循环）3 种结构组成。

（3）可移植性好：与低级语言程序相比，结构化程序具有较好的移植性，即为一类计算机设计的程序，经少量改动后可以在另一类计算机上运行。

2. 具有代表性的语言

结构化程序设计的方法从提出之日起，就得到了人们的肯定和广泛应用，在软件技术发展史上有着重要的地位，至今也仍然发挥着重要的作用。具有代表性的结构化程序设计语言有如下几种。

（1）FORTRAN 语言：FORTRAN（Formula Translator），最早出现在 1954 年，是第一个广泛使用的高级程序设计语言。虽然 FORTRAN 在文档处理方面的能力较弱，但在工程、数学和科学计算方面仍是使用最广泛的语言，尤其是在科学计算（如航空航天、地质勘探、天气预报和建筑工程等领域）中发挥着极其重要的作用。

（2）Pascal 语言：最初是为程序设计教学而设计的，特点是语言简单和结构化，后来用于科学计算和系统软件研制。目前，作为一门实用程序设计语言和教学工具，Pascal 语言在高校计算机软件教学中一直处于主导地位。

（3）C 语言：适合于系统描述，可以用于编写系统和应用软件。它具有高级语言的全部特性，同时兼有内存地址操作和位运算等汇编语言的功能，因此，有人称之为高级语言中的低级语言或中级语言，即兼有高级语言和低级语言的特点。C 语言能够对各种复杂的数据结构进行运算，如链表、树和栈等。生成的目标代码质量高，程序执行效率一般只比汇编语言程序生成的目标代码效率低 10%～20%。

6.1.4 面向对象程序设计语言

在面向对象程序设计（object-oriented programming，OOP）语言中，各类窗口、菜单和命令按钮等都是对象，它将数据和相关操作集成在一起，使人们的注意力集中到对象本身，比较符合人们的思维习惯，因此，更容易被人们理解和接受。特别是近年来推出了许多面向对象程序设计的开发工具（如 VB、C++、Delphi 和 Java 等），将面向对象、可视化和结构化程序设计思想融为一体，为面向对象程序设计语言赋予了更强的生命力。

1．对象与类

在面向对象的程序设计中，类和对象是两个非常重要的概念。

（1）对象：程序中最基本的运行实体，一个程序由若干对象组成，各个对象既相互独立，又通过消息（事件）相互联系。例如，用 VB 设计的程序中，菜单、函数、窗体及窗体上的文本框、命令按钮等都是对象。

（2）类：具有相同特征对象的抽象，是创建对象的模板。在 VB 中，工具箱中的 CommandButton（命令按钮）、TextBox（文本框）和 ListBox（列表框）等工具实质上都是系统提供的类，也称基类。程序设计人员通过类可以在窗体上创建对应类的对象。

在面向对象程序设计语言中，程序设计人员可以通过相关语句定义新类（称自定义类），也可以在已有类（自定义类或基类）的基础上创建（继承）类。

2．可视化程序设计

为了简化面向对象程序设计的过程和方法，多数面向对象程序设计语言（如 C++、VB、VFP 和 Delphi 等）都提供了创建对象的可视化工具（基类）。通过这种工具建立程序中常用的对象，主要优点是程序设计过程直观、思路清晰、编写的程序代码量少。为了区别严格意义上的面向对象程序设计，通常将通过可视化工具设计程序的方法称为可视化程序设计。

在可视化程序设计中，属性、事件和方法（程序）是用于控制和管理对象的 3 个要素，掌握各个类的这 3 方面内容，是可视化程序设计的关键。对象的属性、事件和方法与其所属的类有关，同类对象具有相同的属性、事件和方法。

（1）属性：用于描述对象的特征。例如，名称（name）、高度（height）、是否可用（enabled）和是否可见（visible）都是 VB 中多数类的常用属性。通过设置属性的值可以改变对象的特征，通过引用属性的值可以实现对象之间的信息交换。

（2）事件：对象响应某种操作时的一种反应机制，是响应某种操作的程序代码入口。例如，Click 和 GotFocus 是 VB 中多数类的常用事件。

（3）方法：对象的方法实质是一种子程序，调用时依附于对象，运行时执行相关的操作，也称为对象函数。例如，在 VB 中，多数类具有 SetFocus 方法，但只有窗体具有 Show 和 Hide 方法。

3．具有代表性的语言

（1）C++语言：在 C 语言基础上增加了面向对象的支持，基本兼容 C 语言程序。其特点是既支持结构化程序设计方法，又支持面向对象程序设计方法，因此，也称为混合型语言。目前，C++程序开发工具主要有 C++ Builder、Borland C++、Visual C++（VC++）和 C#等。

（2）Delphi 语言：在 Pascal 基础上开发出来的可视化程序设计语言，提供了一种方便、快捷的 Windows 程序开发工具。它的出现打破了 Visual C++可视化编程领域一统天下的格局。Delphi 是真正的面向对象编程语言，执行效率高，具有强大的数据库管理功能，是开发中小型数据库软件的理想编程工具。

（3）Java 语言：目前最流行的软件开发语言之一，称为网络上的"世界语"。Java 也是一种跨平台的程序设计语言，适合开发基于网络、多媒体、与平台无关的应用程序，应用程序可以在网络上传输，并可以运行在任何计算机上。Java 是一种定位于网络应用的程序设计语言，非常适合企业网络和 Internet 环境，已成为网络世界中不可或缺的程序设计技术。Java 是一种通过解释方式来执行的语言，语法规则与 C++类似，具有面向对象、分布式、解释性、安全可靠、可移植性、多线程和动态性等特点。

在计算机中，通常将结构化程序设计语言和面向对象程序设计语言统称为高级程序设计语言，简称高级语言。

6.1.5 网页设计语言

通过网络浏览器浏览的网页可分为动态、静态两种。通常，将信息直接来源于网页文件（HTML 或 HTM）的网页称为静态网页，信息来源于网站信息库（数据库）的网页称为动态网页。标记语言与脚本语言都是用于设计网页的语言，两者完美结合，才能设计出动、静态一体的实用网页。

1. 标记语言

标记语言主要用于设计静态网页，利用标记标注信息的类型和位置。例如，将<Title>与</Title>之间的信息显示在浏览器的标题栏，将<body>与</body>之间的内容作为网页的主体等。目前，流行的标记语言是 HTML（hypertext markup language）。HTML 文件内容是描述文字、图形、图像、动画、声音、表格、控件（命令按钮、文本框等）和超链接等各类信息的命令。在 IE 浏览器中，选择"查看"→"源文件"选项，可以查看到当前网页的标记语言源代码。

2. 脚本语言

脚本语言是介于 HTML 和编程语言之间的一种语言，主要用于设计动态网页。在一个网页文件中，标记语言用于设计格式长期不变的信息和超链接等，而脚本语言用于设计一段程序，向网站发出一系列指令，以便从网站信息库中提取信息显示在网页上。

常用的脚本语言有 VBScript 和 Java。设计网页文件时，需要将脚本语言程序段写在<Script>和</Script >之间。用户浏览网页时，浏览器执行脚本语言程序，从网站信息库中提取相关的信息显示在网页上。

事实上，Internet 上浏览器唯一能够识别的网页设计语言就是标记语言与脚本语言。在各种网页设计工具（如 FrontPage、Dreamweaver 等）中通过可视化方法设计的网页，最终也都转换成 HTML 文件。

6.2 程序的类型及其关联

任何以计算机为处理工具的任务都是对处理对象和规则的完整描述，这种描述称为程序。其中，处理对象是数据或信息，处理规则一般指处理动作和步骤（指令或语句）。程序是程序设计中最基本的概念，也是软件中最常见的概念。要使程序起作用，必须将其装入到内存中执行（变成进程），程序的实际工作过程称为执行或运行。程序设计并不是高深莫测、遥不可及的，一般计算机用户只要掌握一门程序设计语言和设计方法，就可以根据需要进行程序设计。

6.2.1 程序设计示例

要在计算机上实现某种功能，必须通过程序设计语言设计完成这种任务的程序。

【例 6-4】用 VB 程序设计语言设计计算器程序，运行时能够进行加、减、乘和除四则运算，并具有清零功能（见图 6-2）。

1. 设计源程序

（1）启动 VB 6.0，在"新建工程"对话框中双击"标准 EXE"选项。

（2）在 Form1 窗体中分别添加 3 个标签、3 个文本框和 5 个命令按钮。

（3）修改窗体及各控件的属性，如表 6-1 所示。

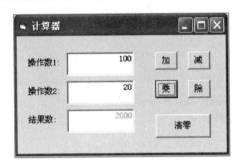

图 6-2 计算器程序

表 6-1 计算器程序中各对象的属性

对象名称	属性	属性值	说明
Form1	Caption	计算器	窗口标题
Label1	Caption	操作数 1：	标签提示文字
Label2	Caption	操作数 2：	标签提示文字
Label3	Caption	结果数：	标签提示文字
Text1、Text2	Text	0	文本框初始显示值为 0
	Dataformat	数字	文本框数据格式
	Alignment	1 right justify	文本框输入内容右对齐
Text3	Text		结果文本框初始显示值为空
	Dataformat	数字	结果文本框数据格式
	Alignment	1 right justify	结果文本框显示内容右对齐
	Enabled	false	结果文本框不可以输入数据
Command1	Caption	加	命令按钮 1 提示文字
Command2	Caption	减	命令按钮 2 提示文字
Command3	Caption	乘	命令按钮 3 提示文字
Command4	Caption	除	命令按钮 4 提示文字
Command5	Caption	清零	命令按钮 5 提示文字

（4）双击 Command1（加）按钮，编写 Click 事件代码：

```
Dim X As Double, Y As Double        ' 说明变量 X 和 Y 的数据类型为双精度
```

X = Text1.Text	' 将文本框 1 上的值存储到变量 X 中
Y = Text2.Text	' 将文本框 2 上的值存储到变量 Y 中
Text3.Text = X + Y	'X + Y 运算结果显示在文本框 3 上

（5）双击 Command2（减）按钮，编写 Click 事件代码：

Text3.Text = Text1.Text–Text2.Text　　　' 对 Text1 和 Text2 上的值运算显示在 Text3 上

（6）双击 Command3（乘）按钮，编写 Click 事件代码：

Text3.Text = Text1.Text * Text2.Text

（7）双击 Command4（除）按钮，编写 Click 事件代码：

If Text2.Text <> 0 Then　　　　　　　　' 判断除数是否为 0

　Text3.Text = Text1.Text / Text2.Text

Else

　MsgBox ("除数不能为零!")

　Text2.Text =""

　Text2.SetFocus　　　　　　　　'文本框 2 得到焦点，重新输入数据

End If

（8）双击 Command5（清零）按钮，编写 Click 事件代码：

Text1.Text =""

Text2.Text =""

Text3.Text =""

2．保存和调试程序

（1）选择"文件"→"保存工程"选项，按"计算器"名称保存文件。

（2）选择"运行"→"启动"选项，运行程序。

3．编译和生成可执行程序

（1）选择"文件"→"生成计算器.EXE"选项，在生成工程对话框中，单击"确定"按钮。

（2）在 Windows 中，双击计算器.EXE，即可执行程序。

6.2.2 程序的类型

在计算机系统中，程序是由计算机程序设计语言设计的软件实体，根据程序所处软件的开发阶段或运行方式的不同，程序主要有源程序、可执行程序和动态链接库 3 种类型。

1．程序

程序是用计算机语言设计的，为完成某一任务、按一定顺序编排的指令（语句、命令）序列。在计算机诞生之初，人们通过计算机指令编写程序，由于都是二进制编码，不易记忆，所以设计程序的工作量大且容易出错。目前，人们通过汇编或高级程序设计语言设计程序，大大降低了程序设计的难度，节省了大量的人力和物力，也使许多非计算机专业人员加入到程序设计的行列。

在例 6-4 的程序中，X =Text1.Text 和 Text3.Text=X+ Y 分别为变量 X 及对象 Text3 的

Text 属性赋值。一般来说，语句的书写格式因程序设计语言而异。例如，赋值语句，在 Pascal 语言的程序中写成 X:=1，而在 VB 语言的程序中写成 X = 1，都是将数值 1 存于变量 X 中。

程序具有静态性，用计算机程序设计语言描述解决问题的步骤，只有程序运行才能实现其功能。在操作系统控制下，人们只需执行相应的命令或操作就可以运行程序，将程序调入内存、分配资源、启动及监视等任务都由操作系统负责。例如，在 Windows 环境下，可以通过系统菜单、快捷方式或双击程序文件图标等方式运行程序。

2．源程序

人们利用程序设计语言（汇编或高级语言）编写程序时，都是用符号代码（指令、语句或命令）或对象（如窗口、菜单）进行程序设计的。通常，将设计的内容称为源程序，将保存这些内容的文件称为源程序文件。源程序文件的扩展名因程序设计语言而异。例如，C 语言的源程序文件扩展名为 C，VB 的源程序文件扩展名为 BAS 和 FRM 等。

3．可执行程序

可执行程序是由源程序翻译（编译）生成的、真实的机器语言程序。在 Windows 中，最常用的可执行程序文件扩展名为 EXE 和 COM。例如，记事本程序 NotePad.EXE、Word 文字处理程序 WinWord.EXE 和例 6-4 中生成的计算器.EXE 都是可执行程序文件。在资源管理器中，双击可执行程序文件的图标即可执行程序。

4．动态链接库

动态链接库是由源程序生成的机器语言程序的另一种形式，主要作为可执行程序的辅助文件，不能独立运行。一个动态链接库文件（DLL）由若干模块（函数、子程序或对象）的代码及其调用接口组成，主要有如下两个作用。

（1）提供应用程序调用接口（API）：通过函数的标准接口，在其他应用程序中调用动态链接库中的 API 函数，实现操作系统的功能、控制外部设备或实现程序之间的信息交换等。API 函数一般由操作系统或设备生产商提供，程序设计人员也可以自己开发。例如，在 Windows 中，应用程序调用 User32.DLL 中的 ExitWindowsEx 函数，可以关闭某个窗口；调用 MPR.DLL 中的 WNetAddConnectionA 函数，可以将网络中共享目录映射成本地逻辑盘。

（2）程序的动态加载：通常将应用程序调用频率较低的模块放到动态链接库中，以便缩小可执行程序文件的长度。在执行程序时，仅当调用相关模块时，才将其加载到内存，因此，可以节省内存空间、缩短程序的加载时间。

5．源程序的翻译方式

由于计算机硬件系统只能识别机器语言（二进制程序），因此需要将源程序转换（翻译）成机器语言程序后才能被计算机硬件识别和执行。将源程序翻译成机器语言程序有编译和解释两种方式。

（1）编译方式：通过程序设计语言提供的编译或生成工具（如 VB 中"文件"菜单的"生成××.EXE"选项），系统自动对整个源程序逐句进行词法分析、语法分析和机器语言指令翻译。如果源程序中没有错误，则最终形成机器语言程序文件（EXE 或 COM）。在微型计算机中，将这种机器语言程序称为可执行程序。这种方式的主要特点如下。

① 执行程序时，可以脱离程序设计语言环境的支持，只运行可执行程序，不需要源程序，有利于程序的版权保护。但在修改程序的功能时，需要在源程序基础上进行修改，随后再重新进行编译生成可执行程序。

② 每次直接运行机器语言程序，不需要重新翻译，以便于提高程序整体的运行速度。

（2）解释方式：在程序设计语言环境中直接运行源程序（如 VB 中"运行"菜单的"启动"选项），在执行每条语句前，系统先分析语句的词法和语法，若语句正确，则生成并执行机器语言指令，直到程序运行结束。

在解释方式下，每执行一次程序都需要重新检查和翻译一遍源程序，因此解释方式的缺点是运行程序的效率较低，优点是便于学习和调试程序。从提高程序运行效率和调试程序方便的角度考虑，目前大多数程序设计语言（如 VB 和 VFP 等）都提供编译和解释两种方式处理源程序。

6.2.3 程序的关联

在 Windows 系统中安装软件时，通常为其能够处理的文件类型建立关联。例如，在系统中安装 WinRAR 压缩软件过程中，安装程序弹出如图 6-3 所示的对话框，提示将要建立的文件关联。

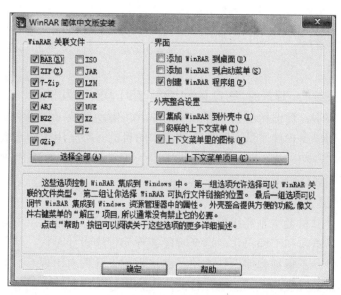

图 6-3 WinRAR 的文件关联

修改已有文件的关联方式：单击"开始"→"设置"→"应用"→"默认应用"→"按文件类型指定默认应用"选项，在图 6-4 所示的窗口中，单击要修改文件扩展名后的应用程序图标，选择"在 Microsoft Store 中查找应用"可以为其指定新的操作程序。

图 6-4　按文件类型指定默认应用窗口

6.3　软件工程概述

软件工程是将系统的、规范的、可度量的方法应用于软件开发和维护整体过程的一门学科，其用数学、计算机科学、管理科学和工程科学的原理，借助传统工程科学的原则和方法创建与维护软件，从而达到提高软件质量、降低软件成本的目的。数学用于构造数学模型和算法；计算机科学负责软件实现和运行；管理科学用于进度、资源、质量和经费管理；工程科学用于制定规范、确定样例和评估成本。

1. 软件工程的诞生背景

从第一台电子计算机诞生到高级程序设计语言出现之前，软件开发主要是个体手工劳动，程序设计语言是机器语言和汇编语言，这个阶段被称为程序设计时代。软件开发完全依赖于程序设计者的个人技能，不重视程序设计方法。高级程序设计语言出现后，提出了结构化程序设计的方法，并成为软件开发的主要工具，称此阶段为程序系统时代。随着计算机软件规模和应用领域的扩大，开发人员的综合业务能力和技术水平都不能与之相适应，软件的可靠性、实用性和可维护性较差，并且往往超出预期的开发时间，远远满足不了社会发展的需求，于是于 20世纪 60 年代末出现了"软件危机"。

"软件危机"促使人们在软件开发方面进行了深入的探讨和研究，做了大量工作，逐渐形成了系统的软件开发理论和技术方法——软件工程。软件工程是计算机科学中一个年轻并且充满活力的研究领域，在软件的开发实践中发挥了重要的作用。

2．软件危机

所谓软件危机，是泛指在计算机软件的开发和维护过程中所遇到的一系列严重问题。主要表现在以下几个方面。

（1）供需矛盾：计算机硬件性能价格比上升，计算机应用需求不断扩大，软件发展速度落后于硬件发展水平，人们对软件的需求得不到满足。

（2）开发成本和时间失控：软件规模越来越大，复杂程度不断增加，软件开发成本经常超出预算，也使软件不能按期交付使用。

（3）质量难以保障：管理人员缺少开发软件的经验，需求描述不准确，而开发人员又缺少管理经验，两者之间缺乏交流工具，过分依赖开发人员在软件开发过程中的技巧和创造力，因此，很难开发出高质量的实用软件。由于双方对问题理解的偏差，使许多软件开发项目耗费了大量的人力和财力后被迫放弃。

（4）维护困难：由于缺乏软件开发规范和技术文档，人们很难阅读和修改其他人开发的软件，使软件维护、移植和升级困难，导致软件重复开发问题严重，软件复用性降低。

总之，软件危机主要可以归结为成本、质量和生产率 3 个方面的问题。

3．软件工程的内容

软件工程主要包括软件开发技术和软件工程管理。软件开发技术根据软件的类型，制定软件的开发策略、原则、步骤和相关文档资料，将软件开发纳入规范化和工程化管理。

软件工程管理按工程化思想管理软件生产过程的各个重要环节，按计划、进度和预算实施软件开发和维护，以达到预期的目标。

软件工程是一门交叉科学，包含方法、工具和过程 3 个要素。

（1）方法：完成软件项目的技术手段，它支持项目的计划和估算、系统环境和软件需求分析、软件设计、编码、测试和维护。

（2）工具：除了程序设计语言（如 C、VB 等）和数据库管理系统（Access、VFP 和 SQL Server 等）外，还应该包括软件辅助设计工具，协助管理项目和生成相关的文档。近年来，人们将用于软件开发的软硬件工具和工程数据库集成在一起，建立了集成式软件工程环境。

（3）过程：用于控制和管理软件开发和维护的各个重要环节。

4．软件工程的基本目标

软件工程的基本目标是付出较低的开发成本，实现目标要求的软件功能；按时完成开发任务，及时交付使用；开发出来的软件具有良好的稳定性、可靠性、适应性和可操作性，易于移植和维护。

5．软件工程的原则

在软件开发过程中，必须遵循抽象性、信息隐藏性、模块化、独立性、一致性、完整性和可验证性等原则。

（1）抽象性：抽取事物最基本的特性和行为，忽略某些无关紧要的细节。采用分层次抽象的方法降低软件开发过程的复杂性，有利于软件的理解和开发过程管理。

（2）模块化：程序中逻辑上相对独立的成分，是功能相对独立的程序单位（如 VB 语言中的子程序、窗体等），具有良好的接口定义（如子程序的形式参数、对象的事件等）。

（3）信息隐藏性：隐藏信息模块的实现细节（如子程序实现代码、对象的构造代码等），通过模块接口实现操作，将注意力集中在更高层次的对象上。

（4）独立性：一个模块的功能尽量独立和完整，不受其他模块运行（如改变同名变量的值）的干扰，在模块内部有较强的内聚力，其他模块只能通过接口与之建立联系，以便降低求解问题的复杂性。

（5）一致性：在一个软件系统的各个模块中，使用规范、统一的符号和术语；软件与硬件接口一致；模块内外接口一致；系统规格说明书与软件系统的行为一致等。

（6）完整性：软件系统不丢失任何重要成分，完全实现系统所需要的功能。

（7）可验证性：开发大型软件系统需要逐步分解，系统分解应遵循系统容易检查、测试和评审的原则，以保证系统的可验证性。

抽象性、信息隐藏性、模块化、独立性和一致性原则支持软件工程的可理解性、可靠性和可维护性，有助于提高软件产品的质量和开发效率。完整性和可验证性有助于实现一个正确的软件系统。

6.4　软件生命周期

软件产品从形成概念开始，经过开发、使用（运行）和维护，直到最后退役的全过程称为软件的生命周期。可以将软件生命周期划分为若干相互独立而又彼此关联的阶段，前一阶段的成果是后一阶段的依据。正常情况下，在完成前一阶段工作的基础上，进行下一阶段的工作，但在进行某阶段的工作过程中，有时也修正或调整前面的成果。

在计算机软件开发规范的国家标准中，将软件生命周期划分为可行性研究（计划）、需求分析、概要设计、详细设计、代码实现、软件测试、使用与维护 7 个阶段，在每个阶段中都明确规定了任务、实施方法、步骤和完成标志等，并要求产生相关的文档。

6.4.1　软件定义阶段

在软件工程中，将软件生命周期中的前两个阶段（可行性研究和需求分析）称为软件定义阶段。

1．可行性研究

软件开发可行性研究阶段也称软件计划或策划阶段。此阶段主要针对待开发系统涉及的经费、软硬件技术、效益和法律法规等方面的问题进行可行性论证，确定系统的开发总目标和要求，给出系统的功能、性能、可靠性、相关接口以及经费支出等方面的可能方案，制定系统开发任务的实施计划。

2．需求分析

需求是用户对目标软件系统在功能、行为、性能和约束等方面的要求或期望。需求分析是对应用问题及其环境的理解与分析，为应用问题涉及的事物、功能及系统行为建立模型，将需求精确化和完整化，最终形成需求规格说明书。需求分析的主要工作可以归纳为如下 4 个方面。

（1）获取资料：系统分析员与用户进行业务交流和探讨，不断收集、积累相关的业务资料

（文件或表格等），加深理解需求，澄清模糊的概念，对有争议的业务环节达成共识等。

（2）资料分析：系统分析员对收集的资料进行综合分析和总结，确认业务范围和处理细节，规划业务流程，排除不合理的需求，确定应用问题的解决方案、目标系统的功能模块以及数据模型（如 E-R 图形），建立各功能模块之间的关联等。

（3）形成需求规格说明书：需求分析的成果是需求规格说明书，通常包括数据描述、功能描述和性能描述等信息。它是用户、系统分析员和软件开发人员进行交流的共识资料，是待开发软件系统的预期目标，同时作为控制软件的开发过程，系统功能测试、评估和验收的依据。

（4）需求评审：对需求规格说明书进行审核，验证文档的一致性、完整性、正确性、可行性和有效性。

6.4.2 软件开发阶段

在软件生命周期中，概要设计、详细设计、编码实现和软件测试 4 个阶段共同构成软件开发阶段。其中，软件测试阶段将在 6.4.3 节中介绍。

1. 概要设计

概要设计也称结构设计或总体设计，根据需求确定软件和数据的总体框架。

（1）数据结构设计：也称数据对象设计，主要任务是依据需求分析的数据模型，结合程序中涉及的算法，设计数据文件的逻辑结构。如果通过数据库存储数据，则需要设计数据库模式。例如，规划表结构，确定表的外码、关键字和数据完整性约束规则等。在此阶段需要考虑数据的冗余、一致性和完整性等问题。

（2）软件结构设计：按自顶向下、逐步求精和模块化的设计原则，将一个软件分解和规划成若干模块，确定各模块之间的关联信息。例如，学生信息模块与成绩模块通过学号关联；成绩模块与课程模块通过课程码关联等。可以采用软件功能结构图的形式表达各模块之间的调用关系，如图 6-5 所示。

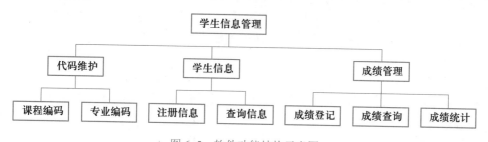

图 6-5　软件功能结构示意图

① 模块化：将软件的结构从功能上划分为若干基本模块，整个软件中的模块形成一个树状结构。一个模块对应一个子程序、函数或对象（如菜单项、窗口、命令按钮等）。

② 自顶向下：先考虑总体，后考虑细节；先考虑全局目标，后考虑局部功能。

③ 逐步求精：将软件要解决的复杂问题分解成若干模块，再将每个模块进一步分解为更小的子模块，最底层的子模块实现基本功能。各模块之间通过调用关系建立联系，依靠参数、数据文件或数据库表传输数据。

（3）概要文档：在此阶段生成的文档有概要设计说明书（如软件功能结构图及其说明）、数据结构或数据库设计说明书和软件集成调试计划等。

2．详细设计

详细设计的主要任务是设计软件功能结构图（见图 6-5）中每个最低层模块（叶结点，如成绩登记、成绩查询等）的局部算法（如数据排序、查找、统计等算法）和数据结构（如需要的变量、数组等），确定每个模块调用和数据传输接口（如参数、函数返回值、存储数据的文件或表名等）。

描述算法的常用工具有伪代码（procedure design language，PDL）、程序流程图和 N–S 图等，设计成果是详细设计说明书。

3．编码实现

编码实现需要选择一种程序设计语言，进入程序设计阶段。通常利用菜单或窗口结合工具栏设计软件功能结构图（见图 6-5）的总体框架，依据详细设计中的算法和数据结构设计每个功能模块（叶结点）的程序代码，设计成果是源程序。

6.4.3　软件测试阶段

软件质量保证贯穿于软件开发的整个过程，其中关键步骤是软件测试。软件测试是对需求规格说明书、概要设计说明书及程序代码等内容的最后复审。由于目前还没有有效的方法能证明软件完全正确，因此，软件测试的目的是在软件产品交付使用之前尽可能发现潜在的错误。

软件中的错误一般是指语法（语句格式）、语义（分母为 0、负数开平方等）或功能（与设计说明不符）错误。在调试或编译程序时，基本可以发现和排除语法错误，软件测试主要检测和更正语义和功能错误。

大量的统计资料表明，由其他人测试软件将产生更好的效果。软件测试的工作量往往占软件开发工作量的 40% 以上，在极端情况下，软件测试成本是软件工程中其他阶段成本总和的 3～5 倍。

软件测试可以分为静态测试和动态测试两种方法。

1．静态测试

静态测试不需要运行软件，由人工直接进行阅读和检查源程序，包括代码检查、静态结构分析和代码质量度量等。静态测试需要充分发挥人的逻辑思维优势，能够有效地发现 30%～70% 的设计和编码错误。

2．动态测试

动态测试是基于计算机的测试，通过运行软件发现错误。这种方法需要测试人员根据软件开发规格说明和程序内部结构精心地设计测试用例，通过输入数据和预期的输出结果发现软件中的错误。动态测试有白盒测试和黑盒测试两种方法。

（1）测试用例：动态测试运行程序时需要数据，为测试软件而设计的数据称为测试用例。设计测试用例时，要根据程序的具体功能或运算，综合考虑各种可能情况，构造具有代表性的数据。例如，分母为 0，负数开平方，缺考对平均分的影响等。测试用例由输入数据和对应的输出数据两部分组成，好的测试用例能够通过较少的数据发现较多的错误。

（2）白盒测试：也称结构测试或逻辑驱动测试。需要测试人员先阅读和分析源程序的内部结构，根据程序可能执行的路径（分支或循环）设计测试用例，确保每个分支、每个循环体和循环边界条件至少执行一次，然后，通过测试用例运行软件，验证软件结构的正确性。

（3）黑盒测试：也称功能测试或数据驱动测试。黑盒测试主要依据需求规格说明书和概要设计说明书，使用测试用例运行软件，检验软件功能的性能、正确性和遗漏问题，将软件视为黑匣子，不需要了解软件内部代码。

3. 测试步骤

软件测试一般分为单元测试、集成测试、确认测试和系统测试 4 步。

（1）单元测试：单元测试的对象是软件设计的最小单位——模块，是动态测试的第一步，通常在编码阶段进行测试。其目的在于发现模块内部可能存在的错误，其依据是软件详细设计说明书和源程序。

（2）集成测试：又称为组装测试或综合测试。按概要设计的要求，将所有模块通过调用连接成程序系统进行测试。其主要内容包括模块接口测试、全局数据结构测试、边界条件和非正常输入数据的测试等。

（3）确认测试：也称有效性测试。根据软件需求规格说明书主要验证软件功能的完整性和正确性、性能的稳定性、可操作性和资料的完备性，一般采用黑盒测试方法。

（4）系统测试：将软件作为整个计算机系统的一个组成元素，与计算机硬件、外设、支持软件、数据和人员等其他系统元素结合在一起，在实际运行环境下对计算机系统进行一系列的综合测试。系统测试通常由项目委托单位或验收小组负责，根据需求分析说明书设计测试用例，在实际应用环境中测试。

6.4.4 使用与维护阶段

一个软件一旦交付用户投入运行，便进入软件生命周期的使用与维护阶段，直至退役。

（1）使用：也称运行或执行，一般包括软件安装、使用培训、相关事宜咨询等内容。

（2）维护：软件运行过程中更新或升级等一系列活动。具体任务包括运行过程中的故障处理、修改逐渐暴露出来的错误、版本升级、软件移植等。

软件在运行过程中，维护工作量和成本一般要比开发时大。软件维护工作非常重要，一个软件的维护是否及时将直接影响其生命周期。

6.5 我国软件发展

党的二十大报告强调"加快发展数字经济，促进数字经济和实体经济深度融合，打造具有国际竞争力的数字产业集群。优化基础设施布局、结构、功能和系统集成，构建现代化基础设施体系。"

软件发展是国家战略，是信息技术与制造业融合的要求。2021 年末，工业和信息化部印发了《"十四五"软件和信息技术服务业发展规划》（以下简称《规划》），指导我国软件行业向质量与体量全面发展。

《规划》总结了过去五年取得的成就。"十三五"期间，我国软件行业发展取得了不凡的进步，完成了预期的规划目标。软件业务收入实现大规模增长，年均增速较快。2015 年，软件业务收入为 4.28 万亿元，到 2020 年，增长至 8.16 万亿元，年均增长 13.8%。软件业务营利能力较强，利润总额从 2015 年的 5766 亿元增长到 2020 年的 10676 亿元，年均增长 13.1%。

《规划》制定了我国软件行业发展的新目标。到 2025 年，我国软件企业、软件产品、业务规模都将实现大幅提升，产业链达到新水平。一批骨干企业将主导市场，千亿级企业将超过 15 家，形成国际影响力。软件技术有新的突破，操作系统、数据库、中间件、办公软件等基础软件取得了一系列新成果，5G 技术、云计算、人工智能、区块链等新兴软件达到了国际先进水平，高精度导航、智能电网、智慧物流、小程序等应用软件在全球领先。

近几年来，我国基础软件取得突破。桌面操作系统技术路径进一步收敛，统一操作系统（UOS）、"鸿蒙 OS"移动智能终端操作系统等相继推出；国产 WPS 办公软件全球用户突破 10 亿，月活用户超过 3 亿；工业设计、仿真等技术算法取得阶段性成果；智能语音识别、云计算及部分数据库领域达到国际先进水平；5G 相关核心软件、关键算法等领域初步形成全球竞争优势。

国产软件在国际市场竞争中脱颖而出。2022 年 7 月抖音及其海外版 TikTok 已超过 6900 万下载量，蝉联全球移动应用（非游戏）下载量冠军，全球累计下载量超过 20 亿次，多次登上美国、印度、德国、法国等地 App Store、Google Play 总榜首位；此外，微信、支付宝也覆盖了全球各地，微信国际版 WeChat 全球用户过 10 亿，支付宝全球用户已逾 13 亿；金山办公的 WPS 系列已有 46 个语言版本，覆盖全球 220 多个国家和地区，海外终端月活跃用户超过 1 亿；阿里巴巴依托自主开发的平台软件将其跨境电商服务拓展到全球 230 个国家和地区，成为中国制造、中国品牌走向世界的新渠道。

习题

一、填空题

1. 软件是＿＿①＿＿、＿＿②＿＿及相关＿＿③＿＿的集合，是用户与硬件之间的＿＿④＿＿。软件与硬件不同，它是一种＿＿⑤＿＿实体，具有＿＿⑥＿＿性，只有在＿＿⑦＿＿时才能发挥作用。同时，软件又依附于硬件，没有硬件的＿＿⑧＿＿和＿＿⑨＿＿，软件也无法完成自身的任务。

2. ＿＿①＿＿语言是计算机硬件系统能唯一识别并执行的语言，基本要素是＿＿②＿＿。计算机指令由＿＿③＿＿定义，每条指令由若干位＿＿④＿＿构成，通常可以分为＿＿⑤＿＿和＿＿⑥＿＿两部分，一台计算机中全部指令的集合称为＿＿⑦＿＿。

3. 利用汇编语言或高级语言设计的程序内容称为＿＿①＿＿，由于计算机硬件系统只能识别＿＿②＿＿语言，因此需要将其转换后才能被计算机识别和执行。

4. 结构化程序的基本特征有＿＿①＿＿、＿＿②＿＿和＿＿③＿＿ 3 点。一个大程序由若干程序模块组成，一个程序模块内部由＿＿④＿＿、＿＿⑤＿＿和＿＿⑥＿＿ 3 种结构组成。程序模块之间通过＿＿⑦＿＿完成程序的整体功能。

5. 在面向对象程序设计中，___①___是程序中最基本的运行实体，可视化程序设计中，控制和管理对象的 3 个要素分别为___②___、___③___和___④___，其中___⑤___用于描述对象的特征。具有代表性的面向对象程序设计语言有___⑥___、___⑦___和___⑧___等。

6. 程序是用计算机语言设计的，为完成某一任务、按一定顺序编排的___①___序列，具有静态性，只有程序___②___才能实现其功能。在 Windows 中，最常用的可执行程序文件扩展名为___③___和___④___。将高级语言程序设计的源程序翻译成机器语言程序有___⑤___和___⑥___两种方式。

7. 软件开发经历了___①___、___②___和___③___时代 3 个阶段，其中___④___是在软件危机中产生的一门新兴学科，主要包括___⑤___和___⑥___两方面内容。软件危机主要表现为___⑦___、___⑧___、___⑨___和___⑩___ 4 个方面。

8. 软件工程是一门交叉科学，包含___①___、___②___和___③___ 3 个要素。在软件开发过程中，必须遵循___④___、___⑤___、___⑥___、___⑦___、___⑧___、___⑨___和___⑩___等原则。

9. 软件产品从形成概念开始，经过___①___、___②___和___③___，直到最后退役的全过程称为软件的生命周期。在计算机软件开发规范的国家标准中，将软件生命周期划分为___④___、___⑤___、___⑥___、___⑦___、___⑧___、___⑨___和___⑩___ 7 个阶段。

10. 软件需求是用户对目标软件系统在___①___、___②___、___③___和___④___等方面的要求或期望。需求分析的主要工作可以归纳为___⑤___、___⑥___、___⑦___、___⑧___ 4 个方面，最终形成___⑨___。

11. 概要设计也称___①___设计或___②___设计，根据需求确定软件和数据的总体框架，主要包括___③___设计、___④___设计和形成___⑤___。详细设计的主要任务是设计软件功能结构图中每个最低层模块的___⑥___和___⑦___，确定每个模块___⑧___和___⑨___接口。

12. 软件测试是保证软件质量的必要手段，贯穿于软件开发过程始终，软件测试一般可以将其分为___①___、___②___、___③___和___④___ 4 个阶段。软件测试是查找软件中可能存在的错误的过程，从是否执行被测软件角度出发，软件测试通常可以分为___⑤___和___⑥___；动态测试可分为___⑦___和___⑧___。

二、单选题

1. 计算机运行的最小功能单位是_____。
   A. 指令　　　　　B. 模块　　　　　C. 过程　　　　　D. 程序
2. 指令由操作码和操作数两部分构成，操作码用来描述_____。
   A. 指令长度　　B. 指令功能　　　C. 指令执行结果　　D. 指令注释
3. 下列描述正确的是_____。
   A. 程序与软件是同一概念　　　　　B. 程序开发不受计算机系统的限制
   C. 软件既是逻辑实体，又是物理实体　D. 软件是程序、数据及相关文档的集合
4. 计算机能直接识别的语言是_____。
   A. 计算机语言　B. 自然语言　　　C. 机器语言　　　　D. 汇编语言
5. 下列关于汇编语言的说法中错误的是_____。
   A. 汇编语言具有机器相关性　　　　B. 汇编语言程序占用内存空间小
   C. 汇编语言一般用于编制过程控制软件　D. 汇编语言运行速度慢

6. 程序设计的基础是_____。

    A. 类与对象　　　B. 数据结构和算法　　C. 指令和指令系统　　D. 过程和函数

7. 关于结构化程序设计的基本特征，下列说法错误的是_____。

    A. 程序模块化　　　　　　　　　　B. 可移植性好

    C. 直接使用指令编写程序　　　　　D. 程序由顺序、分支和循环 3 种结构组成

8. 下列语言中最适合进行科学计算的是_____。

    A. Pascal　　　　　B. FORTRAN　　　　C. 汇编语言　　　　D. C 语言

9. 关于类与对象，下列说法错误的是_____。

    A. 对象是程序中最基本的运行实体　　B. 在 VB 中，工具箱中提供的都是类

    C. 对象之间通过消息相互联系　　　　D. 类是对窗体的抽象

10. 在面向对象程序设计方法中，关于属性描述错误的是_____。

    A. 属性是对象所包含的信息

    B. 属性在设计类时确定

    C. 执行程序时只能通过执行代码改变属性值

    D. 属性中包含方法

11. 关于对象的事件和方法，正确的说法是_____。

    A. 程序员需要为事件编写代码　　　　B. 既需要为事件也需要为方法编写代码

    C. 程序员需要为方法编写代码　　　　D. 既不必为事件也不必为方法编写代码

12. 对象之间通过_____进行联系。

    A. 连接　　　　　B. 消息　　　　　C. 操作　　　　　D. 模块

13. _____是用计算机语言设计的，为完成某一任务、按一定顺序编排的指令（语句、命令）序列。

    A. 指令系统　　　　B. 程序　　　　　C. 操作系统　　　　D. 软件

14. 可执行程序是由源程序翻译（编译）生成的_____程序。

    A. 汇编语言　　　　B. 动态链接库　　　C. 结构化　　　　D. 机器语言

15. 在解释方式中，源程序翻译成机器语言程序需要_____。

    A. 程序设计语言的环境　　　　　　B. 词法分析工具软件

    C. 语法分析工具软件　　　　　　　D. 动态数据接口

16. 所谓_____，泛指在计算机软件的开发和维护过程中所遇到的一系列严重问题。

    A. 软件革命　　　　B. 软件风暴　　　　C. 软件危机　　　　D. 软件开发

17. 软件工程管理按_____思想管理软件生产过程的各个重要环节，按计划、进度和预算实施软件开发和维护，以达到预期的目标。

    A. 工程化　　　　　B. 结构化　　　　　C. 面向对象　　　　D. 人性化

18. _____不属于软件工程的要素。

    A. 工具　　　　　B. 过程　　　　　C. 方法　　　　　D. 环境

19. 软件工程的目的是_____。

    A. 建立大型软件系统　　　　　　　B. 进行软件开发的理论研究

    C. 提高软件的质量保证　　　　　　D. 促进多学科的融合

20. 软件产品从形成概念开始，经过开发、使用和维护，直到最后退役的全过程称为软件的_____。

    A. 版本更新   B. 生命周期   C. 系统移植   D. 生存危机

21. 在软件生命周期中，能准确地确定软件系统必须做什么和必须具备哪些功能的阶段是_____。

    A. 概要设计   B. 详细设计   C. 可行性设计   D. 需求分析

22. 在软件工程中，软件测试的目的是_____。

    A. 提供说服用户的依据   B. 尽可能多地发现软件中存在的错误

    C. 证明软件是正确的   D. 找出软件中全部错误

三、多选题

1. 下列关于软件的说法中，正确的是_____。

    A. 软件就是程序   B. 软件是一种商品   C. 软件对硬件具有依赖性

    D. 软件同硬件一样也有老化和磨损现象   E. 软件不存在过时的说法

2. 指令是计算机执行的最小功能单位，下列关于指令正确的说法是_____。

    A. 指令由操作码和操作数两部分组成   B. 有些指令可以具有多个操作数

    C. 指令操作码给出了指令的操作数地址   D. 操作数可以是立即数

    E. 指令的功能是由指令的长度决定的

3. 一台计算机中全部指令构成了该机的指令系统，对指令系统说法正确的是_____。

    A. 计算机的指令系统决定了硬件功能的发挥水平

    B. 指令系统与计算机系统的硬件结构无关

    C. 现代计算机的指令系统中都有数百条指令

    D. 同类型计算机具有相同的指令系统

    E. 指令系统是高级语言程序开发人员必须掌握的基本内容

4. 面向机器的语言有_____。

    A. Java   B. 机器语言   C. 高级语言

    D. 过程语言   E. 汇编语言

5. 程序设计语言经历了由低级到高级的转变，其中的差别主要是_____。

    A. 高级语言比低级语言容易操作硬件接口

    B. 低级语言拥有更多的程序设计人员

    C. 高级语言更容易掌握

    D. 低级语言已经完全退出了程序设计的舞台

    E. 低级语言设计的程序比高级语言执行效率高

6. 程序设计的基础是_____。

    A. 数据结构   B. 语句数量   C. 算法

    D. 指令类型   E. 循环种类

7. 结构化程序的基本特征主要有_____。

    A. 可移植性好   B. 程序模块化   C. 指令简单化

    D. 算法唯一性   E. 模块内部结构化

8. 适于编写硬件接口软件和控制软件的程序设计语言是_____。
   A. 汇编语言　　　　　　B. Basic 语言　　　　　C. 自然语言
   D. FORTRAN　　　　　　E. Java 语言　　　　　　F. C 语言

9. 在可视化程序设计中，_____是控制和管理对象的要素。
   A. 算法　　　　　　　　B. 属性　　　　　　　　C. 方法
   D. 数据结构　　　　　　E. 事件

10. 下列属于面向对象的程序设计语言的是_____。
    A. 汇编语言　　　　　　B. Delphi 语言　　　　　C. VB 语言
    D. C 语言　　　　　　　E. Java 语言

11. 常用的脚本语言有_____。
    A. C++语言　　　　　　B. VBScript　　　　　　C. VB 语言
    D. 标记语言　　　　　　E. Java 语言

12. 在 Windows 中，可执行程序文件扩展名为_____。
    A. DLL　　　　　　　　B. BAS　　　　　　　　C. COM
    D. EXE　　　　　　　　E. C

13. 将源程序翻译成机器语言程序的方式有_____。
    A. 编译　　　　　　　　B. 顺序　　　　　　　　C. 解释
    D. 分支　　　　　　　　E. 离散

14. 软件开发经历了 3 个阶段，分别是_____。
    A. 面向机器时代　　　　B. 程序设计时代　　　　C. 自然语言时代
    D. 软件工程时代　　　　E. 程序系统时代　　　　F. 数据库时代

15. 以下属于软件危机主要表现的有_____。
    A. 网络的高速发展　　　B. 软件开发成本高　　　C. 软件维护困难
    D. 软件质量难以保证　　E. 软件设计越来越方便

16. 软件工程是一门交叉科学，包括的要素有_____。
    A. 工具　　　　　　　　B. 抽象　　　　　　　　C. 过程
    D. 模块　　　　　　　　E. 方法　　　　　　　　F. 安全

17. 软件定义阶段包括_____。
    A. 可行性研究　　　　　B. 集成测试　　　　　　C. 概要设计
    D. 需求分析　　　　　　E. 编码实现

18. 在软件生命周期中，属于软件开发阶段的任务是_____。
    A. 需求分析　　　　　　B. 概要设计　　　　　　C. 编码实现
    D. 详细设计　　　　　　E. 软件测试　　　　　　F. 使用维护

19. 软件测试步骤一般包括_____。
    A. 单元测试　　　　　　B. 系统测试　　　　　　C. 集成测试
    D. 确认测试　　　　　　E. 理论测试　　　　　　F. 安全测试

20. 动态测试是基于计算机的测试，动态测试的常用方法有_____。
    A. 白盒测试　　　　　　B. 黑盒测试　　　　　　C. 集成测试
    D. 确认测试　　　　　　E. 理论测试　　　　　　F. 安全测试

思考题

1. 程序设计语言是一种软件开发工具，常用的程序设计语言也有几十种，为什么会存在这么多的程序设计语言？

2. 面向过程程序设计方法与面向对象程序设计方法的主要区别是什么？

3. 在面向对象程序设计方法中，类与对象是一对不可分割的概念。在面向对象程序设计语言（如 VB）中，程序员也需要区分这两个概念吗？

4. 源程序能够直接执行吗？在 Windows 中，最常见的可执行程序文件的扩展名有哪些？启动一个应用程序的方法有哪些？

5. Windows 系统中文件与程序的关联提高了系统的操作效率，如何修改已有文件的关联程序？一种类型的文件能够同时与多个程序建立关联吗？

6. 什么是软件工程？利用软件工程的思想开发应用程序，开发过程可以分为哪几个阶段？

7. 需求分析是软件开发的第一阶段，分析人员可以使用哪些方法获得需求信息？

8. 软件测试的目的是什么？有哪些测试的方法？有哪些测试的步骤？

电子教案

第 7 章
多媒体技术基础

党的二十大报告中提到，加快建设网络强国和数字中国，构建新一代信息技术、人工智能、生物技术、新能源、新材料、高端装备、绿色环保等一批新的增长引擎。2023 年 2 月，中共中央、国务院印发的《数字中国建设整体布局规划》中指出，建设数字中国是数字时代推进中国式现代化的重要引擎，是构筑国家竞争新优势的有力支撑。加快数字中国建设，对全面建设社会主义现代化国家、全面推进中华民族伟大复兴具有重要意义和深远影响。

无论是数字中国建设，还是发展新一代信息技术，都与多媒体技术紧密相关。当前的多媒体技术已经突破了计算机技术、通信技术和广播电视技术等传统产业的发展界限。在计算机的控制下，可以对多媒体信息进行采集、处理、表示、存储和传输。多媒体通信系统的出现大大缩短了计算机、通信系统和电视之间的距离，将计算机的交互性、通信的分布性和电视的真实性完美地结合在一起，向人们提供全新的信息服务。

7.1　多媒体技术概述

多媒体技术的发展是社会需求和社会发展推动的结果，是计算机技术不断成熟和拓展应用领域的产物。多媒体技术及应用已经遍及国民经济与社会生活的各个领域，给人类的生产、生活和学习方式带来了巨大的变化。

媒体（medium）是指表示和传播信息的方法。多媒体（multi-media）是指多种信息载体的表示形式和传递方式，以计算机技术为基础将多种媒体数字信息与相关设备进行交互处理所采用的手段和方法。

1. 多媒体信息的表现形式

多媒体信息是文本、图形、图像、音频、视频和动画等多种媒体信息的融合，从时效上看，具有如下两种表现形式。

（1）静态媒体信息：表现事物静止状态的媒体，包括文本、图形和图像。其中，文本是计算机中基本的信息表示方式，包含数字、字母、符号和汉字。多媒体系统除了利用字处理软件（如记事本和 Word 等）对文本进行输入、存储、编辑和输出等操作外，还可应用人工智能技术对文本进行翻译和发声等操作。Windows 中 TXT 和 DOCX 文件中的文字都属于文本。

（2）动态媒体信息：表现事物运动变化状态的媒体，包括音频、视频和动画。

各种媒体信息全部采用数字形式存储，形成对应的数字文件。为了使计算机系统能处理多媒体文件，国际上制定了相应的软件标准，规定了各种媒体文件的格式、采样标准以及相关指标。

2．多媒体信息的特点

多媒体技术是指利用计算机技术将多种媒体信息一体化，使它们建立起逻辑关系，并能进行加工处理的技术。"加工处理"主要是对媒体信息进行输入、编辑、压缩、存储、传输、解压和输出等。多媒体技术是一种基于计算机的、跨学科的综合技术，具有如下特点。

（1）多样性：多媒体技术涉及多种信息，多样性是多媒体技术的主要特征，也是多媒体技术要解决的关键问题。多媒体技术提供了多维空间的视频和音频信息的获取和表示方法，使计算机中的信息表达方式不再局限于文本信息，而广泛采用图形、图像、音频、视频和动画等形式表达信息，使人们的思维表达形式有了更充分、更自由的扩展空间，使计算机变得更加人性化。

（2）集成性：以计算机为中心，通过多种途径对各种信息进行综合处理，有机地集成，集多种信息于一体。多媒体技术的集成性还包括媒体设备的集成，多媒体系统不仅包括计算机本身，还包括音响、摄像和照相等设备。

（3）交互性：用户与计算机之间进行信息交换、媒体交换和控制权交换，是多媒体技术的关键特征。电视机虽然具有视听功能，但交互性较差，使用者只能被动地接受屏幕上传来的信息。例如，在观看电视篮球赛时，观众只能看到摄影师为观众拍摄的画面，听到讲解员的解说，没有其他选择。作为一个好的多媒体节目，应该结合互动设计，用户可以选择从不同角度观赛，也可以选择是否收听解说或参与评论。当对某个球员发生兴趣时，可以轻松地调出该球员的个人资料等。

（4）实时性：在人的感官系统允许的情况下进行多媒体交互，当用户给出操作命令时，相应的多媒体信息都能够得到实时控制，就好像面对面一样，图像和声音都是连续的。实时多媒体分布系统是把计算机的交互性、通信的分布性和电视的真实性有机地结合在一起。

（5）数字化：各种媒体信息都以数字形式进行存储和处理，而不是传统的模拟信号。数字信息不仅易于存储、加密和压缩等处理，而且运算简单、抗干扰能力强。

3．处理多媒体信息的关键技术

多媒体技术的核心问题是媒体信息的处理、存储、传输、重现和交互控制。在计算机中，处理多媒体信息的过程如图 7-1 所示。

图 7-1　多媒体信息处理过程

自然界的多媒体信息（如声音、图像和视频）都是模拟信号（连续信号），而计算机只能处理数字信号（离散信号）。通过输入设备（如话筒、扫描仪和摄像机）输入模拟信号时，首先要经过多媒体接口卡（声卡、视频卡等）将模拟信号转换成数字信号，即实现信号采样、量化和编码，简称模/数（A/D）转换，再通过硬件或软件的方法进行数据压缩，最后以文件的形式存储到计算机中。在计算机中存储和网上传输的数据都是压缩后的文件。

在播放多媒体信息之前，要对数据进行解压缩。由于输出设备（如音箱和显示器）只能接收模拟信号，因此，需要通过多媒体接口卡将数字信号转换成模拟信号，简称数/模（D/A）转换，最后再将模拟信号送到输出设备，使人们听到声音或看到图像（即信息还原）。

多媒体信息处理与应用需要一系列相关技术的支持。从计算机处理多媒体信息的过程可以看出，要解决多媒体技术的核心问题，需要下列几个方面的技术支持，也是多媒体研究的热点问题。

（1）计算机系统技术：计算机系统是实现多媒体系统的物质基础。鉴于多媒体信息量大、处理方式复杂多样等特点，多媒体计算机系统对运算速度、存储容量和信息传输速率均有很高的要求。

（2）多媒体数据压缩技术：多媒体数据压缩和编码技术是多媒体技术中最为关键的一环。数字化音频、图像和视频的数据量非常大，给多媒体信息的存储、传输技术提出了更高的要求。目前解决这一问题的基本途径是使用更好的数据压缩和编码技术。例如，以每秒 25 帧的速度播放分辨率为 800×600 的 256 色视频，数字化后 1 s 需要约 11.4 MB 存储空间，一张 CD 光盘（容量约 700 MB）仅能存储 1 分钟的视频，通过数据压缩技术处理后，一张 CD 光盘能存放约 60 分钟的视频。

（3）多媒体数据存储技术：数字化多媒体信息虽然经过了压缩处理，但仍然保留大量数据，需要大容量的外存储器保存数据。目前，TB 级硬盘和 DVD 光盘（容量可达 17 GB）为多媒体技术的发展提供了广阔的空间。

（4）多媒体数据库技术：传统数据库用于存储数值和字符等结构化数据。多媒体数据库要存储大量图形、图像、音频和视频等非结构化数据，需要建立多媒体数据模型，有效地组织和管理多媒体信息，快速地检索和统计多媒体信息等。目前这方面的技术还不成熟，有待于进一步研究和发展。

（5）多媒体网络与通信技术：多媒体网络技术是多媒体与网络技术相结合的综合技术。通过高速网络系统将多媒体计算机连接成局域网或广域网，实现多媒体信息通信和资源共享。多媒体通信要求能够传输、交换各类信息，不同类型信息的传输要求有所不同。例如，语音和视频有较强的实时性要求，允许出现少量错误，但不能容忍延迟。而对其他信息来说，允许延迟，但不能有任何错误。

（6）数字图像、音频和视频技术：人们的知识绝大部分是通过视觉获得的。图像的特点是只能通过人的视觉感受，并且非常依赖于人的视觉器官。数字图像技术就是对图像进行计算机处理，使其更适合于人眼或仪器分辨，并获取其中的信息。多媒体技术中的数字音频技术包括声音采集和回放技术、声音识别技术和声音合成技术 3 个方面。3 个方面都是通过计算机上的声卡实现的，声卡具有将模拟的声音信号数字化的功能。数字视频技术一般包括视频采集回放、视频编辑和三维动画视频制作。

（7）虚拟现实技术：虚拟现实技术是一门综合技术，是多媒体技术发展的最高境界。虚拟现实技术是一种完全沉浸式的人机交互界面，用户在计算机产生的虚拟世界中，无论是看到的、听到的，还是感觉到的，都像在真实的世界一样，并通过输入和输出设备可以同虚拟现实环境进行交互。

7.2　数据压缩方法

　　数字化后的多媒体信息存在着大量的重复（冗余）或相关联的数据，在实际应用中，要通过某种节省空间的算法对这些冗余或相关联的数据进行加工或运算，以便达到节省存储空间和快速传输的目的。将这种加工或运算过程称为数据压缩，由压缩的数据恢复到原数据的过程称为解压缩，也称为还原。

　　通过硬件或软件均可以实现数据压缩。在数据压缩的过程中，将数字化的任何信息（包括文字、音频、图像和视频）都视为符号，将每种符号称为信源符号。压缩时要考虑对多媒体信息播放（还原）效果的影响，最好不产生影响，尽量保证信息的质量。根据压缩后的数据能否准确还原，压缩方法可分为无损压缩和有损压缩。

7.2.1　无损压缩

　　无损压缩的压缩和解压缩过程是可逆的，即压缩后的数据可以还原，信息没有任何丢失。无损压缩的思想是对原数据中的信源符号出现次数进行统计，重新编码。典型的无损压缩方法有行程编码和哈夫曼编码等。

　　1．行程编码

　　行程编码是一种统计编码。其思想是将原数据中连续出现的信源符号（称为行程）用一个计数值（称为行程长度）和该信源符号来代替。

　　例如，数据段 BBBBBCCCAAAAAAGGG，按照 ASCII 编码存储，占 17 B。经行程编码压缩后的结果为 5B3C6A3G，仅需要 8 B 存储空间，数字表示其后字母连续出现的次数。可见行程编码的位数少于原数据段的位数，压缩比例约 2∶1。

　　行程编码方法简单直观，压缩和解压缩容易实现，速度快。压缩比例与原数据本身有关，行程越长，压缩比例就越大。对相邻重复量比较大的数据（如图像）使用行程编码，可以大幅度减少数据量。但对相邻重复量比较少的数据（如文本）采用行程编码，不仅达不到压缩数据的目的，反而可能导致数据量膨胀。

　　2．哈夫曼编码

　　哈夫曼编码也是一种统计编码，根据信源符号出现比率的分布特性而进行压缩编码；在信源符号和编码之间建立明确的一一对应关系，以便在解压缩时能准确地还原数据，同时要使平均编码字长尽量短。

　　哈夫曼编码采用变长二进制编码，将出现比率高的信源符号用较短的编码，而出现比率低的信源符号用较长的编码，从而实现数据压缩。哈夫曼编码实现步骤如下。

　　（1）将信源符号按出现的比率排序。

　　（2）取两个最小比率合并（相加）为新比率，将比率大的路径赋为 0，比率小的路径赋为 1。

（3）重复第（2）步，直到合并了所有的信源符号，最后形成合并过程的二叉树。

（4）树根到每个信源符号都有唯一一条路径，树根到信源符号路径上的 1、0 序列即为该符号的编码。

例如，图 7-2 中是某文件中的全部内容，通过哈夫曼编码对其进行压缩。

Create table command creates a table, each new table field is defined with a name, type, precision, scale, these definitions can be obtained from the command itself or from an array.

图 7-2　哈夫曼编码原数据示例

首先统计原数据中的信源符号比率，然后按图 7-3 的编码过程形成二叉树。最后，从树根开始，沿着到信源符号的路径，写出 1、0 序列，即为信源符号的编码，如表 7-1 所示。

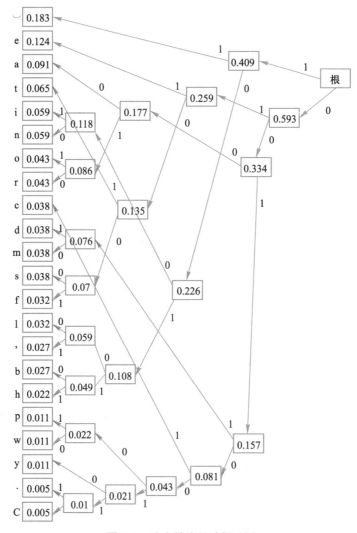

图 7-3　哈夫曼编码过程示例

表 7-1　信源符号比率及编码

信源符号	重复数	比率	二进制编码	信源符号	重复数	比率	二进制编码
空格␣	34	0.183	11	s	7	0.038	01000
e	23	0.124	011	f	6	0.032	01001
a	17	0.091	0000	l	6	0.032	10100
t	12	0.065	0101	逗号 ,	5	0.027	10101
i	11	0.059	1001	b	5	0.027	10110
n	11	0.059	1000	h	4	0.022	10111
o	8	0.043	00011	p	2	0.011	0010001
r	8	0.043	00010	w	2	0.011	0010000
c	7	0.038	00101	y	2	0.011	0010010
d	7	0.038	00111	圆点 .	1	0.005	00100111
m	7	0.038	00110	C	1	0.005	00100110

对原数据压缩后的数据如图 7-4 所示。

图 7-4　哈夫曼编码压缩数据示例

在本例中,存储原数据需要 8×186=1 488(b),存储压缩后的数据需要 2×34+3×23+4×17+4×12+ … +8×1=749(b),压缩比例约为 2:1。

为了便于解压缩数据,哈夫曼编码没有重码,短编码与长编码的左子串也不相同,这也正是出现许多空码(如 0、1、00、01 等)的原因。

解压缩数据的基本思路:每取一段压缩数据(如 010)都在表 7-1 中查找对应的信源符号,如果没有找到,则再多取 1 位(如 0101),重新在表 7-1 中查找,直到找到信源符号(如 t)为止,此段数据得到还原。再继续取下一段压缩数据,依此类推。

总之,无损压缩方法比较适合于不允许有任何信息丢失的数据,如文本和程序等。压缩比例不仅与压缩算法(程序)有关,与被压缩数据的关系也比较密切,同一个软件对不同的数据进行压缩,可能产生不同的压缩比例。为了产生更高的压缩比例,往往综合使用多种压缩方法。例如,先使用行程编码压缩,对压缩的结果再用哈夫曼编码压缩。

在 Windows 中,数据压缩软件 WinZip、WinRAR、CAB 和 PKZIP 等都属于无损压缩/解压缩软件。由于各个软件使用的压缩算法可能不同,用一种软件压缩的数据一般不能用其他软件解压缩,因此,多数数据压缩软件都带有解压缩功能。

7.2.2　有损压缩

有损压缩用于优化一些重复(冗余)或相关联的数据,数据有一定的丢失。其压缩过程是不可逆的,即无法完全恢复出原数据。

有损压缩方法主要用于图像、音频和视频等信息量比较大的多媒体数据的压缩,它根据相关信息的物理特性、人们感知器官(主要是耳和眼)的误差和相关的专业知识,再结合无损压缩的基本思想，对人们容易忽略的某些细节信息进行整理、优化和压缩。虽然有损压缩的数据不能完全还原，但对人们理解原信息的影响比较小，换来较大的压缩比例，一些优秀算法对某些数据可达数百倍的压缩比例。

由于有损压缩方法的针对性比较强，涉及具体专业领域的知识（如音乐、编导等）也比较深，因此，研究有损压缩的算法需要专业领域的专家配合。在计算机中，多数将实现有损压缩算法的软件固化到多媒体接口卡中，在多媒体信息数字化的同时实现数据压缩，在播放多媒体信息时解压缩。例如，通过声卡压缩或解压缩音频数据，通过视频卡压缩或解压缩视频数据等。

7.3　音频技术

音频（audio）包括语音、音乐以及各种动物和自然界发出的声音，数字化后以音频文件格式存储。音频技术是利用计算机及音频设备处理音频信息的技术，其内容主要包括声音的录制、数字化、存储和播放等。

7.3.1　声音的特性

当物体在空气中振动时，会发出连续波，叫声波，这种波传到人的耳朵，引起耳膜振动，使人们听到声音。声波在时间和幅度（振幅）上都是连续变化的，可用模拟正弦波的形式表示，如图 7-5 所示。

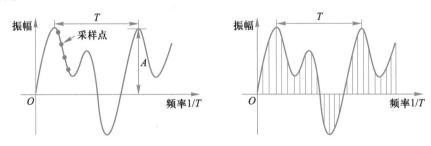

图 7-5　声音的波形表示、采样和量化

波形相对基线的最大位移称为振幅 A，反映声音的大小、强弱程度，即音量；将波形中两个相邻波峰（或波谷）的间隔（秒）称为振动周期 T，周期的倒数 $1/T$ 即为频率，以赫兹（Hz）为单位，是声音每秒的变化次数，周期和频率反映了声音的音调。人们通常听到的声音并不是单一频率的声音，而是许多个频率的复合，将音频信号的频率范围称为带宽。

人耳能够听到的声音的整个范围是 20～20 000 Hz，一般将声音频率分为高频、中频和低频 3 个频带。听觉好的成年人能听到的声音频率常在 30～16 000 Hz 之间，老年人则常在 50～10 000 Hz 之间。人耳在 1 000～3 000 Hz 频率范围内听觉最灵敏，声压越低，听觉的频率范围越窄，声压越高，频率范围越宽。

7.3.2　音频信号的数字化

音频信号在时间和幅度上都是连续的，时间上"连续"是指在特定时间范围内音频信号的幅值有无穷多个，幅度上"连续"是指幅度的数值有无穷多个，将在时间和幅度上都连续的信号称为模拟信号。要在计算机中处理音频信号，就必须将模拟信号转换成数字信息。

计算机对音频信号的数字化，就是将模拟信号转换成数字信息。模拟音频数字化过程涉及音频采样、量化和编码。

1. 采样

采样是每隔一定间隔在模拟波形上（见图 7-5）取一个点，将时间上连续的信号曲线（无穷多个点）变成时间上离散的有限个信号点。如果间隔相等，则称为均匀采样，该间隔为采样周期，其倒数为采样频率，即每秒采样的点数。采样频率越高，采样后的波形就越接近原波形，数字化后的音频质量也就越好，但数据量越大。

奈奎斯特理论指出，如果采样频率不低于信号最高频率的 2 倍，就能将数字表达的声音还原成原来的模拟声音。对于电话语音信号，最高频率为 3 400 Hz，所需要的采样频率至少为 6 800 Hz，在实际应用中，采样频率一般为 8 000 Hz。

2. 量化

量化是以数值的形式表示每个采样点幅度的过程。一秒的音频要量化许多个点（如电话语音是 8 000），每个点对应一个数据，波形振幅越大，量化值的范围就越大。如果按量化的实际数据存储，则不仅技术上实现困难，也可能需要更大的存储空间。在实际应用中一般都采用固定长度二进制数存储数据。

3. 编码

编码是对量化值的音频数据进行整理，用有限位的二进制数表示音频数据。编码一律采用整数，所用二进制的位数称为编码字长。2 倍于最高频率的采样频率是数字化音频还原的必要条件，而非充分条件，它还与编码字长有关。编码字长越长，越能精确地表达每个采样点的量化值，音频质量也就越好，但需要的存储空间越大。

编码的通用公式为：编码 i=编码最大值÷量化最大值×量化值 i，对运算结果进行四舍五入取整。例如，编码字长为 8 时，能表示 256（0～255）个数，存储 1 个采样点的量化值要占 1 B。某段音频的量化值与编码之间的对应关系如表 7-2 所示，换算公式为：编码 i=255÷300×量化值 i。

表 7-2　量化值与编码之间的对应关系

量化值	编码	量化值	编码	量化值	编码	量化值	编码
300	255	265	225	240	204	100	85
295.5	251	261	222	232.5	198	50	43
285	242	256	218	220	187	20	17
270	230	249	212	205	174	0	0

4．数字音频的数据量

数字化音频质量的指标有 3 项：采样频率、编码字长和声道数。记录音频时，如果每次生成一个声波数据，则称为单声道；如果每次生成两个声波数据，称为双声道，即立体声。数字化 1 s 音频所需的数据位数（bit）称为数据率，可用如下公式计算音频的数据率：

$$数据率（bps）= 采样频率（Hz）× 编码字长（b）× 声道数$$

例如，用 44.1 kHz 的采样频率，编码字长为 16，双声道，则音频数字化的数据率为：44 100×16×2 = 1 411 200（bps），即保存 1 s 的数字音频需要约 172 KB 存储空间，保存 1 小时的数字音频大概需要一张 CD 光盘。

由此可见，数字化的音频数据需要大量的存储空间，由于外存储器的容量、播放设备和网络传输速度等因素的限制，实际应用中需要对音频数据进行压缩，压缩后的数据率明显变小，但音频质量也会随之下降。

7.4　图形与图像技术

图形和图像都是计算机中两种常见的静态多媒体信息，它们是二维（平面）或三维（立体）的图。图形与图像既有联系又有区别，从外观上看，都是一幅图，从本质上看，两种多媒体信息的产生、处理和存储方式具有较大差异。

7.4.1　图像的特性

图像（image）是输入设备（如扫描仪和数码照相机）捕捉的真实场景的静态画面，数字化后以位图（像素点阵）的形式存储，其内容表示图像中每个像素点的色彩数据，位图文件的大小与图像的分辨率和色彩数等因素有关。

1．图像分辨率

图像分辨率是指图像上的像素总数，用 $W×H$ 表示，其中 W 为水平方向的像素数，H 为垂直方向的像素数。像素点的密度决定了分辨率的高低，也直接影响图像的质量。分辨率越高，图像细节表现力越强，清晰度也越高。

2．图像颜色模型

在计算机中描述颜色的模型有 3 种，分别是 RGB 模型、HSB（HSL）模型和 CMYK 模型。

（1）RGB 模型：R、G 和 B 分别表示红（red）、绿（green）和蓝（blue）色。将红、绿和蓝 3 种颜色分别按强度不同分成 256 个级别（值为 0～255），组合可以得到 256×256×256＝167 777 216 种颜色，其中（255，0，0）是鲜艳的纯红色，（100，0，0）是暗红色，（255，255，255）是白色，（0，0，0）是黑色。

（2）HSL 模型：颜色由色调、饱和度和亮度 3 个要素构成。色调表示颜色色彩，饱和度表示色彩的强度。

（3）CMYK 模型：用于设置打印颜色，是青（C）、品红（M）、黄（Y）和黑（K）4 种颜色的混合颜色。一般先用 RGB 模型编辑信息，要打印时系统自动转换为 CMYK 模型。在一些软件（如画图、Word 等）的设置打印机属性对话框中，可以通过 CMYK 模型配置打印颜色。

例如，在 Word 中，对彩色打印机设置 CMYK 模型的方法是：选择"文件"→"打印"选项，单击"属性"按钮，在"纸张/质量"选项卡中选定颜色，单击"高级"按钮，再单击颜色调整的"属性"按钮，最后在"颜色调整"对话框中设置"青""品红""黄"和"黑"的颜色。

由于位图描述像素点的属性，所以它的优点是描述细致，适合场景复杂、色彩丰富并含有大量细节信息的图像；缺点是所占空间大，而且在进行各种变形时，由于像素点之间没有内在联系，可能会造成部分像素点丢失或重叠，产生较大的误差。

7.4.2 图像信息的数字化

现实中的图像是一种模拟信号。图像数字化是将真实图像转变成计算机能够接受的数字形式，数字化过程与音频信息类似，也涉及采样、量化和编码 3 个步骤。

1. 采样

采样是从连续的图像中取出若干特征点，转换成离散点图像（见图 7-6）。采样实质是用若干像素点描述图像，将采样像素点总数称为采样分辨率。采样分辨率越高，图像越接近原图像，越清晰，但存储量也越大。

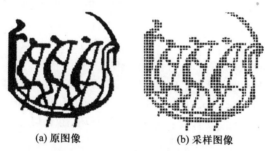

(a) 原图像　　　(b) 采样图像

图 7-6　图像采样和分辨率示意图

2. 量化

量化是用数值表示图像中每个采样点色彩的过程。量化图像的关键问题是要准确地记录每个采样点的颜色。

3. 编码

编码是对量化后的颜色数据进行整理，用有限位的二进制数表示颜色数据。所用二进制的位数称为编码字长或颜色深度，编码字长的大小将直接影响图像的还原和清晰度。一般编码字长为 8 位、16 位、24 位或 32 位。例如，编码字长为 16 位时，能表示 65 536（0～65 535）种颜色，存储一个采样点的颜色量化值要占 2 B。

4. 图像的数据量

图像的数据量与构成图像像素总数和颜色深度有关，可由以下公式计算：

$$s = (w \times h \times c) / 8$$

式中，s 是图像的数据量，c 是颜色深度，除以 8 表示转换成字节（Byte）。

例如，某照片采用 24 位真彩色，其图像尺寸为 200×240，则图像的数据量为 $s = (200×240×24)/8 \text{ B} = 144\,000 \text{ B} \approx 140 \text{ KB}$。为了节省存储空间，在实际应用中对编码后的图像还需要进一步压缩。

7.4.3 图形技术

图形（graphics）是通过计算机软件绘制的画面，由点、线、矩形和椭圆等基本元素组合而成，用于设计各类产品图纸、动画元素等，也称为矢量图。图形文件中的内容不是像素点的色彩数据，而是描述像素点位置及其色彩的程序。在输出图形时，实际上是执行程序中的指令生成像素点及其颜色。例如，用 Visual Basic 语言绘制一个圆的语句为：Circle (x ,y) , Radius , Color。其中，（x, y）为圆心的坐标位置；Radius 为圆的半径；Color 为色彩。执行下列程序时，生成 100 个不同色彩的同心圆，生成的图形类似于彩色地毯，如图 7-7 所示。

```
Private Sub Command1_Click()
    Dim Ra As Integer, R As Integer            '变量声明
    Dim G As Integer, B As Integer
    Dim XPos As Integer, YPos As Integer
    For Ra = 10 To 1000 Step 10                '循环开始语句
        R = 255 * Rnd()                        '赋值语句，将红色设为随机数
        G = 255 * Rnd()                        '将绿色设为随机数
        B = 255 * Rnd()                        '将蓝色设为随机数
        XPos = ScaleWidth / 2                  '将 x 坐标设在窗口中间
        YPos = ScaleHeight / 2                 '将 y 坐标设置在窗口中间
        Circle (XPos, YPos), Ra, RGB(R, G, B)  '画圆圈语句
    Next                                       '循环结束语句
End Sub
```

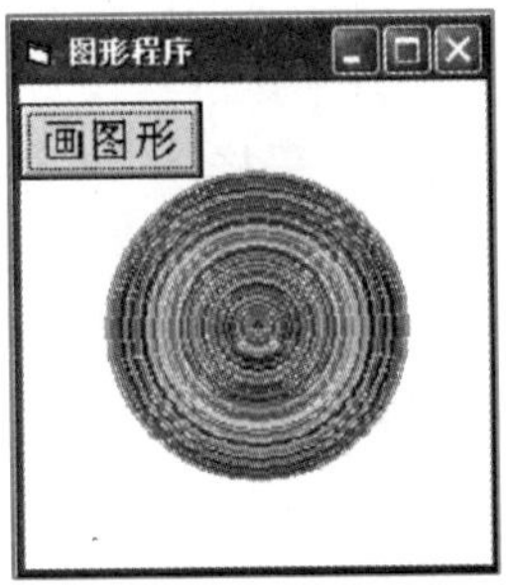

图 7-7 "图形程序"窗口

图形与图像相比，有两个优点：其一是所占存储空间小；其二是在进行变形（如缩放、旋转、扭曲）时几乎不产生误差。通过软件可以将矢量图转成位图，但反之比较困难。

7.5 视频与动画技术

视频（video）画面由一系列相关联的静态图像组成，每一幅图像称为一帧。当这些图像以 12 帧/秒（12 fps）以上的速率连续地播放时，由于人眼的视觉滞留效应，便产生了运动的效果。典型的帧速率为 24～30 fps，播放的效果看起来既连续又平滑。

动画（animation）画面是由一系列相关联的图形或图像组成的，也可能是通过计算机软件生成的，播放时具有动感效果。

多数视频和动画都配有音频，实现视频或动画与音频信息的同步播放。

7.5.1 视频信息的特性

视频有模拟视频和数字视频两类。

1. 模拟视频

早期的影视节目和录像资料等视频信号的记录、存储和传播都采用模拟方式，存储介质是胶带和录像带。其优点是成本低、图像还原效果好、易于携带；缺点是随着时间的推移，图像信息强度会逐渐衰减，出现质量下降、色彩失真、介质断裂等现象。

在模拟视频中，常用两种视频标准：NTSC 制式（30 fps，525 行/帧）和 PAL 制式（25 fps，625 行/帧）。美国、加拿大和日本等国家使用 NTSC 制式，中国及欧洲大部分国家采用 PAL 制式。

2. 数字视频

数字视频一般是由数码摄像机、监控录像设备等录制的动态画面（如录像、影视剧等），数字化后以视频文件的形式存储。数字视频的主要优点是方便创作和加工处理（如加字幕、旁白）、节省制作成本、无损耗地无限次复制、长时间保存无信号衰减、可倒序播放和容易快速传播等。

7.5.2 视频信息的表示

1. 视频信息数字化

使计算机能处理视频信息，需要将模拟视频中的图像和音频信息都数字化。由于视频画面是由若干静态图像组成的，因此，视频信息数字化实质是图像和音频信息的数字化。

要在计算机上能直接数字化录像带或激光视盘中的模拟信号，需要在计算机上安装视频卡，连接摄像机、电视机或影碟机，再使用配套的驱动程序和视频处理软件进行数字转换、编辑和处理，最后形成数字视频文件。

2. 数字视频的数据量

数字视频画面的数据率（数据量/秒）应该等于帧速率乘以每幅图像的数据量。例如，要在计算机中连续播放分辨率为 1 280×1 024 的 24 位真彩色视频，按每秒 30 帧计算，数据率为 1 280×1 024×24÷8×30=112.5 MB/s。一张 CD 光盘只能存放约 6 s 的视频，其中并没有考虑音频数据占用的空间。可见数字化后的视频数据量相当庞大，需要通过压缩技术解决其存储空间问题。

7.5.3 动画技术

计算机动画的原理与传统动画基本相同，只是在传统动画的基础上，用计算机技术处理和播放动画，使之达到传统动画所达不到的效果。按动画制作的形式和性质，计算机动画可分为帧动画和矢量动画两大类。

1. 帧动画

帧动画是指构成动画的基本单位是静态图形或图像（帧），许多相关联的帧连续播放出来，形成了一部动画片。例如，通过重复、连续地播放图 7-8 中的 3 幅图形，就形成了马的奔跑动画。

图 7-8　帧动画示例图

帧动画借鉴了传统动画的设计思想，相邻帧的内容不同但相关联，当连续演播时，就形成了动画视觉的效果。设计帧动画的过程是选择并熟练使用一种动画制作软件（如 Animator Pro、Animation Studio 或 Flash 等），设计、选取每帧的素材，排列各帧的前后顺序、播放时间以及配音。最后，生成可播放的动画文件。

2. 矢量动画

矢量动画是经过计算机软件计算而生成的动画，主要表现变换的图形、曲线、文字和图案等。通过 Flash 可以设计图 7-9 中模拟炮弹运行的矢量动画。

图 7-9　矢量动画示例图

通过某些程序设计语言（如 Visual Basic）可以设计生成矢量动画的程序，也可以使用某种动画设计软件（如 Animator Pro、Animation Studio 或 Flash 等），通过可视化的方法设计矢量动画。

习题

一、填空题

1. Windows Media Player 是一个播放___①___和___②___的应用软件，为了将媒体连续播放或刻录光盘，应该将媒体文件名添加到___③___中。

2. 从时效上看，多媒体信息有___①___和___②___两种表现形式，文本和图像属于___③___表现形式，音频和视频属于___④___表现形式。

3. 多媒体技术利用计算机技术将多种媒体信息___①___，使它们建立起___②___；多媒体技术的核心问题是媒体信息___③___、___④___、___⑤___、___⑥___和___⑦___控制；多媒体数据压缩技术主要解决核心问题中的___⑧___和___⑨___；多媒体技术有___⑩___、___⑪___、___⑫___、___⑬___和___⑭___5 个主要特点。

4. 自然界中的多媒体信息是___①___信号，计算机中的多媒体信息是___②___信号，因此，在输入多媒体信息时，需要___③___转换，它包括___④___、___⑤___和___⑥___3 个步骤，对编码的数据经过___⑦___后保存；在输出多媒体信息时，先对数据___⑧___后再进行___⑨___转换输出。

5. 要使音频能还原成原来的模拟音频，采样频率不能低于信号最高频率的___①___倍，采样频率越高，数字化后的音频质量越___②___，但数据量越___③___；编码所用二进制的位数称为___④___，编码字越长，音频质量越___⑤___，但需要的存储空间越___⑥___。采样频率为

51.2 kHz，编码字长为 8，双声道，1 s 的数字化音频需要___⑦___KB 存储空间。

6. 图像分辨率是指图像上的___①___总数，以___②___的形式存储数字化图像，其内容表示图像中每个___③___的___④___数据，位图文件的大小与图像的___⑤___和___⑥___有关；分辨率越高，图像细节表现力越___⑦___，清晰度也越___⑧___，但需要的存储空间越___⑨___。一张 320×480 的 24 位真彩色照片，数字化后需要___⑩___KB 存储空间。

7. 在计算机中描述颜色的模型有___①___、___②___和___③___，其中___④___用于设置打印颜色。

8. 图形也称为___①___，是通过___②___绘制的画面，图形文件中的内容是描述___③___位置及其色彩的___④___。

9. 图像至少以每秒___①___帧的速率播放可以达到视频效果。目前，影视剧盗版现象频出，这是由于数字视频的___②___特点的副作用造成的。按每秒 30 帧速度播放分辨率为 1 280×1 024 的 24 位真彩色，配音采样频率为 51.2 kHz，编码字长为 16 的双声道视频，1 s 的数字化视频需要___③___KB 存储空间，实际应用中，经过___④___后存储的数据量要少很多。

10. 按动画制作的形式和性质，计算机动画可分为___①___和___②___两大类，帧动画的基本单位是___③___。

二、单选题

1. 文本信息主要包括_____。
   A. 数字、字母和动画
   B. 数字、字母、符号和汉字
   C. 语音、歌曲和音乐
   D. 数字、字母和语音

2. 多媒体技术是利用计算机技术对_____等多种媒体信息进行一体化处理，使它们建立起逻辑关系，并能进行加工处理的技术。
   A. 硬件和软件
   B. 中文、英文、日文和其他文字
   C. 文本、声音、图形、图像和动画
   D. 拼音码和五笔字型

3. 多媒体信息从时效上可分为两大类，其中动态媒体信息包括_____。
   A. 文本、图形和图像
   B. 音频、视频和动画
   C. 音频、图形和图像
   D. 音频、文本、图形和图像

4. _____不是多媒体技术的特点。
   A. 多样性
   B. 交互性
   C. 兼容性
   D. 集成性

5. 音频是指数字化的声音，包括_____。
   A. 数字、字母和图形
   B. 数字、字母、符号和汉字
   C. 语音、歌曲和音乐
   D. 数字、字母和语音

6. 在计算机中，音频与视频信息都以_____表示。
   A. 模拟信息
   B. 模拟信息和数字信息
   C. 数字信息
   D. 转换公式

7. 如果声音采样的频率高，则存储数据量_____。
   A. 大
   B. 小
   C. 不确定
   D. 不变

8. 如果要求声音的质量越高，则_____。

   A. 编码字越短且采样频率越高　　B. 编码字越长且采样频率越高

   C. 编码字越短采样频率越低　　D. 编码字越长且采样频率越低

9. 图像是由照相机或图形扫描仪等获取的静止画面，包括_____。

   A. 数字、字母和图形　　　　　B. 照片和画片

   C. 语音、歌曲和音乐　　　　　D. 点、线、面、体及其组合

10. 关于文件的压缩，正确的说法是_____。

    A. 文本、图形、图像都可以有损压缩

    B. 文本、图形、图像都不可以有损压缩

    C. 文本可以有损压缩，但图形、图像不可以

    D. 图形、图像可以有损压缩，但文本不可以

三、多选题

1. 媒体播放器 Windows Media Player 可以_____。

   A. 收听 Internet 上的电台广播　　B. 刻录光盘　　C. 制作电影

   D. 查找 Internet 上的视频　　　　E. 制作动画　　F. 播放音频和视频

2. 多媒体信息从时效上可分为两大类，其中静态媒体信息包括_____。

   A. 文本、图形　　　B. 音频、视频和动画　　　C. 音频、图形和图像

   D. 图像　　　　　　E. 音频、文本和图像

3. 多媒体技术是一种基于计算机的、跨学科的综合技术，具有_____特点。

   A. 多样性　　　　B. 集成性　　C. 交互性　　　D. 实时性　　E. 数字化

4. 计算机处理多媒体信息的关键技术有_____。

   A. 计算机系统技术　B. 多媒体数据压缩技术　C. 数据存储技术

   D. 多媒体数据库技术　　　　　　　E. 多媒体网络与通信技术

   F. 数字图像、音频和视频技术　　　G. 虚拟现实技术

5. 模/数转换过程涉及_____。

   A. 采样　　　　B. 量化　　C. 解压缩　　　D. 解压缩　　E. 编码

6. 图像颜色模型有_____。

   A. RGB　　　B. MIDI　　C. HSL　　　D. COLOR　E. CMYK

7. 按动画制作的形式和性质，计算机动画可分为_____。

   A. 帧动画　　　　B. 平面动画　　　　C. 三维动画

   D. 矢量动画　　　E. 二维动画

思考题

1. 在何种情况下，哈夫曼编码与行程编码哪个算法压缩比例更大？

2. 为了解压缩数据，用哈夫曼编码时，在压缩的数据中要附加什么信息？

3. 音频和视频信息数字化的过程和方法有哪些异同点？

4. 要制作一部生动、形象的动画片，应该掌握哪些方面的技术？

5. 帧动画与视频在制作过程和方法方面有哪些异同点？

6. 矢量图形与位图图像有何区别？

7. PNG 图像文件和流媒体文件都在 Internet 上播放与下载同时进行，两者的本质区别是什么？

第8章
计算机网络技术及信息安全

电子教案

计算机网络系统是分布在不同地理位置且具有独立功能的计算机系统及辅助设备，通过通信设备和传输线路连接起来，由网络软件（网络协议、信息交换方式、控制程序和网络操作系统）实现资源共享和信息通信的系统。计算机网络技术是计算机技术与通信技术相结合的产物，在信息数字化和全球化等方面发挥着重要作用。

党的二十大报告明确指出："建设现代化产业体系。坚持把发展经济的着力点放在实体经济上，推进新型工业化，加快建设制造强国、质量强国、航天强国、交通强国、网络强国、数字中国。"由此可以看出，互联网建设在"全面推进中华民族伟大复兴"进程中的战略地位和意义。

8.1　网络概述

自从第一台计算机诞生以来，人们使用计算机的方式在不断变化：由多人通过终端使用一台计算机到现在每人通过网络使用多台计算机，人与计算机之间不仅发生了"多对一"到"一对多"量的变化，也发生了由同地到异地、由科学计算到全面应用的质的变化。

8.1.1　网络的发展过程

（1）多用户通信系统：早期，人们通过通信线路将多台终端（只有显示器和键盘）与主机相连，构成多用户通信系统，即多用户分时系统，也是多个用户实现通信的初级阶段。

（2）以共享资源为目标的计算机网络：20 世纪 60 年代，计算机性价比不断提高，许多部门拥有独立功能的计算机。为了实现资源（软件和硬件）共享，人们通过通信线路和设备将多台计算机连接起来，计算机之间没有主从关系。计算机数据处理和通信由分散在不同地理位置的计算机及通信设备共同完成，不再采用集中式管理模式。

（3）标准化网络：早期的计算机网络由不同部门自行开发研制，没有统一的体系结构和标准。各个厂家的计算机及网络产品无论从技术上还是从结构上都有很大差异，从而造成不同产品很难实现互连。在这种历史背景下，国际标准化组织（ISO）于 1984 年公布了开放系统互连参考模型（open systems interconnection reference model，OSI/RM）的正式文件，简称为 OSI。从此，计算机网络进入了标准化阶段。

（4）因特网：网络标准化使计算机网络得到迅速的发展和应用，人们努力实现更大范围的信息（主要是软件和资料）共享，将各个局域网再连接起来，形成更大范围的广域网，甚至将各个国家及地区的网络连接起来，由此产生了因特网。

8.1.2　网络的基本组成

计算机网络系统由资源子网和通信子网两部分构成，如图 8-1 所示。网络中的每台计算机或设备都称为主机。

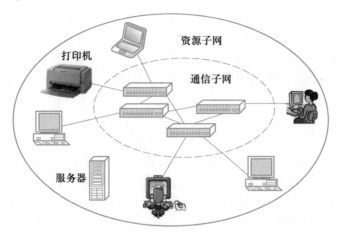

图 8-1 计算机网络的组成

（1）资源子网：计算机系统，主要包括客户机和服务器的全部软件和硬件资源。资源子网负责网络数据处理任务，向用户提供网络资源和网络服务，通过专用软件解决不同类型计算机系统之间的代码、数据表示或操作规程等差异问题。

（2）通信子网：由通信线路和通信控制设备（如路由器、交换机等）组成，主要承担信息传输、转发和信号放大等通信处理任务，为资源子网的信息交换提供服务。

8.1.3 网络的作用

计算机网络在各个领域发挥着巨大作用，主要表现在如下几个方面。

1. 资源共享

充分利用计算机系统资源是组建计算机网络的主要目的之一。资源共享使网络中的分散资源互通有无、分工协作，使资源利用率更高、处理能力更强、数据处理平均费用下降。例如，校园网上的学生信息与成绩数据库，教务部门、教师和学生均可以共享。

在硬件方面经常共享局域网络中的打印机、外存储器（光盘、硬盘等）。在 Windows 的资源管理器中，设置外存储器或文件夹共享的方法是从外存储器或文件夹的快捷菜单中选择"属性"选项→"共享"选项卡→"高级共享"选项，在"高级共享"选项卡（见图 8-2）中，选定"共享此文件夹"并设置"共享名"，最后单击"确定"按钮。

2. 信息快速交换

计算机之间快速可靠地传输信息，并根据需要对信息进行分散、分级别或集中管理，这是计算机网络

图 8-2 "高级共享"选项卡

的基本作用。例如，网上聊天、收发电子邮件、上传下载信息、数据在线更新等。

3．分布式处理

分布式操作系统以计算机网络为基础，实现多台计算机均衡负载和并行处理。Internet 的域名服务是典型的分布式处理，每一个域名服务器中不可能存储所有的域名，当一个域名服务器找不到域名时，就向其他域名服务器发出请求，直到找到或确定无此域名为止。

8.1.4　通信协议

在网络系统中，为了确保通信双方能正确并自动地交换信息，需要为特定的通信过程制定双方都能遵循的规则，这种规则就是通信协议。通信协议也是计算机之间进行通信的语言，由于各种通信过程的规则有些差异，因此在一个网络系统中有许多种通信协议。例如，NetBIOS、NetBEUI、IPX/SPX 和 TCP/IP 等都是 Windows 中的通信协议。

1．通信协议三要素

（1）语法：用于规定协议中所含元素及顺序，是协议内容的数据结构。例如，在传输一种数据报文时，需要如图 8-3 所示的传输格式，此格式即为语法。

SOH	标题	STX	正文	ETX	校验码

图 8-3　数据报文协议

（2）语义：是对协议中各个元素的含义说明或规定。例如，SOH（ASCII 码为 1）表示报文的开始控制符号；标题包含报文名称、源站地址和目的站地址等；STX（ASCII 为 2）和 ETX（ASCII 为 3）分别表示正文（数据）的开始和结束控制符号等，这些都是语义。

（3）时序：处理各种事件的先后顺序。例如，在双方通信时，由源站发出数据报文，目的站接收到后，根据校验码检验数据报文的正确性。如果正确，则按协议提取出传输的数据；如果不正确，则通知源站重发。

2．Windows 中的常用协议

在 Windows 10 系统中，从桌面"网络"的快捷菜单中选择"属性"选项，在打开的"网络和共享中心"窗口中，单击"本地连接"选项，打开本地连接状态对话框，单击"属性"按钮，打开"本地连接 属性"对话框，如图8-4 所示，可以安装和设置有关协议及其参数。

图 8-4　"本地连接 属性"对话框

（1）NetBIOS 与 NetBEUI：NetBIOS 是网络基本输入输出系统协议；NetBEUI 是 NetBIOS 的扩展用户接口协议。它们比较适合小型无路由的局域网，优点是传输速度快。

（2）IPX/SPX：互连网络分组交换/顺序交换协议，是面向局域网、可路由的高性能协议。其优点是容易实现和管理。如果没有使用 Novell NetWare 网络操作系统，则不用安装此协议。

（3）TCP/IP：传输控制协议/网际协议（transmission control protocol/internet protocol），广泛应用于大型网络，用于跨越路由器与其他网络进行通信，已经成为广域网和 Internet 的标准协议。

8.2 网络传输介质与互连设备

计算机网络传输介质和互连设备是网络中的重要组成部分，它们高效、稳定的工作对整个网络运行起着决定性的作用。

8.2.1 网络传输介质

传输介质是数据通信系统中发送端到接收端的物理通道。传输介质分为有线传输和无线传输两类，有线传输介质包括同轴电缆、双绞线和光缆；无线传输介质包括微波和红外线等。

1. 双绞线

双绞线是目前局域网中使用比较多的传输介质，如图 8-5 所示。双绞线电缆可分为屏蔽双绞线和非屏蔽双绞线两种。屏蔽双绞线外层有铝箔包裹的屏蔽层，抗干扰性能好，但价格高，因此未被广泛使用。非屏蔽双绞线具有较高的性能价格比，得到广泛使用。在实际设计网络系统时，双绞线常用于星形和树形网络结构（如图 8-6 所示）。

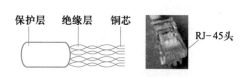

图 8-5　双绞线及 RJ-45 头

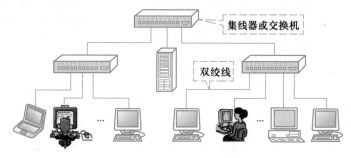

图 8-6　树形网络结构

在计算机网络中，有三类和五类双绞线，其中五类双绞线增加了缠绕密度，具有较强的抗干扰能力，是一种质量较好的传输介质，传输速率可以达到 100 Mbps，传输距离约 100 m。在连接网络时，双绞线的两端分别连接 RJ-45 接头后，一端接计算机的网卡，另一端接集线器或交换机。

2. 光缆

光缆是目前最好的传输介质，由直径为微米量级的光导纤维传输信号，在最外面是保护层，中间层是比较坚韧的包层，增强耐拉性，如图 8-7 所示。

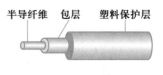

图 8-7　光缆

光缆分单模光缆和多模光缆两类。单模光缆直径较小，使用激光源，成本较贵，信息传送距离远，且速度快、效率高和耗散低；多模光缆芯线较宽，光源由发光二极管提供，不需激光源，成本比单模光缆低，但耗散大、效率低，适合于较短距离的数据传输。

多模光缆与同轴电缆和双绞线相比，其特点是传输效率高、无干扰、信号衰减较小。当传输速率为 420 Mbps 时，传输距离为 120 km，误码率仅为 1/10 亿。光缆一般用于室外布线，进入室内通过转换器后，再用同轴电缆或双绞线与计算机连接。

3．无线介质

无线介质利用大气和外层空间作为传播电磁波通路，根据信号频谱和传输技术不同，分为卫星微波、地面微波和红外线等。计算机网络领域主要使用地面微波和卫星微波，如图 8-8 所示。

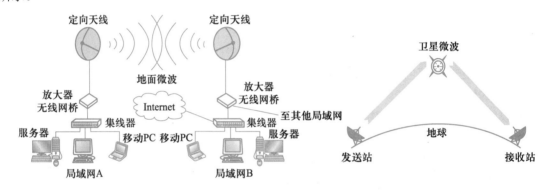

图 8-8　地面和卫星微波示意图

微波通信主要使用频率为 2～40 GHz 的微波信号。由于大气对微波信号吸收与散射影响较大，因此地面微波通信只适用于距离较短（30 km 以内）、无障碍物且不易架设传输线的场合。而卫星微波适合于长距离传输，如国家及洲际之间。

8.2.2　网络互连设备

计算机互连需要使用一些中间设备实现物理连接和协议转换，这些中间设备统称为网络互连设备。计算机互连的层次不同，使用的互连设备也有些差异。

1．网络接口卡

网络接口卡（network interface card，NIC）也称网络接口适配器，简称网卡，是计算机连接网络中各种设备的接口。网卡分有线和无线两种。有线网卡一般插接在计算机主板的扩展槽或集成在主板上，无线网卡一般用于笔记本计算机。在局域网络中，网卡是计算机互连的必备接口卡，实现 OSI 模型中物理层和数据链路层的功能，主要负责发送和接收数据。

（1）网卡的接口：网卡上有 RJ-45、BNC 和 AUI 接口。RJ-45 插口与双绞线连接；BNC接口与细同轴电缆连接；AUI 接口与粗同轴电缆连接。

（2）数据传输速率：网卡的一个重要技术指标，指每秒传输二进制位的数量（bps）。目前有 10 Mbps、100 Mbps、10/100 Mbps 自适应和 1 000 Mbps 网卡。

（3）网卡物理地址：网络中的任何硬件设备（包括网卡、交换机和路由器等）都有一个全球唯一的标识，通常称为物理地址，简称 MAC（media access control）地址。MAC 地址为 12 位十六进制数，1～6 位是制造商的标识，7～12 位是系列号，由生产商分配。

在数据链路层传输数据帧的过程中，MAC 地址用于识别主机。在网络中依据这个地址查找目的主机，完成源主机到目的主机之间的通信。计算机的 MAC 地址由网卡的 MAC 地址决定，如果一台计算机插接多块网卡，则它就有多个 MAC 地址。在 Windows 中，查看网卡的物理地址方法如下。

① 选择"开始"→"所有程序"→"附件"→"命令提示符"选项。

② 在"命令提示符"窗口中输入命令"IPConfig /All"，并按 Enter 键，输出信息如图 8-9 所示。

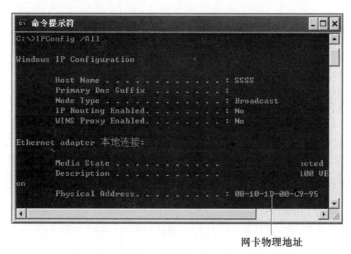

网卡物理地址

图 8-9 查看网卡物理地址

在 Physical Address（物理地址）所在行右端的十六进制数 00-10-1D-00-C9-95 是本机网卡的物理地址。

2．交换机

交换机工作在 OSI 模型中的物理层、数据链路层，可以将交换机视为多口网桥，同时兼有网桥和集线器的作用。交换机和集线器的主要差异如下。

（1）集线器从某个端口接收到信息后，转发给其他所有端口，而交换机根据接收到的信息分析目标物理地址，对首次接收到的物理地址，像集线器一样转发给其他所有端口，以后仅选择一个目标端口转发信息。

（2）在同一时刻，连接在一个集线器上的所有设备只能有一个设备发送信息，而连接在一个交换机上的所有设备，可以有半数设备发送信息，实现端口一对一的交换信息。例如，16 端口的交换机可以有 8 对接口设备同时交换数据。

由此可以看出，交换机能将多个网段连接成更大的局域网，有效地转发信息，同时提供多个通信路径，减少网络访问冲突，降低重发信息量，更能提高网络信息的交换速度。交换机适合星形和树形网络结构。

3．路由器

路由器工作在 OSI 模型的物理层、数据链路层和网络层，用于不同类型（按体系结构划分）但使用相同协议的网络连接。例如，以太网与令牌环网连接，如图 8-10 所示。局域网与广域网互连需要路由器，Internet 是由众多路由器连接起来的网络。

路由器一般有多个 LAN 接口和一个串行接口，每个 LAN 接口连接一个局域网，串行接口连接广域网。路由器的主要功能是路径选择、数据转发（又称为交换）和数据过滤。

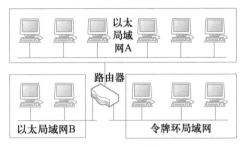

图 8-10 路由器连接网络

8.3 网络连接

8.3.1 局域网的连接

局域网（local area network，LAN）将范围比较小（如一个实验室、一个大楼、校园内部）的计算机与外部设备互连，网络管理权归属某部门或单位。其特点是覆盖范围小、传输率高、误码率低、拓扑结构简单且管理容易。

1．服务器

服务器是局域网络系统中的核心计算机，为网络用户提供各种网络服务和共享的软硬件资源。

（1）服务器功能

服务器是一种高性能、高配置的计算机，除具有普通计算机的功能外，还具有以下功能。

① 提供安全管理和监控运行状况服务，如性能管理、失效管理、配置管理、设备管理和计费管理等。

② 提供各种信息服务，如域名、Web 页、文件传输、电子邮件和代理等服务。

③ 提供各种应用服务，如视频点播、视频会议、分布式计算、信息管理系统、电子商务和网上购物等。

根据服务器的功能，可分为文件服务器、通信服务器、数据库服务器、邮件服务器、域名服务器等。

（2）性能指标要求

由于服务器同时要为网络多个用户提供服务和共享资源，因此，对服务器的运算速度、主存储器、外存储器、扩充能力等性能指标的要求一般要高于客户机，网卡要运行稳定、性能可靠，传输速率要高（如 1 000 Mbps）。在一台服务器上插接多块网卡，每块网卡连接一台交换机，可以提高客户机的传输速率。

（3）连接模式

网络的连接模式决定网络操作系统管理和分配网络资源的方式。常见有如下几种网络连接模式。

① 对等模式：这种网络没有服务器，连网的计算机地位完全平等，安装相同的操作系统，如 Windows；网络中的资源及其管理分布在各台计算机上，每台计算机系统都拥有绝对的自主权，但可相互共享局域网中的各种资源。

② 文件服务器模式：配置专用的计算机作为服务器，用于安装和管理共享设备（如打印机、光盘驱动器等）、存储共享的应用程序和数据。当客户机需要处理数据时，先将程序和数据下载到客户机，再由客户机运行程序（命令）处理数据，最后将处理结果（如输入、修改的数据）存回到服务器。

③ 客户机/服务器（client/server）模式：与文件服务器模式所不同的是，当客户机需要处理数据时，将处理要求发送给服务器，由服务器运行对应的程序（命令）处理数据，最后将处理（如查询）结果传送给客户机。

目前大多数局域网都支持后两种模式，常用的网络操作系统有 Windows Server 系列、UNIX 和 Linux 等。

2．客户机和互连设备

客户机是局域网环境中访问服务器和网络共享资源的计算机系统，连接设备是指计算机之间的网络互连设备，如交换机和路由器等。

（1）客户机

客户机是用户与网络之间的接口，是可以独立运行的计算机系统。它既可按用户要求进行本地计算和信息处理，也可向服务器发出请求，使服务器为之服务。

① 硬件组成：普通计算机插接网卡后即可成为客户机。如果客户机的性能指标高于服务器，则连接网络操作时，客户机的性能可能受到影响。

② 操作系统：客户机上的操作系统主要负责本机资源管理和使用网络中的共享资源，目前常见的操作系统有 Windows、UNIX 和 Linux。

（2）传输介质与互连设备

局域网除服务器、客户机和网卡外，还需要有一些传输介质（如双绞线）与互连设备（如交换机）。

① 传输介质：常用传输介质有同轴电缆、双绞线和光缆。

② 互连设备：使用最多的互连设备是交换机。

8.3.2 Internet 基础知识

Internet 是世界上最大的广域互连网络，是计算机和通信两大现代技术相结合的产物，代表着当今计算机网络体系结构发展的一个重要方向，向全球提供信息服务。

从网络通信角度看，Internet 是一个基于 TCP/IP，采用客户机/服务器连接模式，将各个国家及地区、各个部门、各种机构的网络连接起来的计算机通信网络。

从网络管理角度看，Internet 不属于任何国家，是一个不受政府或某个组织管理和控制的网络集合体。但是，它属于全世界所有用户，对所有用户都是开放和平等的，加入 Internet 的用户都可以使用和开发相关的信息资源。

1．常用协议

（1）TCP/IP：用于规范网络上所有主机之间的数据传输格式及传送方法，以保证数据安全可靠地到达目的主机。

（2）文件传送协议（file transfer protocol，FTP）：主要用于将文件上传到另一台计算机上，或者从另一台计算机上下载文件到本地机。一个 FTP 服务器可以同时为多个客户端提供服务。

（3）远程登录协议（Telnet）：主要用于控制远端主机的登录。

（4）超文本传输协议（hyper text transport protocol，HTTP）：规定在 WWW 上浏览网页时所遵循的规则和操作，使浏览器有统一的规则和标准，从而增强了网页的适用性，允许传输任意类型数据。

2．Internet 资源及典型服务

（1）信息资源：Internet 上信息资源极其丰富，可以在网上找到任何方面的知识，如天文地理、科学技术和新闻等。Internet 是第一个全球性的图书馆，是一个巨大的知识宝库。

（2）典型服务：Internet 提供了形式多样的手段和工具，可归纳为专题讨论（Usenet）、信息查询（Gopher）、广域信息服务系统（WAIS）、电子公告栏（BBS）、电子邮件（E-mail）、远程登录（Telnet）和文件传输（FTP）等。

8.3.3　IPv4 地址

在网络系统中，主机之间要准确地相互通信，每台主机都应该有唯一标识。在 Internet 中，将这个唯一的标识称为地址，地址有 IP 地址和域名两种表示形式。

1．IPv4 地址分类

IP 地址用二进制 32 位编码，每 8 位一组（即一个字节），用圆点（.）分隔。在实际应用中，用 4 个十进制数表示 IP 地址，单个数范围为 0～255，且用圆点分隔。例如，202.198.091.60 就是一个 IP 地址。

IP 地址包括两部分内容：前部分为网络标识，后部分为主机标识。IP 地址分为 A～E 五类，常用的有 A、B 和 C 三类，如表 8-1 所示，D 和 E 类有专门的用途。

表 8-1　IPv4 地址的 A、B、C 分类

分类	第一组编码范围	应　　用	主机数/网络	网络个数
A	00000001～01111110　（1～126）	大型网络	16 777 216–2	126
B	10000000～10111111　（128～191）	中型网络	65 536–2	16 384
C	11000000～11011111　（192～223）	小型网络	256–2	2 097 152

在 IP 地址中，每位全 0 或全 1 的网络或主机标识有特殊用途，不向用户分配。因此，在每个网络中，有全 0 和全 1 两个编码不能作为任何主机的 IP 地址。

（1）A类地址：用于大型网络，第1组为网络标识，其中第1位为0，有$2^{(8-1)}$=128个网络标识，由于0和127有特殊用途，因此全球有126个网络标识；后3组为主机标识，每个网络可接2^{24}-2=16 777 214台主机（全为"0"或"1"，是两个特殊标识）。

（2）B类地址：用于中型网络，前两组为网络标识，其中第1组前两位为10，即128～191，故有（191–128+1）×256=16 384个网络标识；后两组为主机标识，每个网络可接2^{16}-2= 65 534台主机。

（3）C类地址：用于小型网络，前3组为网络标识，其中第1组前3位为110，即192～223，故有(223–192+1)×256×256=2 097 152个网络标识；最后1组为主机标识，每个网络可接2^8-2=254台主机。

2．特殊的IPv4地址

Internet上留有一些IP地址，具有特殊用途，其中常见的3个如下。

（1）单播地址：IP地址127.0.0.1是单播地址，用于本机的网络软件测试和进程间的通信。例如，在Windows中，在"开始"菜单中的"搜索程序和文件"文本框中输入命令"Ping 127.0.0.1"，并按Enter键，用于测试本机安装协议的正确性；向127.0.0.1发送信息，将信息回传给本机。

（2）指向网络的广播地址：为主机标识每一位全1的IP地址。例如，子网掩码为255.255.255.0，向202.198.091.255发送信息时，将信息传输到地址为202.198.091的网络中全部主机。

（3）受限广播地址：32位全1的IP地址为受限广播地址，即向255.255.255.255发送数据，实质是向发送者的本地网（不跨出路由器）中所有主机发送数据。

3．IPv4地址分配

在Windows系统中，查看或设置本机及相关网络IP地址的方法是在本地连接属性对话框中，选定TCP/IPv4再单击"属性"按钮，进入"Internet协议版本（TCP/IPv4）属性"对话框，如图8-11所示。

对主机的IP地址既可动态（自动获得）分配，也可静态分配。所谓动态分配，就是当计算机与网络连接后，网络自动分配一个IP地址给计算机，而这一IP地址根据当时所连接网络服务器情况而定，每次连接网络得到的IP地址并不确定。这样，就可以有效地利用网络IP地址资源了，一般拨号上网用户都是动态IP地址。这种方式对于信息存取没有影响，但对信息服务提供者来说，必须

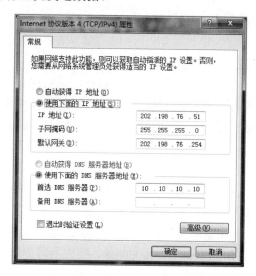

图8-11 "Internet协议版本（TCP/IPv4）属性"对话框

告诉访问者一个固定的IP地址，因此，必须申请一个固定的IP地址，即静态地址。例如，吉林大学网站地址202.198.16.80是静态地址。

通常将IPv4地址分为公有地址和私有地址两种。

（1）公有IP地址（public address）：也称外网地址，全球唯一的IP地址，由Inter NIC（Internet network information center，因特网信息中心）负责分配。用户要直接接入因特网，必须有公有IP地址，需要向 Inter NIC 提出申请和付费。

（2）私有 IP 地址（private address）：属于非注册的免费 IP 地址，专门供组织机构或公司内部使用，也称内网、私网或局域网 IP 地址,不能直接访问 Internet。因特网信息中心为私有地址留出下列专用的 IP 地址空间。

① A 类：10.0.0.0～10.255.255.255。

② B 类：172.16.0.0～172.31.255.255。

③ C 类：192.168.0.0～192.168.255.255。

8.3.4　IPv4 的子网掩码

子网掩码也用 32 位二进制数编码，表示形式与 IP 地址对应。它有如下两个作用。

1．获取网络 IP 地址

通过主机 IP 地址和子网掩码可以获取（计算）主机所在的网络 IP 地址和主机标识。具体地讲，将主机 IP 地址与子网掩码的二进制数按对应位进行"与"运算，即可得到网络 IP 地址。

例如，一个 C 类网的主机 IP 地址为 212.188.199.155，子网掩码为 255.255.255.192，计算该主机所在的网络 IP 地址和主机标识如下：

212.188.199.155 的二进制数表示为 11010100.10111100.11000111.10011011。

255.255.255.192 的二进制数表示为 11111111.11111111.11111111.11000000。

按对应位"与"运算获得网络 IP 为 11010100.10111100.11000111.10000000。对应的十进制 IP 地址为 212.188.199.128。

因此，IP 地址 212.188.199.155 所在的网络 IP 地址为 212.188.199.128，主机标识为 27（155-128）。

2．分割网络

适当地设计子网掩码可以将一个网络 IP 地址分割成多个子网的 IP 地址，以便解决远距离的多个子网（代理服务器）使用同一个网络 IP 地址的问题。具体设计子网掩码的方法是，使二进制子网掩码左边连续"1"的个数与网络标识的二进制位数一致。

一个 C 类 IP 地址，前 3 组均为网络标识（24 位二进制数），最后一组为主机标识（可分配给 $2^8-2 = 256-2 = 254$ 个主机）。如果不分割成子网，则其二进制子网掩码为 11111111.11111111.11111111.00000000，即左边 24 个连续"1"，这就是为什么 C 类网络的子网掩码通常都是 255.255.255.0 的原因。

如果某单位申请到一个公共 C 类网络 IP 地址 212.188.199.0，即二进制表示为 11010100.10111100.11000111.00000000，要在不同的城市分别建立 4 个子网（代理服务器），每个子网中约有 60 台主机，都要使用这个 C 类网络，那么，如何设计子网掩码呢？

需要将这个 C 类网络的主机标识高两位二进制数扩充到网标识中，即用 26（24+2）位二进制数表示子网标识，每个子网中用 6 位二进制数表示主机标识。子网掩码就应该设为 11111111.11111111.11111111.11000000（左边 26 个连续"1"），即 255.255.255.192。由此可得如下 4 个子网（代理服务器）IP 地址：

（1）11010100.10111100.11000111.00000000(212.188.199.0)。

（2）<u>11010100</u>.<u>10111100</u>.<u>11000111</u>.01000000(212.188.199.64)。

（3）<u>11010100</u>.<u>10111100</u>.<u>11000111</u>.10000000(212.188.199.128)。

（4）<u>11010100</u>.<u>10111100</u>.<u>11000111</u>.11000000(212.188.199.192)。

每个子网中有可供分配的 62 个 IP 地址，地址范围如表 8-2 所示。

表 8-2　每个子网中可供分配的主机 IP 地址范围

子网 IP 地址	二进制主机 IP 地址范围	十进制主机 IP 地址范围
212.188.199.0	11010100.10111100.11000111.00000001～00111110	212.188.199.1～62
212.188.199.64	11010100.10111100.11000111.01000001～01111110	212.188.199.65～126
212.188.199.128	11010100.10111100.11000111.10000001～10111110	212.188.199.129～190
212.188.199.192	11010100.10111100.11000111.11000001～11111110	212.188.199.193～254

由此可见，在分割子网时，每多分割出一个子网，就损失一对（全 0 和全 1）主机标识。极端情况，将某个 C 类 IP 分割出 128 个子网，即将主机标识的前 7 位都作为子网标识，则子网掩码为 255.255.255.254，而每个子网中都没有可供分配的主机 IP 地址。

8.3.5　IPv6 地址

随着电视机和移动网络通信工具（如笔记本电脑、平板电脑、上网本、IPAD 和手机等）逐渐成为网络上的结点，物联网技术应用领域的逐渐扩大，IPv4 的地址空间严重不足。IPv6 是 IPv4 的继任者，与 IPv4 比较，其主要特点是：巨大的地址空间；更有效的路由基础结构；更高的安全性；更好地支持移动通信；更好的服务质量等。

1. IPv6 的地址结构

IPv6 的地址长度为 128 位二进制数，不再按网络大小来划分 IP 地址类型，也不按结点（路由器和主机）分配 IP 地址，而依靠地址头部的标识符区分地址类型，并按接口界面分配 IP 地址。IP 地址有如下 3 种表示法。

（1）常规表示法：采用"冒号十六进制"表示法。将 128 位二进制地址分为 8 段，每段用 4 位十六进制数（16 位二进制数）表示，段间用冒号分开。例如，FACB:0000:0000:0000:BA99:0000:0000:AFCD。

（2）零压缩表示法：0000 段可以缩写成 0。例如，上述地址可以简化为 FACB:0:0:0:BA99:0:0:AFCD。也可以将多个连续的"0"段用一对冒号"::"表示。但一个地址中只能用一次"::"。例如，上述地址可以简化为 FACB: :BA99:0:0:AFCD 或 FACB:0:0:0:BA99: :AFCD。

（3）嵌入表示法：将 IPv4 和 IPv6 地址混合使用。地址左边 6 段用上述方法书写，剩余部分用 IPv4 的形式书写，两部分之间用冒号连接。例如，0: 0: 0: 0: 0: 0: 13.1.68.3 或::13.1.68.3。

2. IPv6 地址分类

IPv6 地址只对高位（前缀）进行了分配，如表 8-3 所示，不再局限于 A、B 和 C 类地址，可以在很大的范围内进行地址分配与管理。

表 8-3　IPv6 地址前缀分配方法表

前缀（二进制）	分配情况	前缀（二进制）	分配情况
0000 0000	保留	101	未分配
0000 0001	未定义	110	未分配
0000 001	NSAP 地址	1110	未分配
0000 010	IPX 地址	1111 0	未分配
0000 011	未分配	1111 10	未分配
0000 1	未分配	1111 110	未分配
0001	未分配	1111 1110 0	未分配
001	可聚类全球单播地址	1111 1110 10	链路本地单播地址
010	未分配	1111 1110 11	站点本地单播地址
011	未分配	11111111	组播地址
100	未分配		

3．IPv6 的应用

在安装 Windows 10 时，系统自动安装 IPv6，只要检查网络连接的有关属性正确即可上网。

在 Web 浏览器的地址栏中输入或选择 IPv6 的网站地址，如 IPv6.baidu.com，即可进入相关网站。

8.3.6　域名

虽然通过 IP 地址可以实现计算机之间的通信，但是人们从 IP 地址数字串中无法分析各网站之间的隶属关系，也不容易记忆。在 Internet 中允许为主机起一个有意义且容易记忆的文字名称，将其称为域名（domain name，DN）。例如，www.hep.com.cn 中，www（world wide web）是服务器主机名，hep.com.cn 是域名。IP 地址与域名之间是一对多的关系，即一个 IP 地址可以有多个域名，但一个域名只能对应一个 IP 地址。

域名从右向左依次为一级子域名、二级子域名、…、n 级子域名，子域名之间用圆点分隔，右边子域（如 edu）是左边子域（如 jlu）的上级域。通常将最左边的子域名（如 hep）称为网络名。第一级子域名是国家或地区域名（见表 8-4）以及机构组织域名（见表 8-5）。例如，微软公司的域名为 microsoft.com，是在美国注册的商业网站。

表 8-4　国家或地区的子域名

子域名	国家/地区	子域名	国家/地区	子域名	国家/地区
ar	阿根廷	es	西班牙	tw	中国台湾
au	澳大利亚	fr	法国	my	马来西亚
br	巴西	gb	英国	it	意大利
ca	加拿大	hk	中国香港	jp	日本
ch	瑞士	il	以色列	kr	韩国
cn	中国	in	印度	pt	葡萄牙
de	德国	sg	新加坡	us	美国

表 8-5　机构组织子域名

域　名	意　义	域　名	意　义	域　名	意　义
com	商业网	edu	教育网	gov	政府机构
mil	军事网	net	网络机构	org	机构网

Internet 在每个子域中都设有域名系统（domain name system，DNS），用于管理域名，实现域名到 IP 地址的转换。用户通过域名可以访问网站，网络系统通过 IP 地址实现连接各个主机。

8.4　超文本标记语言

在制作网页时，大都采用一些专门的网页设计软件，如 FrontPage、Dreamweaver 等。这些工具都是所见即所得的，非常方便，甚至无须编写超文本标记语言（hyper text markup language，HTML）代码，在不熟悉 HTML 的情况下，照样可以设计网页。这是网页设计工具的成功之处，但也是最大不足点，受设计工具自身的约束，将产生一些垃圾代码，将增大网页体积，降低网页的下载速度。一个优秀的网页设计者应该在掌握可视化设计工具的基础上，进一步研究 HTML，以便优化网页代码，从而达到快速设计高质量网页的目的。

8.4.1　HTML 的基本语法

HTML 有固定的语法规则。一个完整的 HTML 文档内容由标题、段落、表格和文本等各种标签组成，标签描述的对象统称为元素，整个 HTML 文档内容其实是由各种元素构成的。

1．网页结构

HTML 的任何标签都由"<"和">"括起来，如<HTML>。在起始标签的标签名前加上符号"/"便是其结束标签，如</HTML>，在起始标签和结束标签之间的内容受标签的控制。HTML 文档内容分头部和主体两部分，头部对文档进行了一些必要的定义，文档主体是要显示的各种信息。

HTML 文档基本结构：

```
<HTML>
<Head>网页头部信息</Head>
<Body>网页主体正文部分</Body></HTML>
```

其中<HTML>在最外层，表示这对标签间的内容是 HTML 文档，一个 HTML 文档总是以<HTML>开始，以</HTML>结束。<Head>包括文档的头部信息，如文档标题等，若不需头部信息则可省略此标签。<Body>标签一般不能省略，表示正文内容的开始。

【例 8-1】　设计一个网页 EXAM8_1.HTML，标题为"网页设计入门"，网页中内容为"HTML文档基本结构示例"。

代码如下：

```
<HTML>
<Head> <Title>网页设计入门</Title></Head>
```

```
<Body>
    HTML 文档基本结构示例
</Body></HTML>
```

在浏览器中打开 EXAM8_1.HTML，浏览效果如图 8-12所示。

（1）HTML 文档是纯文本文件，但文件扩展名为 HTML或 HTM，而不是 TXT。

（2）HTML 文档由各种标签组成，一行可以写多个标签。第一个标签是<HTML>，标识 HTML 文档的开始；最后一个标签是</HTML>，标识 HTML 文档的结束。

（3）<Head>和</Head>标签之间是头信息，常包含关于网页文档的信息，以便用户了解网页的基本情况，同时供搜索引擎进行分类搜索。

图 8-12　HTML 文档浏览效果

（4）<Title>和</Title>标签之间的文本是文档标题，显示在浏览器窗口的标题栏上。

（5）<Body>和</Body>标签之间是 HTML 文档的主体区，是网页的可见部分，可以包含文本、图像、链接、音频、视频、表格和表单等各种元素，在浏览器中显示。

2. 设计网页

HTML 是以文字为基础的语言，并不需要特殊的开发环境，可以直接在 Windows 的记事本程序中编写。HTML 文档以 HTML 或 HTM 为扩展名，将 HTML 源代码输入到记事本程序并保存，然后通过浏览器查看其效果。用记事本程序编写HTML 文档的具体操作步骤如下：

（1）启动 Windows 中的记事本程序，输入代码如图 8-13 所示。

（2）单击"文件"→"另存为"选项，打开"另存为"对话框，选择"保存类型"为"所有文件"，输入文件名加扩展名 HTM 或 HTML（如EXAM8_1.HTML），并单击"保存"按钮。

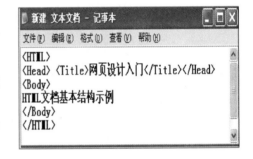

图 8-13　在记事本程序中输入代码

8.4.2　常用的 HTML 标签

1. 文本标签

<Font>标签用来控制字体、字号和颜色等属性，它是 HTML 中最基本的标签之一，掌握<Font>标签是设计网页的基础，可以用文字的字体（Face）、大小（Size）和颜色（Color）属性修饰<Font>标签。

格式如下：

```
<Font Face="字体样式">……</Font>
```

Face 属性说明字体的名称，如"宋体""楷体""隶书"等。设置的字体必须在浏览器中有对应的字体；否则将被浏览器中的普通字体所替代。

【例 8-2】 设计一个能测试字体、字号和文字颜色的网页 EXAM8_2.HTML。

代码如下：

```
<HTML><Head><Title>文本类标签</Title></Head>
<Body>
        <P><Font Face="微软雅黑">网络强国</Font></P>
        <P><Font Size="20">数字中国</Font></P>
        <P><Font Color="#FF0000">中华民族伟大复兴中国梦</Font><Br></P>
</Body></HTML>
```

在代码中设置了文字的字体、大小或颜色，<P>和</P>标签之间的内容表示一个独立段落，段落另起一行显示，段落间空一行。在浏览器中浏览效果如图 8-14 所示。

2．字形修饰

（1）用<B>或<Strong>加粗文字。

格式如下：

```
<B>加粗的文字</B>
<Strong>加粗的文字</Strong>
```

图 8-14　文本类标签

（2）用<I>、<Em>和<Cite>让文字变为斜体。

格式如下：

```
<I>斜体文字</I>
<Em>斜体文字</Em>
<Cite>斜体文字</Cite>
```

（3）用<U>为文字加下画线。

格式如下：

```
<U>下画线的内容</U>
```

【例 8-3】 设计一个能测试文本加粗、斜体与下画线的网页 EXAM8_3.HTML。

代码如下：

```
<HTML><Head><Title>文本加粗、斜体与下画线</Title></Head>
<Body>
        <P><Strong>坚持和加强党的全面领导。</Strong></P>
        <P><Em>坚持中国特色社会主义道路。</Em></P>
        <P><U>坚持以人民为中心的发展思想。
</U><Br></P>
</Body></HTML>
```

在浏览器中预览效果如图 8-15 所示。

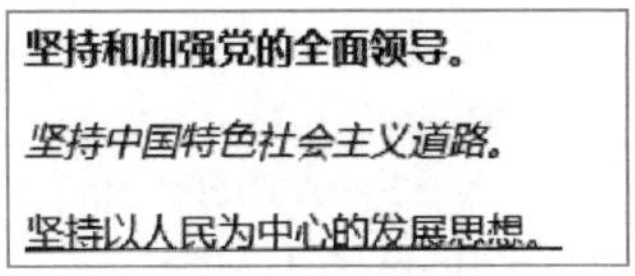

3．表格标签

用 Table、Tr 和 Td 三种标签创建表格。

格式如下：

图 8-15　文字加粗、斜体、下画线效果

```
<Table>
<Tr><Td>单元格内容</Td>
        <Td>单元格内容</Td>……</Tr>
```

……

```
<Tr><Td>单元格内容</Td>
    <Td>单元格内容</Td>……</Tr>
</Table>
```

<Table>标记和</Table>标记分别表示表格的开始和结束，而<Tr>和</Tr>则分别表示行的开始和结束，在表格中，<Tr>标签的个数表示表格的行数，每行中<Td>标签的个数表示本行列数（单元格数）。

【例 8-4】 设计一个能测试表格的网页 EXAM8_4.HTML。

代码如下：

```
<HTML><Head><Title>表格标签</Title></Head>
<Body>
<Table Width="300" Height="119" Border="1">
    <Tr><Td>第 1 行第 1 列单元格</Td><Td>第 1 行第 2 列单元格</Td></Tr>
    <Tr><Td>第 2 行第 1 列单元格</Td><Td>第 2 行第 2 列单元格</Td></Tr>
</Table></Body></HTML>
```

在浏览器中预览可以看到在网页中添加了一个 2 行 2 列的表格，如图 8-16 所示。

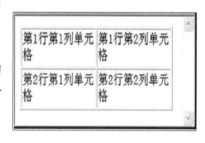

图 8-16 表格的基本构成效果

4．链接标签

链接标签<A>在 HTML 中既可以作为一个跳转其他页面的链接，也可以作为"埋设"在文档中某处的一个"锚定位"，<A>也是一个行内元素，它可以成对出现在一段文档的任何位置。

格式如下：

```
<A Href="链接目标">链接显示文本</A>
```

<A>标记还有 Href、Name、Title 和 Target 属性，含义如表 8-6 所示。

表 8-6 <A>标记的属性

属性名	说明	属性名	说明
Href	指定链接地址	Title	给链接添加提示文字
Name	给链接命名	Target	指定链接的目标窗口

【例 8-5】 设计一个能测试表格的网页 EXAM8_5.HTML。

代码如下：

```
<HTML><Head><Title>链接标签</Title></Head>
<Body>
    <P><A Href="http://www.jlu.edu.cn">吉林大学</A></P>
</Body></HTML>
```

在浏览器中预览效果如图 8-17 所示。

5．段落标签

格式如下：

```
<P>段落文字</P>
```

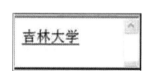

图 8-17 链接效果

【例 8-6】 设计一个能测试段落的网页 EXAM8_6.HTML。

代码如下：

> <HTML> <Head> <Title>段落标签</Title> </Head>
>
> <Body>
>
>> <P>学生答：我的自信心呢？其实，自信心就在我们的心中。</P>
>>
>> <P>老师评语：你岂不是有两个心了？</P>
>
> </Body></HTML>

6．图片标签

为了直观或美化网页，往往用 Img 标签将图像插入到网页中。

格式如下：

> <Img Src="图像文件的地址">

【例 8-7】 设计一个能测试图像的网页 EXAM8_7.HTML。

代码如下：

> <HTML><Head> <Title>图像标签</Title> </Head>
>
> <Body> <Img Src="QQ 截图.png"> </Body></HTML>

7．换行标签

在 HTML 文本显示中，默认是将一行文字连续地显示出来，自动换行。如果要将某处后面内容另起一行，则需要加换行标签
。其与段落标签<P>的区别在于：

（1）换行标签是单标签，即没有结束标签，也叫空标签，不包含任何内容。

（2）换行标签不增加空白行。

【例 8-8】 设计能测试换行的网页 EXAM8_8.HTML。

代码如下：

> <HTML><Head> <Title>换行标签</Title> </Head>
>
> <Body> 第一行
换行为第二行 </Body></HTML>

在浏览器中预览效果如图 8-18 所示。

8．水平线标签

水平线标签<Hr>是在页面中插入一条水平线，也是单标签。

【例 8-9】 设计加水平线的网页 EXAM8_9.HTML。

代码如下：

> <HTML><Head><Title>水平线标签</Title></Head>
>
> <Body>
>
>> 团结就是力量，团结才能胜利。
<Hr>
>>
>> 青年强，则国家强。
>
> </Body></HTML>

在浏览器中预览效果如图 8-19 所示。

图 8-18 换行标签效果

图 8-19 水平线标签效果

8.5 计算机信息安全

计算机信息安全是一门综合性学科，它涉及计算机科学和技术、网络技术、通信技术等。

从广义角度讲，凡是涉及信息的保密性、完整性、可用性和真实性的技术及理论都是信息安全的研究领域。

计算机信息安全是指信息网络的硬件和软件受到保护，不会因偶然的或者恶意的原因而遭到破坏、更改、泄露，使得系统所提供的信息服务能够可靠地、不间断地进行。

8.5.1　计算机信息系统威胁

计算机信息系统威胁是指信息系统存在的缺陷（漏洞），它使得非授权访问、泄露、盗窃和破坏信息系统安全的问题发生。信息系统威胁来自多个层面，常见的有如下几种。

（1）信息系统中的物理实体部分：包括服务器、工作站、互连设备和传输线路等。信息系统分布广泛，很多物理实体在自然界中处于无人看守的状态，很容易遭受自然界（如雷电）及人为破坏。

（2）网络软件：存在安全漏洞，可被非法复制和篡改。TCP/IP 未考虑安全因素，攻击者用 IP 命令或一些特殊的软件就可获取合法用户的 IP 地址，攻击网络中的主机。

（3）计算机病毒：一种人为设计的计算机程序。它能够严重地破坏系统程序和数据，使网络效率和作用大大降低，许多功能无法正常使用，甚至导致计算机系统瘫痪。

（4）网络黑客：通过计算机网络盗窃信息、恶意攻击和破坏计算机系统资源的人。网络黑客主要利用系统漏洞获取他人账号、密码和操作权限，破坏、窃取和篡改网络中的信息。

（5）安全管理漏洞：多数人信息安全意识淡薄，忽视网络管理，使用系统默认的账号和密码，给黑客可乘之机。

8.5.2　攻击的主要方式

为了获取所需的信息或者达到某种目的，攻击者会采用各种攻击方法对信息系统进行攻击，这些攻击方法可以分为被动攻击和主动攻击两类。

1.　被动攻击

被动攻击是指攻击者在未经授权的情况下非法获取信息，但不对信息进行任何修改。常见的被动攻击方式如下。

（1）搭线监听：将网线接入到网络传输线路上进行监听，然后通过解调和协议分析，就可以掌握通信的内容。

（2）电磁/射频截获：对互连设备发出射频或电磁辐射进行监听和分析，跟踪或监视目标系统的运行过程，从中获取有价值的信息。对无线通信网络来说，电磁辐射截获和搭线监听可以达到同样的效果。

（3）其他截获：在通信设备或主机中加入病毒程序（如木马程序）后，这些程序会将有用的信息通过某种方式远程发送出来。

（4）流量分析：虽然通过某种手段（如加密）使得攻击者无法从截取的信号中获得信息的

真实内容，但是攻击者通过观察这些数据的模式，可以分析出通信双方的位置、通信频率、消息长度等信息，而这些信息可能是通信者不希望被攻击者知道的。

2. 主动攻击

主动攻击包括对数据流进行篡改或伪造，或者生成一个假的数据流，可以分为如下 4 类。

（1）伪装：某实体冒充其他实体，以获取合法用户的权利。

（2）重传：攻击者对截获的合法数据进行复制，然后出于非法目的再次生成，并在非授权情况下进行传输。

（3）篡改：对合法消息进行修改、删除，或者延迟消息的传输，改变消息传输的顺序，达到以假乱真的目的。

（4）拒绝服务：通过向服务器发送大量垃圾信息，导致被攻击目标资源耗尽或降低其性能，使得服务器无法正常为用户服务。

被动攻击使机密信息泄露，破坏了信息的保密性；主动攻击的伪装、重传、篡改破坏了信息的完整性；拒绝服务则破坏了信息系统的可用性。

8.5.3 信息安全的目标

信息安全的主要目标是保护计算机信息的保密性、完整性和可用性。保密性是指信息真实内容不被非授权者访问到，即只有合法通信双方才能够获得信息真实内容，即使第三方获取了信息，也无法得到信息的具体内容，从而不能使用。如第三方获取了信息的真实内容，则说明信息的保密性被破坏。完整性即保证信息的真实性，也就是说在信息的生成、传输、存储和使用的过程中不会被第三方所篡改。可用性是指保障信息资源随时可以提供服务的特性，即合法用户可以根据需要随时获得所需访问的信息。

3 个目标中只要有一个被破坏就表明信息的安全遭到了破坏，信息安全的目标就是致力于保障这 3 个特性。

除了上述的 3 个特性的要求以外，不同的信息系统根据业务类型的不同，可能还有更加具体的要求，主要体现在以下 4 个方面。

（1）可靠性：系统在规定的条件下能够完成规定的任务，其主要要求有硬件可靠、软件可靠和使用人员可靠等。

（2）不可抵赖性：这是对通信双方信息真实、统一的安全要求，它包括收、发双方均不可抵赖，即发送者无法谎称未发送过某些信息或否认所发送信息的内容，接收者亦不能否认接收到这些内容。

（3）可控性：可控性就是对信息及信息系统实施安全监控。管理机构对存在危害性的信息进行监视和审计，对信息的传播内容有控制能力。

（4）可审查性：使用审计、监控、防抵赖等安全机制，使得使用者的行为有据可查，并能够对网络出现的安全问题提供调查依据和手段。审计主要是通过将网络上发生的各种行为记录为日志，并对日志进行统计分析来实现的，它是对资源使用情况进行事后分析的有效手段，也是发现和追踪事件的常用措施。审计的主要对象是用户、主机和结点，其主要内容是访问的主体、客体、时间和成败情况等。

8.6　信息加密及其算法

信息安全技术主要由信息加密、用户认证和数字签名技术构成。它是实现信息的保密性、完整性和可用性功能的基础。信息加密技术是信息安全的基础，它以较小的代价，为信息提供强有力的安全保护措施。加密技术已经成为身份认证、数字签名和访问控制等安全机制的基础。

8.6.1　加密技术的基本概念

加密技术的基本思想是伪装信息，通过一组可逆的数学变换使得非法介入者无法理解信息的真正含义。

信息加密技术使用密码学的原理与方法，以数学为基础对数据提供保护。加密技术主要由密码编码和密码分析两个既相对独立又相互依赖的技术组成。密码编码技术主要研究如何产生安全有效的加密算法，实现信息加密；密码分析技术探讨破译密码的算法，将加密后的信息还原。

1．密码学中的常见术语

（1）明文：加密之前的信息称为明文。

（2）密文：经过加密算法处理的信息称为密文。

（3）加密：明文变成密文的过程称为加密。

（4）解密：密文还原回明文的过程称为解密。

（5）密钥：控制加密、解密过程的字符串称为密钥。

2．加密信息的主要作用

（1）明文的保密性：在密文存储或传输的过程中，只有在密钥的控制下才能获得明文。从另一个角度说，在无解密密钥的情况下，即使得到密文，也无法获得明文。

（2）密文的真实性：在无加密密钥的情况下，被伪造或篡改的明文无法加密成密文，使密文真实可靠。

8.6.2　数据加密算法

数据加密算法是在加密密钥控制下，对明文进行加密的一组数学变换。数据解密算法是在解密密钥控制下，对密文进行还原的一组数学变换。按照数据加密和解密所使用的密钥是否相同，可以将数据加密算法分为对称密钥和非对称密钥两种算法。

1．对称密钥算法

在对称密钥算法中，用于加密数据的密钥和用于解密数据的密钥相同，或者两者之间存在某种明确的数学关系。通信时，加密密钥和解密密钥是相同的，需要通信双方事先约定好密钥。对称加密算法，其安全性完全决定于密钥的安全，算法本身可以是公开的，因此密钥一旦泄露就等于泄露了加密信息。这种算法的主要特点是算法相对简单、运算量小、加密速度快；缺点是需要通信双方共同管理密钥，因此安全管理密钥困难，容易产生抵赖行为，密钥一旦泄露，就会直接影响信息的安全性。

例如，用户 A 向用户 B 发送信息，出于安全的角度考虑，需对数据进行加密，其核心思想是将明文中每个字符的 ASCII 值进行加 1 操作；解密时对密文中的每个字符做相应的逆操作，即可将密文恢复为明文。

下面一段 VB 程序通过改变字符的 ASCII 值，对文本进行简单的加密处理，如图 8-20 所示。

加密按钮的单击事件（Click）中的程序代码如下：

```
Dim i, j, key As Integer
Dim s As String
Text3.Text =" "
s = Text1.Text
j = Len(s)
For i = 1 To j
    Text3.Text = Text3.Text & Chr(Asc(Mid(s, i, 1)) + Val(Text2.Text))
Next
```

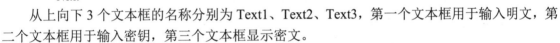

图 8-20　加密算法示例

从上向下 3 个文本框的名称分别为 Text1、Text2、Text3，第一个文本框用于输入明文，第二个文本框用于输入密钥，第三个文本框显示密文。

2．非对称密钥算法

在非对称密钥加密算法中，加密和解密具有不同的密钥，而通过一个密钥无法推出另一个密钥。一个密钥对通信双方公开，简称公钥；另一个密钥对通信一方保密，简称私钥。从对明文保密的角度出发，一般用对方的公钥加密，信息接收者用自己的私钥解密。如果侧重考虑密文的真实性，则也可以将两个密钥反过来使用。

非对称密钥算法的主要特点是信息安全，保密性强，易于管理；缺点是算法复杂，加密和解密所需的时间较长。

8.6.3　Windows 系统中的文件加密

在 Windows 操作系统中，可以使用文件加密功能对 NTFS 文件系统中的文件进行加密，加密后的文件具有透明性，即原用户使用加密文件时不需要身份认证。

由于操作系统进入正常运行之前不能解密文件，因此不要对操作系统文件和系统目录中的文件进行加密；否则可能导致系统无法正常启动。

1．加密的方法

在文件或文件夹属性对话框"常规"选项卡中单击"高级"按钮，弹出"高级属性"对话框，如图 8-21 所示，选中"加密内容以便保护数据"复选框，最后单击"确定"按钮，即可对文件或文件夹中的所有文件进行加密。

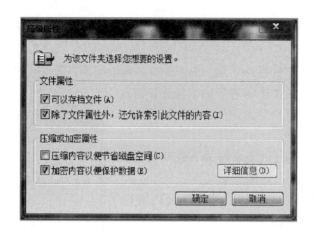

图 8-21　"高级属性"对话框

2．加密的表现形式

系统用特殊颜色（默认淡绿色）显示文件/文件夹名。对实施加密的用户来讲，在原加密数字证书控制下对加密和非加密文件的操作方法基本相同，但其他用户或更换了加密数字证书的原用户则无权访问加密文件。因此，用户采用加密手段可以保护各自的信息。

3．解密方法

解密的操作步骤与加密基本相同，只需在"高级属性"对话框中取消"加密内容以便保护数据"复选框，最后单击"确定"按钮。

8.7　数字证书的作用及维护

数字证书也称电子证书，是一个或一组文件，其中包含证明持有者身份的数据及用户的公钥。凭借数字证书所包含的信息，持有者可向计算机系统证明自己的身份，从而访问或使用某一特定的服务。

用户可以向权威公正的第三方机构，即认证授权中心（certificate authority，CA）来申请数字证书，CA 将发给用户一个数字证书，同时附有 CA 的签名信息。这种通过 CA 申请的数字证书使用及维护的费用往往非常高。用户在获得证书后，需要按照系统提供的说明将其安装在计算机上。

在 Windows 操作系统中，通过在"开始"菜单运行（可按 Win+R 键打开运行窗口）"Certmgr.msc"命令，可以看到当前系统中数字证书的安装情况（如图 8-22 所示），同时允许用户通过操作系统本身带有的工具来建立和维护数字证书。

1．创建"加密文件系统"的数字证书

在 Windows 中，运行文件加密功能后，系统自动为当前用户颁发一个个人数字证书（如图 8-22 中的 Administrator），这种证书主要用于文件加密，当然也可以进行数字签名。

图 8-22　本地计算机中的数字证书

2．创建"代码签名"数字证书

在 Office 的安装目录下（如 C:\Program Files\Microsoft Office\root\Office）执行应用程序 selfcert.exe 打开"创建数字证书"对话框，输入证书的名称，最后单击"确定"按钮，便产生一个数字证书，此种证书主要用于数字签名。

3．删除数字证书

从数字证书（如图 8-22 中的"自建数字证书 A"）的快捷菜单中选择"删除"选项，在提问对话框中单击"是"按钮即可。

4．安装和查看数字证书

（1）打开证书窗口：按 Win+R 键打开"运行"对话框，在"运行"对话框中执行"Certmgr.msc"命令，在证书窗口（见图 8-22）中，选定"个人"选项中的"证书"文件夹，在右边窗格中显示数字证书（如 Administrator 和自建数字证书 A 等）的相关信息。

（2）查看数字证书内容：双击右边窗格中的数字证书（如 Administrator），系统弹出"证书"对话框，选择"详细信息"选项卡，数字证书中的内容有版本、序列号、签名算法、颁发者、有效期、主题和公钥等信息。其中，公钥是用于信息加密的公开密钥，其值因数字证书而异。在数字证书中并不包含用于解密的私钥。

（3）安装数字证书：新颁发的数字证书不受信任，要使其受信任，需要安装到"受信任的根证书颁发机构"的"证书"文件夹中。安装数字证书的方法是，先在右边窗格数字证书（如 Administrator）的快捷菜单中选择"复制"选项，再在"受信任的根证书颁发机构"中"证书"的快捷菜单中选择"粘贴"选项，在打开的"安全警告"对话框中单击"是"按钮，便完成了证书的安装操作。

5．数字证书的导入/导出

每个数字证书中的信息都不同，删除一个数字证书后，将导致永远无法打开由此数字证书加密的文件，即使重建同名的数字证书也是如此。为了避免发生此类问题，需要备份数字证书和私钥，其过程如下。

（1）导出数字证书和私钥：在如图 8-22 所示的窗口中，从右边窗格数字证书（如 Administrator）的快捷菜单中选择"所有任务"→"导出"选项，按向导提示可以导出私钥和数字证书。注意，在导出过程中要选定"是，导出私钥"。导出成功后，数字证书和私钥均保存到扩展名为 PFX 的文件中。

（2）导入数字证书和私钥：从左边窗格"个人"→"证书"快捷菜单中选择"所有任务"→"导入"选项，按导入向导输入或选择证书文件名即可。

8.8　数字签名

加密技术的使用使得通信数据很难被非法介入者侵犯，但是它无法保证通信双方不进行互相抵赖。例如，用户甲发送了信息给用户乙，但由于某种原因，用户甲否认曾经向用户乙发送过该信息，用户乙也无法证明用户甲是否发过该信息。同时，用户乙也可以伪造信息，并声明是从用户甲处获得的。也就是说，安全的信息交换需要保证信息的不可抵赖性，而数字签名正是解决这一问题的有效方法。

数字签名是为被签名信息附加的、基于数字证书并加密的数字戳。在 Windows 系统中，在相关软件的控制下，可以对信息（文件）进行数字签名。例如，在 Outlook 中可以对电子邮件进行数字签名，在 Office 中可以对某些文档（如 docx、pptx 和 xlsx）进行数字签名等。

8.8.1　数字签名的作用

1．数字签名的特征

在生活及工作中，人们通常采用手写签名、按手印和盖章等方法来保证对方无法对相互的承诺进行抵赖，但是由于计算机信息易于复制或修改，且不留下痕迹，这使得传统的保障方法在计算机信息传递的过程中很难满足要求。数字签名的主要特征有以下几点。

（1）依赖性：数字签名必须是依赖于被签名信息而产生的。

（2）唯一性：签名使用的信息必须只有签名者唯一拥有，以防止双方伪造与否认。

（3）抗伪造性：根据已有的签名无法伪造相应的信息，对一个给定的消息无法构造出相同的签名。

（4）可验证性：必须相对容易地识别和验证数字签名。

（5）可用性：在存储器中保留一个副本是可行的。

2．数字签名及验证

数字签名的过程可以分为直接数字签名和仲裁数字签名两种。

（1）直接数字签名：信息发送者用自己的私钥对信息进行加密，并将加密后的信息发送给接收者，接收者接收到文件后用发送者的公钥进行解密。由于加密密钥属于发送者私有，且加密后的文件保存在接收端，故而发送者无法否认发送过信息，而接收者只有解密密钥，一旦对信息进行修改，则无法生成对应的密文。

由于对全部信息进行加密/解密会浪费时间和资源，而且有时信息内容的本身并不需要对第三方进行保密，在实际应用的过程中，信息的发送者用自身的私钥对基于信息产生的摘要进行加密，并将加密的结果作为数字签名与要发送的信息一起发送给接收者，接收者用公钥对数字签名进行解密，根据信息的内容重新生成摘要，并对两份摘要进行比较，如果两份摘要相同，那么接收者就可以确认信息来自发送者，且没有被非法修改过。

（2）仲裁数字签名：信息发送者首先将信息发送到仲裁机构，仲裁机构对信息以及附带的签名进行一系列测试，最终将测试的结果发送给接收者，这种签名过程要求通信双方必须完全信任仲裁机制能够正常工作。

3．数字签名的作用

（1）身份认证：由于私钥只有发送者自己拥有，故其他人无法模仿发送者的数字签名。因此，数字签名可以用于验证最后签署文件人的身份（数字证书），同时可以查明文件的来源，避免产生抵赖问题。

（2）保证信息的完整性：由于数字签名与数字证书和被签名的信息都有关联，因此信息修改的前后数字签名的结果不同，即信息被修改过后无法模仿数字签名。系统可以根据数字签名的结果接收或拒收某些文件，以确保数据的可靠性和完整性。

8.8.2　Microsoft Office 2019 文档签名

在 Microsoft Office 的软件中，为了对某些文档进行保护，可以对 Word 文档（docx）、Excel文档（xlsx）和 PowerPoint 文档（pptx）进行数字签名。

1．数字签名的方法

对各类文档的数字签名方法基本相同，都是在编辑文档时，利用有关文件信息保护工具进行数字签名。例如，在 Word 文档的编辑窗口中，单击"文件"→"信息"→"保护文档"→"添加数字签名"→"确定"按钮，在打开的"签名"对话框（如图 8-23 所示）中，单击"更改"按钮，可重新选择数字证书；单击"签名"按钮，便实现了当前文档的数字签名。

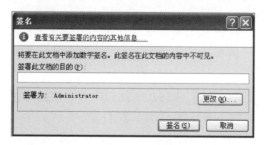

图 8-23　"签名"对话框

2．数字签名的文档

数字签名后的文档，由于添加了数字签名的有关信息（如数字证书），文件大小有所增加。打开数字签名后的文档，在系统选项卡和文档编辑区之间将显示如图 8-24 所示的警示信息框，单击"仍然编辑"按钮，将删除数字签名信息，随后可以进一步编辑修改文档的内容。

图 8-24　数字签名文档的警示信息

习题

一、填空题

1. 计算机网络系统是分布在不同地理位置，具有独立功能的___①___及辅助设备，通过___②___和___③___连接起来，由___④___实现___⑤___以及信息通信的系统。

2. 计算机网络系统由___①___和___②___两种子网组成；服务器计算机属于___③___子网；交换机属于___④___子网。

3. ___①___是计算机之间进行通信的语言，3 个要素是___②___、___③___和___④___。

4. 网络互连需要使用一些中间设备，实现网络之间的___①___和___②___转换；路由器的主要功能是___③___、转发数据和___④___；网卡的 MAC 地址长度为___⑤___位十六进制数，前 6 位表示网卡___⑥___标识。

5. Internet 基于___①___协议，采用___②___连接模式；用户可以用___③___和___④___两种地址访问网站；子网掩码的两个主要作用是___⑤___和___⑥___；在网页浏览器地址栏中的网址中含有 HTTP，中文含义是___⑦___；在 www.icourse.cn 中，域名是___⑧___，网络名是___⑨___，此网站在___⑩___注册。

6. IPv6 的地址长度为___①___位二进制数，其不再按网络大小来划分 IP 地址类型，也不按结点(路由器和主机)分配 IP 地址，而依靠地址头部的___②___区分地址类型，并按___③___界面分配 IP 地址。

7. IPv6 的地址采用"冒号十六进制"表示法，将 128 位二进制地址分为 8 段，每段用___①___位十六进制数表示，段间用___②___分开。

8. 将一个公共 C 类网络 IP 地址分成 8 个子网，应该将其___①___位二进制主机标识扩充到网络标识中，该网络的子网掩码应该设为___②___，每个子网中有___③___个可供分配的主机 IP 地址。

9. 当某个局域网的子网掩码是"255.255.255.0"时，该局域网中的计算机数量最多可以有___①___台，因为主机号不能全是___②___或全是 1。

10. 网页中 HTML 代码含有"<a href ="HTTP://www.icourse.cn">爱课程</a>"，那么这行代码的作用是在文字"爱课程"上添加_____。

11. 某公司新买了一台计算机需要连接到公司的局域网中，为此要对其进行 TCP/IP 协议设置。依次设置计算机的___①___地址为 172.168.10.33，___②___为 255.255.255.0，___③___为 172.168.10.1，首选 DNS 服务器地址为 202.96.134.133。

12. 某中学需要新建一个约有 100 台计算机的机房，那么这个局域网采用___①___类 IP 地址最适合；某大型网吧是总共由 450 台左右的计算机构成一个内部的局域网，并且计算机都在同一个网段中，那么这个局域网采用___②___类 IP 地址最适合。

13. 登录某 FTP 服务器时，需要在浏览器的地址栏输入 FTP://119.147.156.108:53。我们可由此判断，FTP 服务器的 IP 地址为：___①___，端口号为___②___。

14. 要想知道两台主机是否在同一子网，只要将两台主机的___①___分别与它们的___②___进行"与"操作，若结果相同，则说明这两台主机在同一子网中。

15. 计算机信息安全是一门综合性学科，它涉及计算机科学、___①___、通信技术、___②___等多种学科。

16. 计算机信息安全是指信息网络的___①___、软件以及其中的数据受到保护，不会因偶然的或者恶意的原因而遭到___②___、___③___、泄露，使得系统所提供的信息服务能够可靠地、不间断地运行。

17. 为了获取所需的信息或者达到某种目的，攻击者会采用各种方式对信息系统进行攻击，这些攻击方式可以分为___①___和___②___两类。

18. 数字证书通常由___①___发布，也被称为电子证书，其中包含证明持有者身份的数据及用户的___②___，凭借数字证书所包含的信息，持有者可向计算机系统证明自己的身份，从而访问或使用某一特定的服务。

19. 信息安全技术主要由___①___、___②___和___③___技术构成，___④___技术是信息安全的基础。

20. ___①___加密算法，加密和解密采用不同的密钥，这种方法加密/解密速度___②___，由于通信双方独自拥有自己的___③___钥，所以这种方法的保密性强，易于管理。

21. 在 Windows 操作系统中，可以用文件加密功能对___①___文件系统中的文件进行加密，加密后的文件具有透明性，即只有___②___使用加密文件时，不需要身份认证，其他用户由于没有___③___，故而无法访问文件。

22. 数字签名的作用包括___①___和___②___。

23. 假设用户 A 向用户 B 发送信息，用户 A 为了证明信息是由自己发送的，用自己的___①___对信息进行数字签名，用户 B 收到信息后，用___②___的___③___对数字签名进行验证，以保证信息确实由 A 发送，且中途没有被篡改。

24. 在 Windows 系统中，对文件进行加密后，___①___一旦被删除，将导致无法正常操作与之相关的文件。为了避免此类问题的发生，用户应该___②___。

25. 在数字签名认证体系中涉及公钥与私钥，其中___①___由 CA 提供，___②___由用户自己生成。

26. 被动攻击使得信息遭到泄露破坏了信息的___①___性，主动攻击破坏了信息的___②___性，拒绝服务破坏了信息的___③___性。

27. 系统在规定的条件下能够完成任务，体现了信息安全的___①___目标，使收发双方均不可否认，体现了信息安全的___②___目标。

28. 在主动攻击中，对信息进行修改、___①___，或者延迟消息的传输，改变消息传输的顺序，达到以假乱真的目的，这种攻击方式被称为____②____。

29. 在加密系统中可被用户直接理解的信息被称为____①____，通过加密算法处理后的信息被称为____②____。

30. 控制加密/解密过程的字符串被称为____①____，将密文还原回明文的过程称为____②____。

二、单选题

1. 计算机网络系统中的每台计算机都是_____。
   A. 相互控制的　　　　B. 相互制约的　　　　C. 功能独立的　　　　D. 毫无联系的

2. _____负责全网数据处理和向用户提供资源及网络服务。
   A. 计算机硬件　　　　B. 资源子网　　　　　C. 通信子网　　　　　D. 网卡

3. 在计算机网络组成结构中，_____负责网络数据的传输、转发等工作。
   A. 资源子网　　　　　B. 局域网　　　　　　C. 通信子网　　　　　D. 广域网

4. 从功能上看，计算机网络可分为两种子网，即_____子网。
   A. 数据和信息　　　　B. 资源和通信　　　　C. 通信和信息　　　　D. 资源和数据

5. 网络中计算机之间通信是通过_____实现的，它们是通信双方必须遵守的约定。
   A. 网卡　　　　　　　　　　　　　　　　B. 通信协议
   C. 双绞线　　　　　　　　　　　　　　　D. 电话交换设备

6. 通信协议是为保证准确通信而制定的一组_____。
   A. 用户操作规范　　　　　　　　　　　　B. 硬件电气规范
   C. 规则或约定　　　　　　　　　　　　　D. 程序设计语法

7. 协议的三要素是_____。
   A. 硬件、软件和时序　　　　　　　　　　B. 线路、设备和用户
   C. 语法、语义和时序　　　　　　　　　　D. 服务、客户和主机

8. TCP 的中文含义是_____。
   A. 信息协议　　　　　　　　　　　　　　B. 内部协议
   C. 传输控制协议　　　　　　　　　　　　D. 网络互连协议

9. 网际协议是_____。
   A. HTTP　　　　　　B. TCP　　　　　　　C. Telnet　　　　　　D. IP

10. 与双绞线连接的是_____。
    A. RJ-45 插口　　　B. BNC 插口　　　　C. 并行插口　　　　　D. AUI 插口

11. 将局域网与 Internet 相连，需要增加_____设备。
    A. 交换机　　　　　B. 网桥　　　　　　C. 集线器　　　　　　D. 路由器

12. 将使用网络资源的计算机称为_____。
    A. 服务器　　　　　B. 客户机　　　　　C. 主机　　　　　　　D. 终端

13. 将提供资源的计算机称为_____。
    A. 服务器　　　　　B. 客户机　　　　　C. 单机　　　　　　　D. 终端

14. Internet 采用的连接模式是_____。

A. 文件服务器　　　B. 客户机/服务器　C. TCP/IP　　　　D. 对等模式

15. Internet 常用的浏览器是_____。

A. WWW　　　　　B. Web　　　　C. IE　　　　　D. HTTP

16. Internet 上的每台计算机都有唯一的_____。

A. E-mail　　　　　B. 协议　　　　C. TCP/IP　　　D. IP 地址

17. 主机的 IP 地址与域名的关系是_____。

A. 一对一　　　　　B. 两者完全一致　C. 一对多　　　D. 多对一

18. Internet 基于_____协议。

A. TCP/IP　　　　　B. WWW　　　　C. IE　　　　　D. URL

19. _____是超文本传输协议。

A. HTTP　　　　　B. TCP/IP　　　　C. Telnet　　　D. FTP

20. _____是传输控制协议。

A. HTTP　　　　　B. TCP　　　　　C. Telnet　　　D. IP

21. 与 Internet 相连接的计算机或设备都被称为_____。

A. 工作站　　　　　B. 主机　　　　C. 服务器　　　D. 客户机

22. 不是 IPv6 特点的是_____。

A. 地址空间大　　　　　　　　B. 安全性更高

C. 对移动通信支持更好　　　　D. 服务质量低

23. IPv6 的地址长度为_____位二进制数。

A. 32　　　　　B. 64　　　　C. 128　　　　D. 256

24. IPv6 的地址没有的表示法是_____。

A. 常规表示法　　B. 分类表示法　C. 零压缩表示法　D. 嵌入表示法

25. IPv6 地址只对_____进行了分配。

A. 高位　　　　　B. 低位　　　　C. 高 8 位　　　D. 低 8 位

26. 下列软件中不能用于制作网页的是_____。

A. Flash MX　　　　　　　　B. Dreamweaver MX

C. Cute FTP　　　　　　　　D. FrontPage 2000

27. 下面不是组成一个 HTML 文件基本结构标记的是_____。

A. <Form></Form>　　　　　B. <Head></Head>

C. <Body></Body>　　　　　D. <HTML></HTML>

28. 网页中用于标识网页标题的 HTML 标记是_____。

A. <Head>标题</Head>　　　B. <Td>标题</Td>

C. <HTML>标题</HTML>　　　D. <Title>标题</Title>

29. 在 HTML 语言中,用于定义超级链接的标记是_____。

A. <P></P>　　　　　　　　B. <Font></Font>

C. <a href="链接目标">链接源</a>　D. <Form></Form>

30. HTML 语言中，表格标记符是_____。
    A. <Table></Table>　　　　　　　B. <HTML></HTML>
    C. <Head></Head>　　　　　　　D. <Form></Form>

31. 计算机信息安全主要是针对网络中的_____安全。
    A. 通信　　　　B. 软件　　　　C. 资源　　　　D. 硬件

32. 下面这些攻击方式中，不属于被动攻击方式的是_____。
    A. 搭线监听　　　B. 重传　　　C. 电磁/射频截获　　D. 流量分析

33. 在主动攻击中，_____攻击方式通过向服务器发送大量垃圾信息，导致被攻击目标资源耗尽，或降低性能，使得服务器无法正常为用户服务。
    A. 伪装　　　　B. 重传　　　　C. 篡改　　　　D. 拒绝服务

34. 窃取其他用户账号与密码，获得他人的操作权限，属于_____攻击方式。
    A. 伪装　　　　B. 重传　　　　C. 篡改　　　　D. 拒绝服务

35. 按照密钥类型进行划分，加密算法分为_____种。
    A. 2　　　　B. 10　　　　C. 9　　　　D. 15

36. 在加密/解密过程中，如果使用的密钥相同，则将之称为_____体系。
    A. 双密钥　　　B. 单密钥　　　C. 相似密钥　　　D. 可逆密钥

37. 在基于密钥的加密/解密体系中，信息的安全性主要取决于_____。
    A. 加密算法　　　B. 密钥　　　C. 操作系统　　　D. 传输介质

38. 将明文通过某种数学变换，使之成为非法介入者无法看懂的过程称为_____。
    A. 解密　　　　B. 加密　　　　C. 解压　　　　D. 压缩

39. 在 Windows 操作系统中，为用户设置用户名、密码，使不同用户对计算机的操作得到限制，这种用户认证机制主要是防止主动攻击中的_____攻击方式。
    A. 伪装　　　　B. 重传　　　　C. 篡改　　　　D. 拒绝服务

40. 在信息系统中，要求通信双方均不能否认自己曾经发送或接收到相应的信息，这体现了信息安全目标中要求的_____。
    A. 可靠性　　　　　　　　　　B. 不可抵赖性
    C. 可控性　　　　　　　　　　D. 可审查性

41. 在数字签名体系中，根据已有的签名来伪造相应的信息，也无法对一个给定的信息构造出相应的签名，这体现了数字签名要求中的_____。
    A. 依赖性　　　B. 唯一性　　　C. 抗伪造性　　　D. 可用性

42. 在 Windows 系统中，查看数字证书信息时，无法看到的信息是_____。
    A. 算法　　　B. 有效期　　　C. 颁发者　　　D. 私钥

43. 数字签名过程中，签名用户使用自己的_____对信息进行签名。
    A. 公钥　　　　B. 私钥　　　　C. 算法　　　　D. 密码

三、多选题

1. 计算机网络的主要作用是_____。
   - A. 相互制约
   - B. 数据通信
   - C. 资源共享
   - D. 安全互补
   - E. 漏洞互补

2. 网卡的物理地址由 12 位十六进制数构成，分别标识_____两部分信息。
   - A. 应用类型
   - B. 传输介质类型
   - C. 制造商
   - D. 技术规范
   - E. 序列号

3. 局域网络上的每一台计算机必须具备的软硬件条件是_____。
   - A. 网络接口卡
   - B. 通信协议
   - C. 网络服务器
   - D. 光盘
   - E. Modem

4. 局域网的主要特点有_____。
   - A. 可属个人或单位
   - B. 结构简单
   - C. 误码率高
   - D. 传输率高
   - E. 连接距离远

5. 关于分配 IP 地址的正确说法是_____。
   - A. 服务器可动态分配
   - B. 客户机可动态分配
   - C. 服务器必须固定分配
   - D. 客户机必须固定分配
   - E. 客户机必须固定分配，服务器可动态分配

6. 子网掩码的主要作用是_____。
   - A. 获取网络 IP 地址
   - B. 获取主机 IP 地址
   - C. 隐藏主机 IP 地址
   - D. 合并网络
   - E. 分割网络

7. 某公共 C 类 IP 地址为 200.168.172.12,子网掩码 255.255.255.224,下列 IP 地址中，__①__ 是子网 IP 地址，__②__ 可作为主机 IP 地址，__③__ 不能作为主机 IP 地址。
   - A. 200.168.172.32
   - B. 200.168.172.63
   - C. 200.168.172.62
   - D. 200.168.172.160
   - E. 200.168.172.191
   - F. 200.168.172.225

8. 在 IPv6 嵌入表示法中，地址左边 6 段可用_____方法书写。
   - A. 嵌入表示法
   - B. 零压缩表示法
   - C. 混合表示法
   - D. 常规表示法
   - E. IPv4 表示法

9. 网络信息安全技术包括_____技术。
   - A. 数据加密
   - B. 认证
   - C. 计算机硬件
   - D. 应用程序
   - E. 密码

10. 计算机信息安全的目标细化后主要体现在下面的_____几个方面。
    - A. 可靠性
    - B. 不可抵赖性
    - C. 可控性
    - D. 可审查性
    - E. 完整性

11. 下列信息攻击方式中，属于主动攻击的是_____。
    - A. 伪装
    - B. 重传
    - C. 篡改
    - D. 搭线监听
    - E. 流量分析

12. 网络安全措施主要包括_____。
    A. 安全技术　　　　　　B. 软件　　　　　　　　C. 安全法规
    D. 通信　　　　　　　　E. 安全标准

13. 加密技术涉及的术语有_____。
    A. 黑客　　　　　　　　B. 明文　　　　　　　　C. 计算机病毒
    D. 密钥　　　　　　　　E. 解密

14. 数字签名的作用包括_____。
    A. 信息完整　　　　　　B. 文件来源　　　　　　C. 防病毒
    D. 密钥　　　　　　　　E. 防止篡改信息

15. 下列攻击方式中，属于被动攻击的是_____。
    A. 伪装　　　　　　　　B. 重传　　　　　　　　C. 篡改
    D. 搭线监听　　　　　　E. 流量分析

16. 下列项目使信息系统的安全存在威胁的是_____。
    A. 操作系统漏洞　　　　B. 管理人员疏忽　　　　C. 计算机病毒
    D. 用户使用操作系统不熟　　　E. 黑客攻击

17. 数字签名的方式有_____。
    A. 直接签名　　　　　　B. 间接签名　　　　　　C. 加密签名
    D. 仲裁签名　　　　　　E. 防伪签名

18. 人们对数字签名的要求包括_____。
    A. 依赖性　　　　　　　B. 抗伪造性　　　　　　C. 唯一性
    D. 可验证性　　　　　　E. 可用性

思考题

1. 一个 C 类网络最多有 254 个主机 IP 地址。申请一个 C 类网络 IP 地址，如何能将数以万计的计算机连接到 Internet 上？

2. 要建立一个局域网，最节省经费的设备选择方案是什么？通信效率最高的设备选择方案是什么？

3. 影响网络信息安全的因素有哪些？人们日常使用计算机的哪些行为和习惯将影响网络信息安全？

4. 如何获得正规有效的数字证书？数字证书有哪些用途？有效的数字签名就意味着文件安全吗？

第 9 章

人工智能基础

电子教案

人工智能是机器对人的意识、思维过程的模拟，目标是让生物的自然智能在计算机上得以实现，它以计算机科学、控制论、信息论、神经心理学、哲学、语言学等多个学科的研究成果为基础，是综合性很强的交叉学科，也是一门极富挑战性的学科。人工智能的研究领域十分广泛，由不同的领域组成，如计算机视觉、自然语言处理和智能机器人等。

本章首先介绍人工智能及其发展简史；然后简要介绍当前人工智能的主要理论、方法和应用；最后简要介绍人工智能安全、隐私和伦理挑战。

9.1　概述

人工智能（artificial intelligence，AI）是研究、开发用于模拟、延伸和扩展人的智能的理论、方法、技术及应用系统的一门技术科学。1956 年，"人工智能"由美国的约翰·麦卡锡（John McCarthy）在达特茅斯会议上首次提出。经过早期的探索阶段，人工智能向着更加体系化的方向发展，已逐步成为一个独立的分支学科，无论在理论和实现上都已自成一个系统。

人工智能试图了解智能的本质，并产生出一种新的、能以与人类智能相似的方式做出反应的智能机器，其研究领域包括机器人、语言识别、图像识别、自然语言处理和专家系统等。人工智能自诞生以来，理论和技术日益成熟，应用领域也不断扩大，未来人工智能带来的科技产品，将会是人类智慧的进一步体现。

国内的人工智能起步较晚。1977 年，吉林大学王湘浩院士在国内最早提出开展中国人工智能研究。1979 年 7 月 23 日，中国电子学会计算机学会（中国计算机学会的前身）在吉林大学召开"计算机科学暑期讨论会"，王湘浩院士担任会议领导小组组长。人工智能是这次讨论会的重要方向，这次会议也被誉为"中国的达特茅斯会议"。1980 年，受教育部委托，吉林大学举办了全国人工智能讨论班，并成立了全国高校人工智能研究会，该讨论班是我国最早的人工智能学术研讨活动。

我国人工智能产业在政策、资本、市场需求的共同推动和引领下快速发展。2017 年 3 月"人工智能"首次被写入政府工作报告；2017 年 7 月，国务院发布《新一代人工智能发展规划》，明确指出新一代人工智能发展分三步走的战略目标，到 2030 年使中国人工智能理论、技术与应用总体达到世界领先水平，成为世界主要人工智能创新中心。

9.1.1　人类智能与机器智能

人类智能与机器智能是人工智能领域两个重要概念。人类智能是指人类自身具有的智能，包括感知、思维、判断、推理、记忆、学习等能力；机器智能是指通过计算机程序和算法实现的人工智能，具有类似人类智能的感知、学习、推理和决策等能力。

人类智能和机器智能都可以通过量化的方式描述和衡量。对于人类智能，可以通过智商测试、认知能力测试等方法来衡量；机器智能则可以通过机器学习算法的准确率、误差率等指标来评估其智能程度。

人类智能和机器智能在很多方面存在着本质上的不同。

首先，在感知和认知方面，人类具有强大的感官系统和复杂的脑神经网络，可以快速准确地获取和理解外部环境的信息，具有高度的适应性和灵活性；机器智能则需要通过各种传感器来获取数据，经过处理和学习后进行认知和理解。

其次，在判断和决策方面，人类具有丰富的生活经验和知识储备，并且具有复杂的情感和价值观念，可以进行深度的推理和决策，可以在复杂环境中应对各种复杂问题；机器智能则需要经过大量的数据和算法训练，才能进行推理和决策，其决策过程也缺乏人类的情感和价值观念。

最后，在创造和创新方面，人类具有强大的想象力和创造力，可以进行高度创造性的思考和行动，并且能够适应不断变化的环境；机器智能则主要通过学习和优化来实现智能化的应用，创造和创新能力相对较弱。

总之，人类智能和机器智能虽然存在相似之处，但本质上存在着明显的差异。在未来，人工智能将会对各行各业产生巨大的影响，甚至可能引发一些社会、经济、伦理等方面的问题和挑战。因此，需要重视人工智能技术的发展，同时加强对其影响的评估和管理，确保其发展有益于人类社会。

9.1.2　人工智能发展简史

1956 年约翰·麦卡锡（John McCarthy）在达特茅斯会议上提出"人工智能"（Artificial Intelligence）的概念，因此，达特茅斯会议被视为人工智能领域的创始性事件之一。同年，雷曼振荡器的发明为神经网络的发展奠定了基础；亚瑟·塞缪尔（Arthur Samuel）在 IBM 实验室开发出能够学习下棋的计算机程序，被认为是机器学习的里程碑。这些事件共同促进了人工智能领域的发展和进步，开创了人工智能元年。

此后，研究者们提出众多理论及原理，人工智能的概念也随之扩展。人们从逻辑推理与定理证明、自然语言理解、专家系统以及机器学习等多个角度展开研究，建立了具有不同程度人工智能的计算机系统，例如语音识别、手写体识别、应用于疾病诊断的专家系统、水下机器人、Chat GPT、文心一言等。

人工智能的发展可以基于多种不同分类方法划分，常见分类方法包括：

（1）根据人工智能技术的发展路线，将人工智能的发展划分为规则系统阶段、知识表示与推理阶段、统计学习阶段和深度学习阶段等。

（2）根据人工智能技术在不同的应用领域中的发展情况，将人工智能的发展划分为机器人技术阶段、专家系统阶段、模式识别与感知阶段、机器学习阶段和深度学习与综合智能阶段等。

（3）根据人工智能技术的具体实现手段，将人工智能的发展划分为基于规则的人工智能、符号主义人工智能、连接主义人工智能和基于深度学习的人工智能等。

（4）根据人工智能技术的实现目标和具体功能，将人工智能的发展划分为智能博弈、智能语音处理、智能图像处理、自然语言处理、智能机器人和智能推荐等。

（5）根据人工智能技术的智能程度，还可以将人工智能划分为弱人工智能和强人工智能。弱人工智能（artificial narrow intelligence，ANI）又称为应用型人工智能。弱人工智能仅擅长某个方面的应用，并且在特定的领域，它拥有着超出人类水平的能力，但超出特定领域则无法发挥作用。弱人工智能观点认为不可能制造出能真正地推理和解决问题的智能机器，这些机器只不过看起来像是智能的，但是并不真正拥有智能，也不会有自主意识，强人工智能（artificial intelligence，AGI）又称为通用人工智能或完全人工智能，与弱人工智能的定义不同，这是一种类似人类智能的人工智能，能够胜任人类所有的工作，它的智能程度和适用范围远超弱人工智能。强人工智能必将为驱动新一轮"工业革命"做出贡献。

以下以常见的按技术路线发展划分为例，介绍人工智能的发展。

1. 规则系统阶段（1943—1969 年）

此阶段人工智能领域主要关注开发基于规则和逻辑的智能系统。这个阶段的基本思想是通过编写一系列规则来告诉机器如何思考和决策。例如，人们可以编写一系列规则，告诉机器如何下象棋。在这个阶段，人工智能的应用范围非常有限，只能处理一些特定的问题。

规则系统阶段的主要代表性成果有：

（1）M-P 模型：1943 年心理学家莫克罗（W.S.McCulloch）和数理逻辑学家彼特（W.Pitts）提出人工神经网络，通过 M-P 模型提出了神经元的形式化数学描述和网络结构方法，证明了单个神经元能执行逻辑功能，开创了人工神经网络的研究。

（2）图灵测试：1950 年，艾伦·麦席森·图灵（Alan Mathison Turing）提出的图灵测试，是可以评价计算机是否具有人类智能的标准。该测试要求人类评测员通过文本交互来判断计算机是否能够模拟人类的自然语言交流。如果计算机的表现能够让评测员无法分辨其是否为人类，则认为计算机具有智能。

（3）人工智能术语的创立：1956 年，约翰·麦卡锡等人在达特茅斯会议上正式提出了"人工智能"概念，标志着人工智能成为独立的学科领域。

（4）感知机的提出：1957 年弗兰克·罗森布拉特（Frank Rosenblatt）结合了线性神经网络和阈值函数，设计出了更深层次的多层感知器，多层感知器遵循人类神经系统原理，学习并进行数据预测。它首先学习，然后使用权值存储数据，并使用算法来调整权值并减少训练过程中的偏差，即实际值和预测值之间的误差。感知机是机器学习人工神经网络理论中神经元的最早模型，这一模型也使得人工神经网络理论得到了巨大的突破。

（5）逻辑推理系统：1958 年，约翰·麦卡锡和马文·明斯基（Marvin Minsky）等人开发的逻辑推理系统（logic theorist），成为世界上第一个能够证明定理的计算机程序。该系统基于逻辑规则进行推理和证明，能够解决数学中公理和定理的证明等问题。

（6）ELIZA 程序：1965 年，约瑟夫·韦斯利特（Joseph Weasley）发明的 ELIZA 程序，是第一个能够进行自然语言交互的程序。该程序通过简单的模式匹配和替换技术，能够模拟心理医生的对话风格，让人们感觉与之沟通是在与真正的人交谈。

规则系统阶段的人工智能研究主要集中于理论和基础技术方面，研究成果对后续的人工智能研究和应用具有重要的影响。同时，规则系统阶段也揭示了人工智能研究的局限性，如语言理解的复杂性等。

2．知识表示与推理阶段（1970—1990 年）

此阶段人工智能研究开始将重点从规则系统转向知识表示和推理。此时，人工智能符号主义流派研究发展迅速，即基于逻辑推理的智能模拟方法模拟人的智能行为。在 20 世纪 80 年代，一类名为"专家系统"的 AI 程序开始为全世界的公司所采纳，人工智能也由此变得更加"实用"，此时专家系统所依赖的知识库系统和知识工程便成为 AI 研究的焦点。

知识表示与推理阶段的主要代表性成果有：

（1）产生式规则系统：1984 年，沃伦·麦卡洛克（Warren McCulloch）和彼得·诺瓦克（Peter Nowak）提出基于规则的知识表示和推理方法的产生式规则系统。该系统通过将知识表示为一系列条件—动作规则（即产生式规则），并采用前向或后向推理方法，实现了基于规则的推理和决策。

（2）场论：1985 年，特里·温斯顿（Patrick Winston）提出基于场（即概念或实体之间的关系）的知识表示和推理方法——场论。该方法通过将知识表示为场之间的关系，实现语义上的联结和推理。场论成为人工智能领域中的一种重要知识表示和推理方法。

（3）专家系统：1968 年费根鲍姆（Feigenbaum）等人研制成功第一个用于识别化合物结构的专家系统 DENDRAL，之后专家系统获得了飞速的发展，并且逐步运用于医疗、军事、地质勘探、教学、化工等领域，产生了巨大的经济效益和社会效益，例如斯坦福大学研制的用于血液感染病诊断的 MYCIN 专家系统、斯坦福研究所研制的用于探矿的 PROSPECTOR 专家系统和吉林大学研制的勘探专家系统及油气资源评价专家系统等。

从符号主义的观点来看，知识是信息的一种形式，是构成智能的基础，知识表示、知识推理、知识运用是人工智能的核心。知识表示与推理阶段的人工智能研究主要关注如何有效地表示和推理知识，其研究成果为人工智能应用提供了基础和理论支持，也为人工智能研究和发展提供了新的方向和思路。同时，知识表示和推理的研究也揭示了知识表示的表达能力和推理效率等问题。

3．统计学习阶段（1991—2006 年）

由于专家系统仅适用于某些特定场景，很快人们就对这一系统由狂热的追捧逐渐走向巨大的失望。随着系统的持续使用，专家系统会不断添加更多的规则来操作，并需要越来越大的知识库来处理。最终，维护和更新系统知识库所需的人力会不断增长，直到在财政上无法维持，无法与越来越通用的台式计算机竞争。与此同时，现代电子计算机与互联网的出现让"知识查询"的成本进一步降低。因此，由专家系统再次兴起的人工智能研究又一次陷入了低谷之中。

到了 20 世纪 90 年代，人工智能研究开始将重点从知识表示和推理转向基于数据的统计学习。随着计算机计算能力的提升，研究热点逐渐转向用神经网络模拟人类大脑思维过程的方法，即人工智能连接主义流派。

统计学习阶段的主要代表性成果有：

（1）深蓝：1997 年，IBM 研制的"深蓝"击败国际象棋世界冠军加里·卡斯帕罗夫，成为世界上第一个在国际象棋领域战胜人类世界冠军的计算机，标志着人工智能在博弈领域的应用取得了巨大的成功，激发了更多人工智能在其他领域的研究。

（2）自然语言学习项目：2002 年，卡内基·梅隆大学推出"自然语言学习"项目，该项目通过基于统计学习的自然语言处理技术，实现了对大规模文本语料库自动分析和学习，成为统计学习在自然语言处理领域中的重要应用。

（3）深度信念网络：2005 年，约书亚·本吉奥（Yoshua Bengio）等人提出基于无监督学习的神经网络模型——深度学习模型的前身"深度信念网络"（Deep Belief Network）。该模型通过逐层训练，学习数据中的高阶特征表示，从而实现了对大规模复杂数据的表征和处理。

统计学习阶段的人工智能研究主要关注如何基于大规模数据进行模式识别和预测，推动了人工智能在各个领域的应用和发展，也为深度学习和其他机器学习技术的发展夯实了基础。同时，统计学习也提出如数据量和质量的要求、过拟合和欠拟合等问题。

4．深度学习阶段（2006 年至今）

随着计算能力和海量数据处理两大技术领域的发展，AI 的发展迎来了新的浪潮。

一方面强大的计算能力来自于硬件、分布式系统、云计算技术的发展，专门为神经网络设计的硬件系统又一次推动了人工智能软硬件结合的大进步；另一方面，由于互联网的出现，使得可用的数据量剧增，数据驱动方法的优势越来越明显，最终完成了从量变到质变的飞跃。如今很多需要类似人类智能才能做的事情，计算机已经可以胜任，这一定程度上得益于数据量的增加。计算机性能的提升和海量数据的积累，促使深度学习算法的不断突破。

深度学习阶段是人工智能发展的一个重要阶段，其主要代表性成果有：

（1）深度学习概念的提出：2006 年，杰弗里·辛顿 (Geoffrey Hinton)以及他的学生鲁斯兰·萨拉赫丁诺夫（Ruslan Salakhutdinov）正式提出了深度学习的概念。他们在世界顶级学术期刊 *Science* 发表的文章 *Reducing the dimensionality of data with neural networks*，揭开了新的训练深层神经网络算法的序幕，详细地给出了"梯度消失"问题的解决方案，即通过无监督的学习方法逐层训练算法，再使用有监督的反向传播算法进行调优。传统机器学习模型在处理复杂数据时的局限性得到解决，成为深度学习进入人工智能领域的重要契机。

（2）卷积神经网络的成功应用：2012 年，亚历克斯·克里泽夫斯基（Alex Krizhevsky）等人使用深度学习模型卷积神经网络（convolutional neural network）在 ImageNet 大规模视觉识别挑战赛（imageNet large scale visual recognition challenge， ILSVRC）中获得冠军，标志着深度学习在计算机视觉领域的成功应用。卷积神经网络成为图像识别、目标检测、图像分割等领域中基础模型。

（3）AlphaGo 的胜利：2016 年，AlphaGo 以 4∶1 的成绩击败围棋世界冠军李世石，成为第一个战胜人类围棋世界冠军的计算机系统。AlphaGo 使用了深度神经网络和蒙特卡罗树搜索等技术，展示了深度学习在博弈领域中的强大能力。一年后，AlphaGoMaster 与人类当时排名第一的棋手柯洁对决，最终连胜三盘。新一代的 AlphaGo Zero 利用自我对抗迅速自学围棋，并以 100∶0 的成绩完胜前代版本，自此 AI 下棋再无敌手。

（4）GPT 的推出：2018 年，OpenAI 推出具有极高语言理解能力的语言模型 GPT-2，引起广泛关注和讨论。2020 年，GPT-3 发布，其具有更高的语言理解和生成能力，可以用于自然语言处理、文本生成等领域。2023 年，GPT-4 发布，是 OpenAI 努力扩展深度学习的又一里程碑。GPT-4 是大型多模态模型（接受图像和文本输入，生成文本输出），在各种专业和学术基准上展现出人类水平的表现。

此阶段的代表性成果标志着深度学习在人工智能领域的重要应用和发展，为人工智能技术的普及和推广提供了更为坚实的基础。

9.2　人工智能的主要研究方法与应用

9.2.1　知识与知识工程

知识工程是一门新兴的工程技术学科，它是社会科学与自然科学相互交叉和科学技术与工程技术相互渗透的产物。知识工程是人工智能的原理和方法，主要用于为那些需要专家知识才能解决的应用难题提供求解的手段。恰当运用专家知识的获取、表达和推理过程的构成与解释，是设计基于知识的系统的重要技术问题。

知识工程是以知识为基础的系统，就是通过智能软件而建立的专家系统，其作用是最大限度地提高人的才智和创造力，使人们掌握相关知识和技能，提高人们借助现代化工具利用信息的能力，为智力开发服务。

知识工程是人工智能在知识信息处理方面的发展，研究如何由计算机表示知识，进行问题的自动求解。知识工程的研究使人工智能的研究从理论转向应用，从基于推理的模型转向基于知识的模型，包括了整个知识信息处理的研究，其主要研究内容是如何组成由电子计算机和现代通信技术结合而成的新的通信、教育、控制系统。

1. 知识

数据是可以被记录和识别的一组有意义的符号，是对客观事物的逻辑归纳。在计算机中，数据是一连串包含有 0 和 1 的二进制数的组合。信息由数据加工而来，能够表达确切的含义，如 "吉林大学位于长春市"。知识（knowledge）是对信息的提炼和概括，是智能的基础，反映了客观世界中事物之间的关系。对于人工智能来说，要解决的问题是让计算机具有常识，然而很多常识背后有着复杂的知识体系，机器必须真正"理解"知识，而不是"记忆"它们。

2. 知识工程

知识工程是符号主义人工智能的典型代表，最早由美国人工智能专家费根鲍姆提出，研究内容主要包括知识获取、知识表示以及知识处理三方面。

（1）知识获取

在构建具体专家系统时，往往要花费很多人力和财力在知识获取上，知识获取被公认为知识处理的一个瓶颈。知识获取研究的主要问题包括：对专家或书本知识的理解、认识、选取、抽取、汇集、分类和组织的方法。知识获取分为主动式和被动式两大类。前者是根据专家给出的数据与资料利用注入归纳程序之类的软件工具直接自动获取或产生知识，并装入知识库中；后者往往是间接通过知识工程师或用户，并采用知识编辑器等工具，将知识传授给知识处理系统。

（2）知识表示

要将知识告诉计算机或在其间进行传递，必须将知识以某种形式逻辑地表示出来，并最终编码到计算机中去，这就是知识表示。不同的知识需要用不同的形式和方法来表示，一个问题能否有合适的知识表示方法往往成为知识处理成败的关键，同时也对知识处理的效率和应用范围起到重要作用。目前知识表示方法很多，例如，谓词逻辑表示、关系表示、框架表示、产生式表示等。这些方法适用于表示不同的知识，从而被用于各种应用领域。

（3）知识处理

为了让已有的知识产生各种效益，使它对外部世界产生影响和作用，必须研究如何应用知识的问题。知识处理主要研究各种具体的知识运用中都可能用到的一些方法，主要包括推理、搜索、管理及维护、匹配和识别。

人工智能的研究目标之一，是希望机器具备认知智能，能够像人一样"思考"。以深度学习为代表的统计学习方法，严重依赖样本，只能获得数据中的信息。目前研究者已经关注到突破深度学习瓶颈的方向在于知识，特别是符号化的知识。知识图谱和以知识图谱为代表的知识工程技术就是认知智能的一种核心方法。机器想要认知语言等人类行为，需要背景知识的支持，而知识图谱富含大量的实体及概念间的关系，可以作为背景知识来支撑机器理解与认知。与此同时，知识图谱使人工智能可解释成为可能。目前人工智能因其黑盒特性无法提供解释，而知识图谱中概念、属性、关系是天然可拿来做解释的，可以弥补这方面的不足。

3. 知识图谱

知识图谱最早由 Google 在 2012 年正式提出，是一种表示现实以及认知世界中各种对象之间关联关系的语义网络，可以对现实世界的实物及其关系进行形式化的描述，如图 9-1 所示。知识图谱是一种用图模型来描述和建模世界万物之间的关联关系的技术方法，由结点和边组成。结点既可以是具体的实物，也可以是抽象的概念，边可用于描述结点的属性，也可描述结点和结点之间的关系。

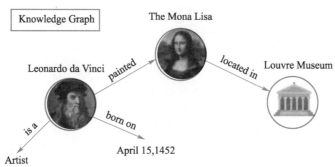

图 9-1　Google 早期知识图谱

（1）知识图谱的组成

三元组是知识图谱的一种通用表示方式，即 G=(E,R,S)，其中 E 是知识库中的实体集合，R 是知识库中的关系集合，S 是知识库中的三元组集合。三元组的基本形式主要包括实体 1、关系、实体 2 或概念、属性、属性值等。实体是知识图谱中的最基本元素，不同的实体间存在不同的关系；概念主要指集合、类别、对象类型；属性指对象可能具有的属性、特征以及参数；属性值表示对象指定属性的值。

（2）知识图谱的分类

就覆盖范围而言，知识图谱也可以分为通用知识图谱和行业知识图谱，如图 9-2 和图 9-3 所示。

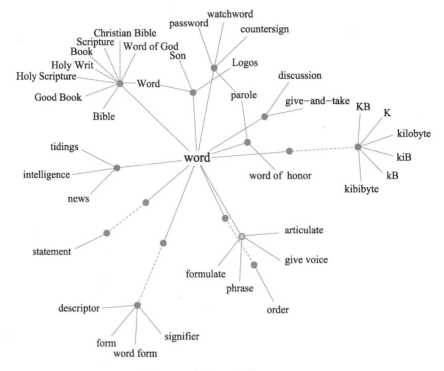

图 9-2 通用知识图谱 WordNet

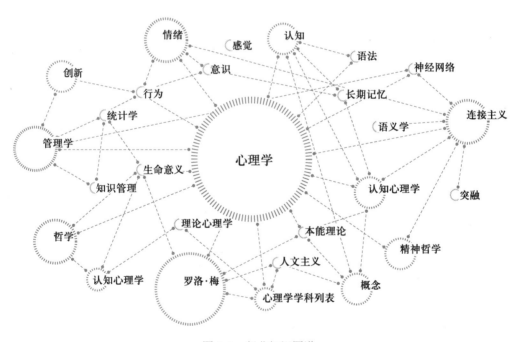

图 9-3 行业知识图谱

通用知识图谱一般用于解决科普类、常识类等问题，主要应用于面向互联网的搜索、推荐、问答等业务场景。例如，搜索梅西有几个孩子，《星期三》的导演是谁，等等。通用知识图谱注重广度，强调融合更多的实体，较行业知识图谱而言，其准确度不够高，并且受概念范围的影响，很难承接本体库对公理、规则以及约束条件的支持能力，难以规范其实体、属性、实体间的关系等。

行业知识图谱是针对某个垂直行业或细分领域的深入研究而定制的版本。行业知识图谱主要用于解决当前行业或细分领域的专业问题，例如，美团搜索生活服务领域、导航 POI 知识图谱和音乐知识图谱等。行业知识图谱通常需要依靠特定行业的数据来构建，具有特定的行业意义。在行业知识图谱中，实体的属性与数据模式往往比较丰富，需要考虑不同的业务场景与适用人员。

9.2.2 机器学习与深度学习

机器学习（machine learning）是人工智能的一个子集，将数字模型拟合到获取的数据中学习并做出决策。1997 年，汤姆·米切尔（Tom M. Mitchell）在其著作 *Machine Learning* 中提出对机器学习的定义：一个计算程序被称为可以学习，是指它能够针对某个任务 T 和某个性能 P，从经验 E 中学习，这种学习的特点是，它在 T 上的被 P 所衡量的性能，会随着经验 E 的增加而提高。

机器学习致力于研究如何通过计算的手段，利用经验来改善系统自身的性能，在计算机系统中，"经验"通常以"数据"形式存在。因此，机器学习研究的主要内容，是关于如何在计算机上从数据中产生计算模型的算法，即"学习算法"。有了"学习算法"，就能基于这些数据产生计算模型，模型就可以基于这些数据产生相应的判断。可以说机器学习是研究关于"学习算法"的学问。

深度学习是机器学习的一个新领域，其在语言处理和图像识别方面取得的效果，远远超过先前相关技术，在搜索技术、数据挖掘、机器学习、机器翻译、自然语言处理、多媒体学习、语音、推荐和个性化技术以及其他相关领域都取得了很多成果。深度学习使机器能够模仿视听和思考等人类的活动，解决了很多复杂的模式识别难题，使得人工智能相关技术取得了突破性进展，并成为人工智能领域的一个热门研究方向。

1. 人工神经网络

人工神经网络（artificial neural network，ANN）是指模拟人脑神经系统的结构和功能的数学模型，用于对函数进行估计或近似，是以人工方式建立起来的一种信息处理系统，是深度学习算法的核心。人工神经网络算法已被用于解决各种问题，例如机器视觉和语音识别，这些问题用传统的编程都是难以解决的。

人工神经网络基于一组称为人工神经元的连接单元或结点，它们对生物大脑中的神经元进行建模。每个连接，就像生物大脑中的突触一样，可以向其他神经元传输信号。人工神经元接收信号然后对其进行处理，并可以向与其相连的神经元发送信号。连接处的信号是一个实数，每个神经元的输出由其输入经过激活函数计算并传递到下一层的神经元。连接称为边。神经元和边通常具有权重，并随着学习的进行而调整。权重增加或减少，对应着连接处的信号强度。神经元可能有一个阈值，这样只有当聚合信号超过该阈值时才会发送信号。

人工神经网络由多个结点层组成，包含输入层、隐藏层和输出层，如图 9-4 所示。

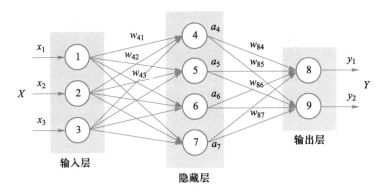

图 9-4　多层神经网络结构图

（1）输入层：数据的特征输入层，输入数据的特征个数对应着输入层神经元个数。

（2）隐藏层：为网络的中间层，隐藏层可以有 0 或很多层，其作用是接受前一层网络的输出作为当前的输入值，计算输出结果并将其传送到下一层。隐藏层是神经网络性能的关键，通常由含激活函数的神经元组成，以进一步增强网络的非线性表达和拟合的效果，使得神经网络可以逼近任何非线性函数。

（3）输出层：为最终预测结果的输出，输出层的神经元个数代表了预测结果的个数，若为分类任务，则代表着分类标签的个数。

人工神经网络系统中的每个神经元，可以接受一组来自系统中其他神经元的输入信号，每个输入对应一个权，所有输入的加权和决定该神经元的激活状态。这里，每个权相当于神经元的连接强度。

对于某个神经元来说，假设其来自其他神经元 i 的信息为 x_i，它们与该神经元的互相作用强度，即权重 w_i（$i = 0,1,\cdots,n-1$），神经元的偏置为 b。那么该神经元的输入为：

$$\text{input} = \sum_{i=0}^{n-1} W_i X_i$$

而处理单元的输出为：

$$\text{output} = f\left(\sum_{i=0}^{n-1} W_i X_i - b\right)$$

式中，x_i 为第 i 个元素的输入，w_i 为第 i 个神经元与该神经元的相互作用权重。f 称为激活函数，它决定神经元的输出。

神经网络系统通过前向传播计算输出层的预测值，通过损失函数计算真实值和预测值的不一致程度，最后根据损失函数来反方向计算每一层的偏导数，从而更新每一个神经元的权重 w 和偏置 b，训练模型通过不断地前向传播和反向传播更新神经元的权重 w 和偏置 b 完成训练。

人工神经网络有多层和单层之分，每一层包含若干神经元，各神经元之间用带可变权重的有向弧连接，网络通过对已知信息的反复学习训练，通过逐步调整改变神经元连接权重的方法，达到处理信息、模拟输入输出之间关系的目的。它不需要知道输入输出之间的确切关系，不需大量参数，只需要知道引起输出变化的非恒定因素，即非常量性参数。因此与传统的数据处理方法相比，人工神经网络技术在处理模糊数据、随机性数据、非线性数据方面具有明显优势，对规模大、结构复杂、信息不明确的系统尤为适用。

2．深度学习

深度学习是一种复杂的机器学习算法，使用深度神经网络来学习样本数据的内在规律和表示层次。深度神经网络是由多层神经元组成的结构，每一层神经元都可以将输入的信息进行变换和加工，并将结果传递给下一层。通过对多个层的学习和优化，深度神经网络可以从大量数据中提取出有用特征。

常见的深度学习计算模型有：

（1）卷积神经网络（convolutional neural network, CNN）：受视觉系统的结构启发而产生。卷积神经网络计算模型基于神经元之间的局部连接和分层组织图像转换，将有相同参数的神经元应用于前一层神经网络的不同位置，得到一种平移不变神经网络结构形式。使用误差梯度设计并训练卷积神经网络，在一些模式识别任务上得到优越的性能体现。

（2）循环神经网络（neutral network，RNN）：是一种对序列数据建模的神经网络，即一个序列当前的输出与前面的输出也有关，会对前面的信息进行记忆并应用于当前输出的计算中。

（3）长短期记忆网络（Long Short Term Memory，LSTM）：是一种循环神经网络，相比于RNN 来说，增加了记忆的概念，适合于处理和预测时间序列中间隔和延迟相对较长的重要事件，如聊天机器人、长文本翻译和语音识别等。

3．主要研究领域

（1）计算机视觉：深度学习在计算机视觉中的应用非常广泛，如图像分类、目标检测、图像分割等。其中，卷积神经网络是计算机视觉中最常用的深度学习模型之一。

（2）自然语言处理：深度学习在自然语言处理中的应用有文本分类、机器翻译、情感分析等。其中，循环神经网络和长短时记忆网络是自然语言处理中常用的深度学习模型。

（3）语音识别：深度学习在语音识别中的应用有语音识别、语音合成等。其中，循环神经网络和卷积神经网络是语音识别中常用的深度学习模型。

（4）推荐系统：深度学习在推荐系统中的应用有个性化推荐、广告推荐等。其中，深度神经网络和协同过滤是推荐系统中常用的深度学习模型。

（5）强化学习：深度学习在强化学习中的应用有机器人控制、游戏 AI 等。其中，深度强化学习是强化学习中常用的深度学习模型。

9.2.3　计算机视觉

计算机视觉又称为机器视觉，是一种通过使用计算机及相关设备对生物视觉进行模拟的技术。实验心理学家特雷克勒（Treichler）关于人类信息来源的实验证明，人的大脑所获取的信息83%来自视觉。因此，教计算机如何去看世界，使计算机能够感知环境是极其重要的。具体而言，是指让计算机和系统能够从图像、视频和其他视觉输入中获取有意义的信息。如果说人工智能赋予计算机思考的能力，那么计算机视觉就是赋予计算机发现、观察和理解的能力。

1．计算机视觉的基本技术

2012 年，亚历克斯·克里泽夫斯基（Alex Krizhevsky）等人所设计的 AlexNet 深度卷积神经网络在 ImageNet 比赛上获得冠军，卷积神经网络逐渐取代传统算法成为处理计算机视觉任务的核心算法。AlexNet 模型结构如图 9-5 所示。

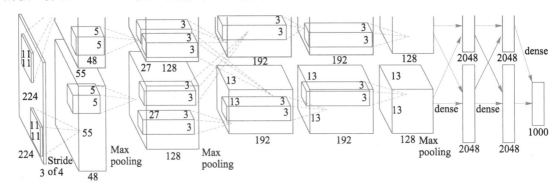

图 9-5　AlexNet 模型结构

此后，研究人员从提升特征提取能力、缩短训练时间、可视化内部结构、减少网络参数量和网络结构等方面，对卷积神经网络的结构有了较大的改进，逐渐研究出了 VGG、GoogLeNet 和 ResNet 等一系列经典卷积神经网络模型。

目前主流的基于深度学习的机器视觉方法，其原理跟人类大脑工作的原理（见图 9-6）相似。机器的方法模拟人类视觉系统，其基本方法是构造多层的神经网络，较低层的网络负责识别初级的图像特征，若干底层特征组成更高级的特征，通过多个层级的组合，最终在顶层做出预测。

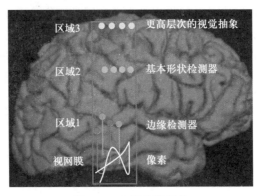

图 9-6　人类视觉原理

2．主要任务

计算机视觉的主要任务包含四项：图像分类、目标检测、图像分割和图像生成。

（1）图像分类：是计算机视觉领域的基础任务，用来解决图像"是什么"的问题。图像分类实质上就是从给定的类别集合中为图像分配对应标签的任务，即分析一张输入图像并返回一个该图像类别的标签，把不同的类别区分开来。

（2）目标检测：识别图片或者视频中有哪些物体以及物体的位置（坐标位置），并进行分类，用来解决"在哪里"的问题。例如输入一张图片，输出待检测目标的类别和所在位置的坐标（矩形框的坐标值表示）。

（3）图像分割：根据某些规则将图片分成若干特定的、具有独特性质的区域，并抽取出感兴趣的目标。图像分割技术是计算机视觉领域的一个重要的研究方向，是图像语义理解的重要一环，其目的是简化或改变图像的表示形式，使得图像更容易理解和分析。图像分割通常用于定位图像中的物体和边界（线、曲线等）。更精确地说，图像分割是对图像中的每个像素加标签的一个过程，这一过程使得具有相同标签的像素具有某种共同视觉特性。

（4）图像生成：是根据输入图像生成新图像。但基于描述生成逼真图像却要困难得多，需要多年的平面设计训练。在机器学习中，这是一项生成任务，比判别任务难得多，因为生成模型必须基于更小的种子输入产出更丰富的信息（如具有某些细节和变化的完整图像）。

3. 应用领域

（1）人脸识别：是基于人的面部特征进行身份识别的一种生物识别技术，通过采集含有人脸的图像或视频流，自动检测和跟踪人脸，进而对检测到的人脸进行识别。

（2）智慧交通：通过视觉算法可以检测异常事件，检测各种交通异常事件，包括非机动车驶入机动车道、车辆占用应急车道、监控危险品运输车辆驾驶员的驾驶行为、交通事故实时报警等，第一时间将异常事件上报给交管部门。通过视觉算法还可以对交通流量进行监控，对红绿灯配时进行控制，对道路卡口相机和电警相机中采集的视频图像进行分析，根据相应路段的车流量，调整红绿灯配时策略，提升交通通行能力。还可以通过视觉算法对交通违法事件进行检测和追踪，发现套牌车辆、收费站逃费现象，跟踪肇事车辆，对可疑车辆/行人进行全程轨迹追踪，通过计算机视觉技术手段，可极大提升公安/交管部门的监管能力。

（3）工业检测：在传统生产流程中，外观缺陷大多采用人工检测的方式进行识别，不仅消耗人力成本，也无法保障检测效果。工业检测就是利用计算机视觉技术中的目标检测算法，把产品在生产过程中出现的裂纹、形变、部件丢失等外观缺陷检测出来，达到提升产品质量稳定性、提高生产效率的目的。

（4）图片的背景虚化与移除：相机可以通过控制光圈来进行图片的背景虚化，对于已经拍摄完成的照片则可以通过语义分割实现对背景的虚化。背景移除可以通过手工或者半手工（利用 Photoshop 等相关工具）方式，同样也可以通过语义分割来完成。腾讯会议上的换背景功能也是基于语义分割来完成的。

（5）医疗影像分析：随着人工智能的快速发展，将神经网络与医疗诊断结合也成为研究热点，智能医疗研究逐渐成熟。在智能医疗领域，语义分割主要应用有肿瘤图像分割、龋齿诊断等，如图 9-7 所示。

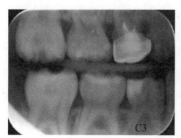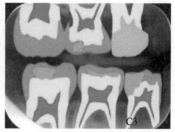

图 9-7　图像分割在龋齿诊断方面的应用

9.2.4　自然语言处理

自然语言处理（natural language processing，NLP）是研究如何让计算机理解人类自然语言的一个研究领域。在人工智能出现之前，机器仅能处理结构化的数据，如 Excel 表格，但网络中的大部分数据都是非结构化的，如文章、图片、音频和视频等。在这些非结构化数据中，文本的数量最多，信息量也最大。为了能够分析和利用这些文本信息，需要利用 NLP 技术，让机器理解这些文本信息并加以利用。所以，自然语言处理主要研究能够实现人与计算机之间用自然语言进行有效通信的各种理论和方法，在机器语言和人类语言之间架起沟通的桥梁，以实现人机交流的目的。

1. 自然语言处理主要研究内容

自然语言处理包括利用人类交流所使用的自然语言与机器进行交互通信，使计算机既能理解自然语言文本的意义，也能以自然语言文本来表达给定的意图、思想等。前者称为自然语言理解，后者称为自然语言生成。自然语言处理在自然语言理解方面的研究内容包括许多领域，如文本分类、信息抽取、文本校对等；对自然语言生成的研究内容有机器翻译、问答系统、对话机器人等。以上的很多 NLP 问题都可以用循环神经网络和短期记忆网络解决。

2017 年，Google 在 *Attention is all you need* 中提出了 Transformer 模型。网络结构抛弃了 CNN 和 RNN，完全由 Attention 机制组成，自此 Transformer 模型在预训练语言模型 GPT 和 BERT 中成为重要模块，大放异彩。后来，Transformer 被应用到图像领域，在各个任务中也都击败了原图像领域中的最优模型 CNN。

直到 2018 年，在机器阅读理解顶级水平测试 SQuAD1.1 中，Google AI 团队新发布的 BERT 模型，交出了一份惊人的成绩单。在全部两个衡量指标上，BERT 模型全面超越人类表现，开启了 NLP 的新时代。NLP 的新时代很大程度上是指大型预训练模型（large-scale pretrain language model，LPLM）的兴起。

2022 年，由 OpenAI 研发的聊天机器人 ChatGPT 正式发布，模型的规模达到了千亿参数级别。ChatGPT 是一种划时代的产物，它的产生，为自然语言处理领域的发展带来了新的机会和挑战，也为人工智能的发展提供了新的思路和方向。

2. 自然语言处理应用场景

（1）机器翻译：机器翻译技术的发展一直与计算机技术、信息论、语言学等学科的发展紧密相随。从早期的词典匹配，到词典结合语言学专家知识的规则翻译，再到基于语料库的统计机器翻译，随着计算机计算能力的提升和多语言信息的爆发式增长，机器翻译技术逐渐走出象牙塔，开始为普通用户提供实时便捷的翻译服务。

（2）语音识别：语音识别技术就是让机器通过识别和理解过程把语音信号转变为相应的文本或命令的技术，也就是让机器听懂人类的语音，目标是将人类语音中的词汇内容转化为计算机可读的数据。要做到这些，首先要将连续的讲话分解为词、音素等单位，进而建立一套理解语义的规则。语音识别技术从流程上讲有前端降噪、语音切割分帧、特征提取、状态匹配几个部分。而其框架可分成声学模型、语言模型和解码三个部分。

（3）文本分析：文本分析使用不同的语言、统计和机器学习技术，将非结构化文本数据转换为有意义的数据以进行分析。

9.2.5 智能机器人

1941 年，美国科幻作家艾萨克·阿西莫夫（Isaac Asimov）首先使用 Robotics 一词来描述、研究和应用机器人技术。1942 年，阿西莫夫提出了著名的"机器人三定律"。

1954 年，美国的戴沃尔对工业机器人的概念进行了定义，并申请了专利。

1959 年，德沃尔与"工业机器人之父"约瑟夫·英格伯格联手制造出第一台工业机器人，随后，成立了世界上第一家机器人制造工厂——Unimation 公司。

1975 年，Unimation 公司推出世界首台"可编程通用机械操作臂"（PUMA），标志着工业机器人技术开始走向成熟，这是一个里程碑事件。1979 年，Unimation 公司推出了 PUMA 系列工业机器人，它是全电动驱动、关节式结构、多 CPU 二级微机控制、采用 VAL 专用语言，可配置视觉、触觉的力觉感受器的技术较为先进的机器人。同年日本山梨大学的牧野洋研制成具有平面关节的 SCARA 型机器人。

1992 年，波士顿动力公司正式从美国麻省理工学院分离出来。在二十多年的时间里，相继推出了"大狗""猎豹""阿特拉斯""Handle"等一系列仿生机械腿（足）。

2015 年，美国汉森机器人公司的机器人"索菲亚"（Sophia）诞生，两年后"索菲亚"被授予沙特公民身份，目前颇具争议。

随着计算机科学技术、控制技术和人工智能的发展，机器人的研究开发，无论就水平和规模而言都得到迅速发展。第一代机器人是以传统工业机器人和无人机为代表的机电一体化设备，关注的是操作与移动/飞行功能的实现，使用了一些简单的感知设备，如工业机械臂的关节编码器，AGV 的磁条/磁标传感器等，智能程度较低。第二代智能机器人的特点是具有部分环境感知、自主决策、自主规划与自主导航能力，特别是具有类人的视觉、语音、文本、触觉、力觉等模式识别能力，因而具有较强的环境适应性和一定的自主性。 L3、L4 无人驾驶汽车（具有部分环境感知能力与一定的自主决策能力），波士顿动力公司的大狗等系列仿生机器人都属于二代智能机器人。第三代智能机器人除具有第二代智能机器人的全部能力外，还具有更强的环境感知、认知与情感交互功能，以及自学习、自繁殖乃至自进化能力。核心是开始具有认知智能的能力。例如首位被授予沙特公民身份的机器人"索菲亚"，表现出第三代智能机器人中的一些特征，即更加重视理解判断与情感交互等认知功能的模拟和探索，尽管索菲亚的表现还十分原始。

我国从 20 世纪 80 年代开始涉足机器人领域的研究和应用。1986 年，我国开展了"七五"机器人攻关计划，1987 年，我国的国家高技术研究发展计划（"863"计划）将机器人方面的研究开发列入其中。目前我国从事机器人研究和应用开发的主要是高校及有关科研院所等。最初我国在机器人技术方面研究的主要目的是跟踪国际先进的机器人技术。之后，我国在机器人技术及应用方面取得了很大的成就，主要研究成果有：哈尔滨工业大学研制的两足步行机器人，北京机械工业自动化研究所 1993 年研制的喷涂机器人，1995 年完成的高压水切割机器人，中国科学院沈阳自动化研究所研制的有缆深潜 300 m 机器人、无缆深潜机器人、遥控移动作业机器人。

进入 21 世纪后，人工智能的飞速发展与物联网的普及将为机器人的发展注入新活力。

1. 智能机器人简介

智能机器人基于人工智能技术，把计算机视觉、语音处理、自然语言处理、自动规划等技术及各种传感器进行整合，使机器人拥有判断、决策的能力，能在各种不同的环境中处理不同的任务。例如自动驾驶、智能语音助手等。因此，智能机器人应该就是一部能够以类似人类智能行为的方式进行反应的、具有环境适应性的自主机器。

智能机器人是一个机电一体化系统，更是一个人工智能系统。智能机器人的经典架构设计遵循感知-控制-执行的反馈控制框架，如图 9-8 所示。工作（被控）对象是机器人本体，反馈控制部分主要包括传感器选型、电路设计、软件（算法）设计等。

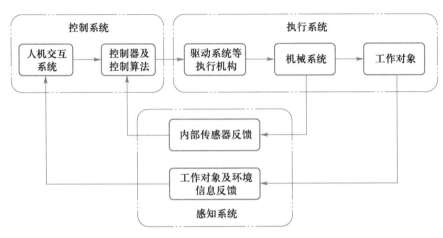

图 9-8　智能机器人反馈控制框架图

智能机器人是人工智能的一个载体。智能机器人的技术按照通常的理解分为三个部分：感知、认知和行为控制。一是感知智能，即对感知（perception）或直觉行为的模拟，如视听觉、触觉、嗅觉、运动觉等；二是认知智能，即对认知（cognition）或人类深思熟虑（deliberative）行为的模拟，包括记忆、常识、经验、理解、推理、规划、决策、知识学习、思维、意图和意识等高级智能行为；三是对行动（action）的模拟，如灵活移动与灵巧操作功能的实现等。

2. 智能机器人的应用场景

从智能机器人技术的发展来看，从感知智能的研究中衍生出模式识别、统计机器学习、深度学习等；从认知智能的研究中发展出逻辑推理、专家系统与决策支持系统等；而从行为控制的模拟中，则产生了工业机械臂（如图 9-9 所示）与移动机器人等,直接催生了机器人学与机器人产业的发展。从应用环境的角度来看，智能机器人可分为工业机器人、服务机器人和专业机器人等。

（1）工业机器人：是工业领域具有多关节机械手或多自由度的机器人。它是一种自动控制、自动驱动的机械装置，可以自动移动，完成各种任务。SCARA 机器人是一

图 9-9　工业机械臂

种用于工业生产的圆柱形机器人，可以用于平面定位和垂直组装。其并联多自由度机械手，具有动态误差小、无累积误差、精度高、结构紧凑、刚性高、具有较大的承载能力等优点。

（2）服务机器人：国际标准化组织将服务机器人定义为一种半自主或全自主工作的机器人，它能完成有益于人类的服务工作，但不包括从事生产的设备。由此可见，服务机器人的核心任务是服务，而服务的对象是社会生活中的人，因此，服务机器人也往往具备语言、情感、个性等方面的社交能力，如智能清扫机器人。

窗户清洁机器人可以作为人类的助手来做家务，情感交流机器人、儿童教育机器人、类人机器人和机器人宠物，都由交互式语音技术支持，允许与人类进行交流和情感交互。备受争议的交互型机器人索菲亚（Sophia），是由香港汉森机器人公司设计的人工智能机器人，"她"使用语音和人脸识别技术，结合人工智能与人类进行对话，可透过 AI 技术，和人类进行眼神交流互动。

2017 年 10 月 26 日，沙特阿拉伯授予机器人索菲亚公民身份，如图 9-10 所示。作为史上首个获得公民身份的机器人，不久后联合国开发计划署亚太局正式宣布，任命有史以来第一位"非人类"创新大使——人工智能机器人——索菲亚。不过，索菲亚在拥有超高知名度和话题性的同时，也受到了来自学术界和来自人工智能行业的巨大质疑。汉森机器人公司的首席科学家本·戈策尔（Ben Goertzel）也曾说过，索菲亚还不能算是强人工智能，即索菲亚还不具备足够的智能性。

图 9-10　Sophia

（3）专业机器人：是适用于特殊环境的机器人。它们可以帮助人们完成在危险和恶劣的环境下的任务或需要高精度的任务。例如，医疗机器人为手术治疗和康复提供了先进的解决方案，如骨科机器人、胶囊内窥镜机器人、康复机器人、智能假肢、老年服务机器人和护理机器人，对降低手术和治疗难度、缩短恢复时间具有重要意义。在探索领域空间机器人、水下机器人和管道机器人都取得了惊人的表现。

3. 智能机器人的未来发展

机器人技术的发展，一方面表现在机器人应用领域的扩大和机器人种类的增多，另一方面表现在机器人更加智能化。前者是应用领域的横向拓宽，后者是在性能及水平上的纵向提高。机器人应用领域的拓宽和性能水平的提高，二者相辅相成、相互促进。应用领域的扩大对机器人不断提出新的要求，推动机器人技术水平的提高；反过来，机器人性能与智能水平的提高，又使扩大机器人应用领域成为可能。对于未来智能机器人可能的几大发展趋势，可概括性分析如下。

（1）语言交流功能趋于完善

智能机器人要与人类进行一定的语言交流，语言功能的完善是一个非常重要的环节。在人类的设计下，它们能轻松地掌握多个国家的语言，且远高于人类的学习能力。另外，智能机器人还应具有自我语言词汇重组能力，当人类与之交流时，若遇到语言包程序中没有的语句或词汇，可以自动地用相关或相近意思的词组，按句子的结构重组成一句新句子来回答，这也相当于类似人类的学习能力和逻辑能力，是一种意识化的表现。

（2）各种动作的完美化

智能机器人的动作是相较于模仿人类动作来评价的，现代智能机器人虽能模仿人的部分动作，但是有点僵化，或者动作比较缓慢。未来智能机器人将以更灵活的类似人类的关节和仿真人造肌肉，使其动作更像人类，模仿人的所有动作。

（3）外形越来越酷似人类

科学家们研制越来越高级的智能机器人，主要以人类自身形体为参照对象。几近完美的人造皮肤、人造头发、人造五官等遮盖在金属内在的智能机器人身上，再配以人类的完美化正统手势，智能机器人就会具有极致完美的人类外表。

（4）逻辑分析能力越来越强

对于智能机器人为了完美化模仿人类，未来科学家会不断地赋予它许多逻辑分析功能，如自行重组相应词汇生成新的句子、自身能量不足可以自行充电。逻辑分析能力有助于智能机器人自身完成许多工作，在不需要人类帮助的同时，还可以尽量地帮助人类完成一些任务，甚至是比较复杂的任务。

（5）具备越来越多样化的功能

人类制造智能机器人的目的是为人类所服务的，科学家会尽可能地令智能机器人多功能化，如在家庭中成为机器人保姆，在室外时，可以帮搬一些重物，甚至充当私人保镖。另外，未来高级智能机器人还可能会具备多样化的变形功能，如从人形状态变成一辆汽车这种理想化的设想，在未来都是有可能实现的。

（6）人机共融

目前常见的工业机器人在作业时，操作人员只能远距离地观看而不能近距离地和机器人进行交互协同作业，下一代智能机器人即共融机器人的出现将会打破这一情景。王天然院士说："共融是机器离人很近，能在同一自然空间里工作，能够紧密地协调，能够自主地提高自己的技能，能够自然地交互，同时要保证安全。实现这样的与人共融的机器人，人与机器人的关系就会改变，是一种朋友关系，可以相互理解、相互感知、相互帮助。"

9.2.6　生成式人工智能

生成式人工智能（AI-generated content，AIGC）是指基于预训练大模型、生成式对抗网络等人工智能技术，通过已有数据寻找规律，并通过释放泛化能力生成相关技术的内容，可用于绘画、写作、视频等多种类型的内容创作。2022 年 AIGC 发展速度惊人，迭代速度呈现指数级增长，深度学习模型不断完善、开源模式的推动、大模型探索商业化的可能，都在助力 AIGC 的快速发展。同时，人工智能绘画作品的夺冠、超级聊天机器人 ChatGPT 的出现，拉开了智能创作时代的序幕。

1．AIGC 的基石

AIGC 使用生成式算法，能够在短时间内创作大量的内容。生成算法、预训练模型、多模态等 AI 技术累积融合，催生了 AIGC 的大爆发。

一方面，基础的生成算法模型不断突破创新，2014 年，伊恩·古德费（Lan Goodfellow）

提出的生成对抗网络（generative adversarial network，GAN）成为早期著名的生成模型，被广泛用于生成图像、视频和语音等模型。随后，Transformer、基于流的生成模型、扩散模型等深度学习生成算法相继出现。另一方面，大型训练模型引发了 AIGC 的质变，解决了过去使用门槛高、训练成本高和内容生成简单等问题。尽管使用了大量的训练数据，AIGC 也并不能总是很好地理解人类意图。为了让 AIGC 的输出更接近于人类的偏好，从人类的反馈中不断进行强化学习也很重要，例如 Sparrow、InstructGPT、ChatGPT 都使用了强化学习。

AIGC 在 2022 年的爆发，主要是受益于深度学习模型方面的技术创新，这些技术创新给 AIGC 带来了技术变革，使其生成内容的质量不断提高。

2. 应用领域

（1）AI 写作：AI 写作应用场景丰富，可用于具有较强规律性的结构化写作，如新闻播报、公文等；也可用于需要一定个性和创意的非结构化写作，如剧情写作、营销文本等。在结构化写作方面，AI 写作支持文本自动生成、辅助成稿、句子补写、文本校对等功能。一个人完成一篇较复杂的新闻稿大概需要 7～8 个小时，如果通过 AI 根据关键词自动生成并由人工进行校对和修改，仅需要 1～2 个小时，大幅提升工作效率。

（2）元宇宙：在元宇宙发展的过程中，游戏是虚拟世界重要的载体，将需要大量数字原生的场景。AIGC 可以极大提高数字原生内容的开发效率，降低游戏开发成本。具体来说，剧情、角色、头像、道具、场景、配音、动作、特效、主程序未来都可以通过 AIGC 生成，通过 AIGC 加速复刻物理世界，进行无限内容创作，从而实现自发有机生长。正如 Unity 人工智能高级副总裁丹尼·兰格（Danny Lange）所言："市政府想要通过城市的数字孪生来做一些规划，而城市数字孪生很难聘请到大量的技术开发人员来编写代码，而此时就是 AIGC 的用武之地"。

（3）聊天机器人：2022 年 12 月，美国人工智能研究公司 OpenAI 研发的聊天机器人 ChatGPT，正是典型的文本生成式 AIGC。ChatGPT 不仅能够满足与人类进行对话的基本功能，还能够回答后续问题、承认错误、质疑不正确的前提和拒绝不适当的请求。目前，ChatGPT 已经通过 SAT 考试、商学院考试、美国律师资格、医师资格等高难度考试，已经在多项测试中超过人类，将对话 AI 提升至新的高度，未来应用空间广阔。

3. 发展趋势

随着 AIGC 技术持续创新发展，基于 AIGC 算法模型创建、生成合成数据迎来重大进展，有望解决 AI 发展应用过程中的数据限制，进一步推动 AI 技术更广泛地应用。

大数据一直推动着人工智能的发展，在大数据的统计中，往往会自动显现出事物发展的规律性。AIGC 代表着 AI 技术从感知、理解世界到生成、创造世界的跃迁，正推动人工智能迎来智能创作时代。生成式 AI 可以用来解决各种问题，具有很高的社会价值。例如，它可以用来生成文本、图像、音频和视频，这些内容可以用来帮助人们了解世界，也可以用来提高工作效率。此外，生成式 AI 也可以用来解决一些非常复杂的问题，例如提供新的医疗方案、帮助制定更有效的政策，甚至帮助人类更好地了解自己。

AIGC 是人工智能算法的一次重大突破，意味着人类对人工智能的运用不再被局限于某一特定功能，而是真正迈入了通用人工智能阶段。AIGC 开创了模型主导内容生成的时代，人类将快速进入传统内容创作和人工智能内容生成并行的时代。

未来 AIGC 的应用场景会进一步多元化，涉及领域会更加全面，最终将进一步朝着实现独立完成内容创作的方向迈进。

9.3 人工智能安全、隐私和伦理挑战

人工智能应用由于在技术上占有优势，在获得、利用、窃取用户的隐私数据时有技术和数据库的支撑，可以轻松实现自动化、大批量的信息传输，并在后台将这些数据信息进行相应的整合和分析。它能在不改变原有形态的前提下对个人的信息进行关联，将碎片化的数据进行整合，构成对用户自身完整的行为勾勒和心理描绘，用户很难在此情况下保护自己的个人隐私。

9.3.1 安全挑战

很多行业在应用人工智能这项技术以及相关的知识的时候都依附于计算机网络来进行，而计算机网络错综复杂，计算机网络的安全问题目前也是全世界面临的很严重的问题之一。相应的人工智能的网络安全问题也较为严峻，例如机器人在为人类服务的过程中，操作系统可能遭到黑客的控制，机器人的管理权限被黑客拿到，使机器人任由黑客摆布；人工智能的信息基本通过网络进行传输，在此过程中，信息有可能遇到黑客的篡改和控制，这就会导致机器人产生违背主人命令的行为，会有给主人造成安全问题的可能性。不仅如此，在人工智能的发展过程中，大量的人工智能训练师需要对现有的人类大数据进行分析和统计，如何防止信息的泄漏和保护个人的隐私信息也是人工智能领域需要关注的问题。

对一些发展不成熟、有引发安全问题的可能性的领域以及技术的应用范围给出一定的限制，这是保障人类与社会和谐发展的一种手段，也是不可或缺的一个步骤。目前各行各业都有人工智能的应用，如自动驾驶、各类机器人等，小到购物 APP 中的客服机器人，大到在许多危险的领域，如核电、爆破等危及人类生命安全的领域中智能机器人的应用，人工智能都发挥了至关重要的作用。这些领域的应用如果出现问题就会产生很严重的安全性问题。对于人工智能应用的范围，目前并没有给出明确的界定，也没有明确的法律依据，这就需要相关组织和机构，尽快对人工智能的适用场景进行梳理，加快人工智能标准和法律的建设步伐，防止一些不法分子，利用法律漏洞将人工智能运用到非法的范围中，造成全人类不可估量的损失。

9.3.2 隐私挑战

在人工智能时代，监控发生了根本性的变化，它融合了各种类型的监控手段，监控的力度也越来越强大。以视频监控为例，它不再是单一的视频监控或图像记录和存储，其与智能识别和动态识别相结合，大量的视频监控信息构成了大数据，在此基础上与个人的消费、信用等的情况进行关联，并通过其他技术的智能分析就能进行身份的识别，从而构成一个完整的数字化的人格。

人工智能应用中的数据来源于许多方面，既包括政府部门、企业所收集的个人数据资料，还包含着用户个人在智能应用软件中输入和提供的数据资料，如在可穿戴设备中产生的大量个人数据资料，以及智能手机使用所产生的大量数据资料，这些都可能成为人工智能应用中被监控的部分。

2018年3月17日，美国《纽约时报》曝光Facebook平台5000多万用户的隐私信息数据被名为"剑桥分析（Cambridge Analytica）"的一家公司泄露，这些泄露的数据中包含用户的手机号码和姓名、身份信息、教育背景、征信情况等，被用来定向投放广告。在此次事件中，一方面是由于使用智能应用的普通用户对自身隐私数据缺乏危机意识和安全保护的措施，另一方面Facebook也未能保护好用户的隐私数据，欠缺对第三方获取数据目的的必要性审查，对第三方有效使用数据缺乏必要的监控，使个人数据被利益方所滥用。

面对日新月异的人工智能技术，企图依靠单一的法律规则来保护用户隐私是难以奏效的。因此不仅要健全人工智能隐私权保护法律体系，还要提高科研机构、企业对人工智能时代隐私保护的认知，承担起构建安全人工智能技术的主要责任，以及提高全社会对于隐私保护的重视度。

9.3.3 伦理挑战

依托于深度学习等技术，从个性化推荐到信用评估、雇佣评估、企业管理再到自动驾驶、犯罪评估、治安巡逻，越来越多的决策工作正在被人工智能所取代。由此产生的一个主要问题是公平正义如何保障。人工智能的正义问题可以解构为以下两个方面。

第一，如何确保算法决策不会出现歧视、不公正等问题。这主要涉及算法模型和所使用的数据。

第二，当个人被牵扯到此类决策中，如何向其提供申诉机制并向算法和人工智能问责，从而实现对个人的救济。在人工智能的大背景下，算法歧视已经是一个不容忽视的问题，人工智能系统决策的不公正性问题已经蔓延到了很多领域，而且由于其"黑箱"性质、不透明性等问题，也难以对当事人进行有效救济。

人工智能系统进入人类社会，必然需要遵守人类社会的法律、道德等规范和价值，做出合法、合道德的行为。在实践层面，人工智能系统做出的行为需要和人类社会的各种规范和价值保持一致，即价值一致性或者说价值相符性。由于人工智能系统是研发人员的主观设计，这一问题最终归结到人工智能设计和研发中的伦理问题，即一方面需要以一种有效的技术上可行的方式将各种规范和价值代码化，植入人工智能系统，使系统在运行时能够做出合乎伦理的行为；另一方面AI需要避免研发人员在人工智能系统研发过程中，将其主观的偏见、好恶、歧视等带入人工智能系统。

未来人工智能系统将会更加紧密地融入社会生活的方方面面，如何避免诸如性别歧视、种族歧视、弱势群体歧视等问题，除了需要注重基本算法之外，还需要更多地思考伦理算法的现实必要性和可行性。

习题

一、填空题

1. 人工智能的三大流派为：___①___、___②___、___③___。

2. 图灵测试的目的是___①___。

3. "人工智能"术语的提出是在___①___会议。

4. 根据人工智能技术的智能程度，还可以将人工智能划分为___①___、___②___。

5. 就覆盖范围而言，知识图谱也可以分为___①___和___②___。

6. 人工神经网络由多个结点层组成，通常包含___①___、___②___和___③___。

7. 计算机视觉的四个基本任务是：___①___、___②___、___③___和___④___。

8. 人工智能是当今极具潜力的创新，已经无处不在，让人们享受到更便捷的生活的同时，也产生了不可忽视的问题，包括___①___、___②___、___③___。

二、单选题

1. 人工智能的研究起源于_____年。

    A. 1956   B. 1965   C. 1856   D. 1865

2. 被认为是人工智能之父是_____。

    A. J. W. Mauchly   B. John McCarthy   C. Romen Luee   D. A. M. Turing

3. 人工智能的四要素是数据、算力、算法、场景，其中_____是基础。

    A. 算力   B. 算法   C. 场景   D. 数据

4. 1997 年 5 月，发生了著名的"人机大战"，最终计算机将世界国际象棋棋王卡斯帕罗夫击败，这台计算机被称为_____。

    A. 深蓝   B. IBMC   C. 深思   D. 蓝天

5. 提出"知识工程"概念的是_____。

    A. 纽厄尔、西蒙   B. 塞缪尔   C. 明斯基   D. 费根鲍姆

6. 计算机视觉的主要应用领域中，不包含_____。

    A. 文本挖掘   B. 智能交通   C. 文字处理   D. 公安安防

7. 智能医疗主要应用的是人工智能中的_____技术。

    A. 计算机视觉   B. 语音处理   C. 自然语言处理   D. 大数据分析

8. 下列不属于人工智能主要的三个技术方向的是_____。

    A. 文字识别   B. 信号处理   C. 情感分析   D. 目标检测

三、多选题

1. 机器学习包括_____。

    A. 监督学习   B. 强化学习   C. 无监督学习   D. 群体学习

2. 人工智能的三大学派是_____。

    A. 符号主义学派 B. 连接主义学派   C. 行为主义学派   D. 模仿主义学派

3. 人工智能研究的领域包括_____。

A. 符号智能　　　B. 计算智能　　　　　C. 机器学习　　　　D. 机器感知

4. 以下属于深度网络模型的是_____。

A. AlexNet　　　　　B. VGG　　　　　　C. GoogleNet　　　　D. ResNet

思考题

1. 请列举身边的有关人工智能的应用，并简要叙述其工作过程。
2. 人工智能对人类的影响有哪些？
3. 人工智能有哪些研究领域和应用领域？
4. 如何区分强人工智能和弱人工智能？
5. 请查阅相关资料，谈一谈 ChatGPT 所使用的技术，以及 ChatGPT 的利与弊。

参 考 文 献

[1] 宋长龙，曹成志. 大学计算机[M]. 4 版. 北京: 高等教育出版社，2019.

[2] 龚沛曾，杨志强. 大学计算机[M]. 7 版. 北京: 高等教育出版社，2017.

[3] 战德臣，张丽杰. 大学计算机 —— 计算思维与信息素养[M]. 3 版. 北京: 高等教育出版社，2019.

[4] 陈国良. 计算思维导论[M]. 北京: 高等教育出版社，2012.

[5] 宋长龙，曹成志. 基于互联网的数据库及程序设计[M]. 2 版. 北京: 清华大学出版社，2018.

郑重声明

高等教育出版社依法对本书享有专有出版权。任何未经许可的复制、销售行为均违反《中华人民共和国著作权法》，其行为人将承担相应的民事责任和行政责任；构成犯罪的，将被依法追究刑事责任。为了维护市场秩序，保护读者的合法权益，避免读者误用盗版书造成不良后果，我社将配合行政执法部门和司法机关对违法犯罪的单位和个人进行严厉打击。社会各界人士如发现上述侵权行为，希望及时举报，我社将奖励举报有功人员。

反盗版举报电话 （010）58581999　58582371

反盗版举报邮箱 dd@hep.com.cn

通信地址 北京市西城区德外大街4号　高等教育出版社法律事务部

邮政编码 100120

读者意见反馈

为收集对教材的意见建议，进一步完善教材编写并做好服务工作，读者可将对本教材的意见建议通过如下渠道反馈至我社。

咨询电话 400-810-0598

反馈邮箱 gjdzfwb@pub.hep.cn

通信地址 北京市朝阳区惠新东街4号富盛大厦1座　高等教育出版社总编辑办公室

邮政编码 100029

防伪查询说明

用户购书后刮开封底防伪涂层，使用手机微信等软件扫描二维码，会跳转至防伪查询网页，获得所购图书详细信息。

防伪客服电话 （010）58582300